U0170471

分数阶混沌系统的求解与特性分析

Solution and Characteristic Analysis of Fractional-order Chaotic System

孙克辉　贺少波　王会海　著

科学出版社

北京

内 容 简 介

自 1983 年 Mandelbort 首次指出自然界及许多科学技术领域存在大量的分数维这一事实后,分数阶微积分便获得了快速发展,并成为当前非线性学科的研究热点。分数阶非线性混沌系统是分数阶微积分研究的重要方面。本书重点研究分数阶混沌系统的数值求解算法、特性分析方法和电路实现技术,为分数阶混沌系统的应用奠定理论和实验基础。全书共 10 章,分为数值求解算法、动力学特性分析与电路实现。为方便广大读者迅速掌握分数阶混沌系统的研究方法,作者把课题组研究积累的相关分析程序进行了整理,将其作为本书的附录。

本书可作为本科生、研究生的教材或参考书,可供理工科大学的师生阅读,也可供自然科学和工程技术领域的研究人员参考。

图书在版编目(CIP)数据

分数阶混沌系统的求解与特性分析/孙克辉,贺少波,王会海著.—北京:科学出版社,2020.9

ISBN 978-7-03-065694-0

I.①分… Ⅱ.①孙… ②贺… ③王… Ⅲ.①混沌-研究 Ⅳ.①O415.5

中国版本图书馆 CIP 数据核字(2020) 第 125115 号

责任编辑: 周 涵 田轶静/责任校对: 彭珍珍
责任印制: 吴兆东/封面设计: 无极书装

科学出版社 出版
北京东黄城根北街 16 号
邮政编码: 100717
http://www.sciencep.com

北京凌奇印刷有限责任公司 印刷
科学出版社发行 各地新华书店经销
*

2020 年 9 月第 一 版 开本: 720×1000 B5
2021 年10月第三次印刷 印张: 14 1/2
字数: 289 000

定价: 98.00 元
(如有印装质量问题, 我社负责调换)

前　　言

与整数阶微积分理论研究一样，分数阶微积分理论研究已有 300 多年的发展历史，但由于分数阶微积分理论长期没有实际应用背景，所以发展缓慢。相对整数阶微分方程，分数阶微分方程更能准确地描述自然现象。自 1983 年 Mandelbort 首次指出自然界及许多科学技术领域存在大量的分数维这一事实后，分数阶微积分便获得了快速发展，并成为当前非线性学科的研究热点。

目前，分数阶非线性混沌系统是分数阶微积分研究的重要方面。为了实现分数阶混沌系统在信息安全领域中的应用，研究者不仅要揭示分数阶非线性系统的混沌特性，而且要解决分数阶混沌系统实际应用中的关键技术问题，如分数阶微分方程的精确数值求解、分数阶混沌系统特性分析和数字电路实现等。因此需要研究分数阶混沌系统的混沌动力学理论、特性分析和实验技术。本书将重点研究分数阶混沌系统的数值求解算法、特性分析方法和电路实现技术，为分数阶混沌系统在信息安全中的应用奠定理论和实验基础。

全书共 10 章，涉及分数阶混沌系统的求解、特性分析与电路实现。第 1 章综述了分数阶混沌系统研究进展，介绍了分数阶混沌系统特性分析方法和应用领域；第 2 章阐述了分数阶混沌系统的时域–频域求解算法；第 3 章研究了分数阶混沌系统的预估–校正求解算法；第 4 章讨论了分数阶混沌系统的 Adomian 分解算法；第 5 章比较了三种不同求解算法的性能；第 6 章讨论了分数阶混沌系统特性分析算法；第 7 章为分数阶混沌系统的复杂度分析；第 8 章研究了分数阶混沌系统的电路设计与实现问题；第 9 章研究了分数阶混沌系统在保密通信中的应用；第 10 章研究了分数阶离散混沌系统的求解与特性分析。为了方便广大读者迅速掌握分数阶混沌系统的研究方法，作者把课题组研究积累的相关分析程序进行了整理，将其作为本书的附录。

本书是我们近期在有关分数阶混沌方面的研究和教学实践，并参阅大量国内外相关文献资料，经过归纳、总结和反复修改编著而成的。

我们要特别感谢国家自然科学基金 (61161006，11747150，61901530) 对本书研究的支持，感谢美国威斯康星大学 Sprott 教授、湖南大学王春华教授、广东工业大学禹思敏教授、杭州电子科技大学王光义教授的指导和对本书内容的有益建议!

感谢历届硕士研究生任建、王霞、杨静利、刘璇、汪艳、阮静雅、张立民、彭冬、王灵毓和博士生彭越兮等所做的研究和整理工作!

　　由于作者知识水平有限,书中难免有不足之处,敬望读者不吝赐教。

作　者

2020 年 6 月 22 日于中南大学

目　　录

第1章 绪　　论

1.1　混　沌　概　述

混沌 (chaos) 是由确定性系统内在原因而产生的一种外在的、貌似无规则的复杂运动，其研究已经成为非线性科学的重点内容之一。作为非线性系统所特有的运动形式，混沌在自然界中普遍存在，而规则运动只是存在于一定时间或空间范围内。近年来，随着人们对混沌系统研究的逐渐深入，混沌科学已经拥有了丰富而深刻的数学内涵和理论背景，并逐渐应用于工程实际，发展成为现代科学的重要组成部分。随着计算机技术的飞速发展，混沌理论与应用研究发展迅速，并推动了其与其他学科的相互交叉和利用，例如，混沌在物理、化学、电子、生物、医药、工程、经济等科技领域有着重要的理论和应用地位，对各个科学领域有着重大的促进作用 [1]。在第一次国际混沌学术会议上，著名的物理学家 Ford 认为，混沌、量子力学和相对论是 20 世纪的三大科学革命，他指出："量子力学使牛顿的可控制测量过程的梦破灭，爱因斯坦的相对论让绝对时空幻想不复存在，而混沌则消除了拉普拉斯的可预测幻想。"对混沌系统动力学行为的理解和描述有助于人们更好地理解人类赖以生存的、复杂而多样的自然界。

1.1.1　混沌的起源与发展

混沌理论的研究始于 19 世纪初，最早研究混沌的应属法国的数学物理学家 Poincaré (庞加莱)。1903 年，他在研究太阳系的稳定性问题时，将拓扑学与动力学系统有机地结合起来，发现了保守系统中的混沌现象。他提出了新的数学方法来阐明诸如奇异点、奇异环、稳定性、分岔等与混沌相关的概念，还提出了 Poincaré 截面、参数微扰等研究混沌理论的方法。他在著作中写道："初始条件的微小差异在后来的现象中产生了极大的差异；前者的微小误差造成了后者的巨大差异，所以预言变得不可能了。"[2] 其实际上蕴含着混沌现象的特性：确定性的系统具有内在的随机性。1892 年俄国的数学家 Lyapunov 给出了稳定性概念的数学定义，提出了解决稳定性问题的一般方法，他还针对稳定性理论做了一系列工作，这些工作与 Poincaré所做的工作共同为常微分方程稳定性理论奠定了坚实的基础。直到今天，当人们需要判断一个动力学系统是否为混沌系统的时候，仍然会把 Lyapunov 指数作为主要指标之一。在 Poincaré 和 Lyapunov 之后，陆续有大批物理学家和数学家为混沌理论的研究做出贡献。1954 年，苏联的概率论大师 Kolmogorov [3] 提出了著名的 KAM 定理的雏形。后来被 Rypina 和 Brown 在 *Physical Review Letters* [4] 上证明，该定理明确说明混沌现象不仅在耗散系统中存在，而且也在保守系统中存在。人们认为该定理标志着混沌学理论的创建和现代混沌学研究的开启。

到了 20 世纪六七十年代，混沌研究开始迅速发展。1963 年，美国气象学家 Lorenz[5] 基于大气环流模型，讨论了大气中经常出现的湍流现象，以及天气预报所面临的困难，并得到了著名的 Lorenz 方程。根据该方程计算模拟出了非周期现象，从而提出使用逐步延伸方法来进行长期天气预报是不可能的观点。从此，人们正式把混沌作为一种理论开始研究，Lorenz 也因此被称为 "混沌之父"。1976 年，法国天文学家 Hénon [6] 受到 Lorenz 吸引子的启发，在研究球状星团时，得到了比 Lorenz 吸引子更简单的 Hénon 映射。1971 年，荷兰数学家 Takens 和法国物理学家 Ruelle [7] 首次采用混沌来解释和分析湍流发生的机理，并且在耗散系统中引入了 "奇异吸引子" 的概念。1975 年，美国数学家 Yorke 和他的学生美籍华人学者 Li (李天岩)[8] 在他们合作的论文 *Period three implies chaos* 中给出了关于混沌的数学定义，即 Li-Yorke 混沌定义，具体内容是：假设某闭区间 $[a,b]$ 上的连续自映射 $f(x)$，如果证明其有三个周期点，那么它就有 n 个周期点，其中 n 是任意的正整数。

1976 年，美国数学生物学家 May [9] 在论文中系统地分析了 Logistic 模型的混沌动力学特性，详细讨论了该模型的混沌区域结构，并首次揭示了通往混沌的途径之一——倍周期分岔。1977 年，在意大利召开的第一届国际混沌会议标志着混沌科学的正式诞生。1978 年，美国数学物理学家 Feigenbaum [10] 对 Logistic 模型做了进一步研究，发现在模型的倍周期分岔中存在着一定的规律：分岔间距存在几何收敛率，这就是著名的 Feigenbaum 常数。该常数说明一维混沌映射系统中存在着普适理论，并且标志着混沌理论的研究开始由定性分析深入到定量计算的阶段。

混沌理论的研究在国内起步相对较晚，但发展迅速，涌现了许多领先性的科研成果。1984 年，著名科学家郝柏林 (Hao) 撰写了《混沌》一书，书中深刻阐述了符号动力学和混沌动力学，对混沌科学的发展起到了积极的推动作用 [11]。1986 年，我国的第一届混沌会议在桂林召开，该会议进一步扩大了混沌科学在国内的影响，使更多的研究人员进入该领域。1994 年，Hao 和 Xie 的论文彻底解决了具有多个临界点的一维连续映射的周期数目问题 [12]。21 世纪以来，香港城市大学的陈关荣教授等在混沌理论尤其是分岔理论、混沌控制理论及其应用等方面做出了重大贡献，提出了 Chen 系统。吕金虎、禹思敏、刘崇新等在混沌的生成与电路实现等方面也做出了卓越贡献，他们先后提出了 Lü 系统、多涡卷和多翅膀系统、Liu 系统等。另外，由陈关荣教授等组织召开的国际混沌分形理论及其应用研讨会已经成功举办了十二届，该会议为国内外研究混沌的学者提供了很好的交流平台。2015 年在中国密码学会下成立了混沌保密通信专业委员会, 第一届混沌保密通信学术会议在北京电子科技学院成功召开, 为混沌的应用研究迈出了坚实的一步。

1.1.2 混沌的定义

混沌系统的复杂性和奇异性导致至今仍没有一个统一的混沌定义, 不同的混沌定义反映了混沌运动不同方面的性质。直到今天, 基于 Li-Yorke 定理提出的混沌定义, 仍然是非线性动力学理论中公认的具有较大影响力的混沌定义, 其具体表述如下。

定义 1.1[8] $f(x)$ 为闭区间 $[a, b]$ 上的连续自映射, 若 $f(x)$ 满足以下两个条件, 则必定会有混沌现象出现:

(1) $f(x)$ 的周期是无限长的;

(2) $[a, b]$ 上存在着满足以下三点的无数个子集 S:

① 对于任意的 $p, q \in S$, 当 $p \neq q$ 时, 有

$$\lim_{n \to \infty} \sup |f^n(p) - f^n(q)| > 0 \tag{1-1}$$

② 对于任意的 $p, q \in S$, 有

$$\lim_{n \to \infty} \inf |f^n(p) - f^n(q)| = 0 \tag{1-2}$$

③ 对于任意的 $p, q \in S$, 其中 q 是 p 的任意一个周期点, 有

$$\lim_{n \to \infty} \sup |f^n(p) - f^n(q)| > 0 \tag{1-3}$$

根据 Li-Yorke 定理, "周期 3 意味着混沌", 也就是说, 假设在闭区间 $[a, b]$ 上的任一连续函数 $f(x)$, 存在一个周期为 3 的周期点, 那么一定存在混沌现象, 即存在 n 个周期点, n 为任意正整数。上述定义表明, 在区间映射 $f(x)$ 上, 任意两个初始值属于集合 S, 经过无数次迭代后, 两个序列之间的距离最小可能为零, 也可以是任何一个大于零的正数。即当趋近于无穷多次迭代后, 系统的行为是不确定的, 因为序列间的距离可以在某个正数和零之间游离。显然, 这与周期运动是不同的运动形式, Li-Yorke 称这种运动形式为 "混沌"。自 1975 年 Li-Yorke 把 "chaos" 这一术语正式引入非线性系统分析中以来, 混沌 (chaos) 这个名字在学术界逐渐被接受并熟知。

1.1.3 混沌的特性

混沌是一种复杂现象, 产生于确定性非线性系统中, 而且只出现在某个有限的区域内, 不会出现重复的运动轨迹, 也不会相交, 具有复杂的运动形态, 不同于通常概念下的运动状态, 混沌系统的特征概述如下。

（1）对初始值非常敏感。对初始值的敏感性是混沌系统的典型特征，随着时间的推移，初始值的微小改变将会导致系统的状态变量发生很大的改变，随着系统继续演化，该变化也将会出现更大的变化，该特性表明，从某初始值开始，混沌系统运行较长一段时间后，系统的状态是难以预测的，也很难估计它的运动轨迹。所以，混沌扩频等保密通信就是利用混沌信号的敏感性来提高系统的安全性的。

（2）内随机性。混沌是由确定性非线性系统产生的不确定性行为，具有内在随机性，与系统的外部因素无关。虽然非线性系统的方程是确定性的，但它产生的动力学行为却难以确定，在其吸引子中任意区域，概率分布密度函数不为零，这就是确定性非线性系统产生的随机性。实际上，混沌的不可预测性和对初值的极端敏感性导致了混沌系统的内随机性，同时也说明了混沌系统是局部不稳定的。

（3）确定性。混沌系统的确定性是指描述混沌系统的方程是确定的，即混沌现象由确定性非线性系统产生，具有随机性特征，是不可预测的，所以混沌系统是确定性与随机性的统一。

（4）有界性。混沌的演化轨迹局限于特定区域，称为混沌吸引域，不管混沌系统多么不稳定，其演化轨迹始终不会超出该区域，该区域是确定的、有界的，称为有界性，所以混沌系统整体是稳定的。

（5）遍历性。混沌系统产生的混沌变量在其吸引域内是各态历经的，即在有限时间内混沌轨道将经历混沌吸引域内的各状态点，而且轨道不会出现重复，称为遍历性。

（6）分维性。混沌系统的运动轨迹是无限次拉伸和折叠的结果，该运动是在某个有限区间内进行的，其运动状态层次丰富，且结构相似。与一般的线性系统产生的运动不同，只能用分数维来表示这种无数次的拉伸和折叠，分维性同时也刻画了混沌系统运动形态的自相似性。

（7）普适性。是指不同非线性系统在趋向混沌态时所表现出来的某些共同特征，它不依具体的系统方程或系统参数而变化，表现为混沌系统的普适常数，如 Feigenbaum 常数。普适性是混沌内在规律性的一种体现。处于混沌状态的系统，也会表现出适用性和普遍性的特征。

（8）正的 Lyapunov 指数。是指对非线性系统产生的运动轨道相互间趋近或分离的整体效果的定量刻画。正的 Lyapunov 指数意味着相邻轨道按指数分离。此外，正的 Lyapunov 指数也表示相邻点信息量的丢失，Lyapunov 指数值越大，其信息量的丢失越严重，混沌程度越高。

1.2　分数阶混沌系统概述

分数阶微积分的历史可追溯到 300 多年前 L'Hospital 给 Leibniz 的信中，信中提及当阶数为 0.5 时如何求解的问题，甚至于当阶数为任意分数时微分方程如何求解。由于没有实际工程应用背景，且计算量大，分数阶微积分理论的发展一直非常缓慢。近年来，随着计算机技术的进步，分数阶微积分算子在自然界及在电磁振荡、系统控制、材料力学等领域得到了广泛应用，同时分数阶小波变换、分数阶傅里叶变换与分数阶图像处理等技术在信号处理领域也受到研究者的重视 [13]。

用分数阶微分算子替换整数阶微分算子，就可得到分数阶混沌系统方程，如分数阶 Lorenz 系统 [14]、分数阶 Chen 系统 [15]、分数阶 Chua 系统 [16]、分数阶 Rössler 系统 [17]、分数阶 Lü系统 [18]、分数阶 Duffing 系统 [19]、分数阶简化 Lorenz 系统 [20] 等。人们发现，在引入分数阶微积分算子后，这些混沌系统便具有更为丰富的动力学特性，如文献 [14] 分析了分数阶 Lorenz 系统的动力学特性，表明分数阶系统与整数阶系统具有类似的稳定性和系统平衡点；文献 [17] 采用分岔图和基于小数据算法的最大 Lyapunov 指数谱算法，分析了分数阶 Rössler 系统随参数和阶数变化的动力学特性，并找到许多周期窗口。以上分数阶混沌系统主要为三维系统，对四维分数阶超混沌系统的研究同样引起了学者的关注 [21,22]。比如，文献 [21] 研究了一种四维无平衡点系统，该系统在整数阶情况下不会产生混沌，但是引入分数阶微积分算子后，发现系统具有更丰富的混沌行为，系统产生混沌的最小阶数为 3.2；文献 [22] 基于 Lorenz 系统设计了一个新的分数阶超混沌系统，分析了系统随参数和阶数变化的 Hopf 分岔现象，并利用数值仿真进行了验证。相对于三维分数阶混沌系统，分数阶超混沌系统报道相对较少。

1.2.1 分数阶微积分定义与性质

1. 整数阶微积分定义

在给出分数阶微积分定义之前，先介绍整数阶微分算子和函数求导的定义。

定义 1.2 一阶导数定义为

$$Df(t) = \lim_{\Delta t \to 0} \frac{f(t) - f(t - \Delta t)}{\Delta t} \tag{1-4}$$

其中，D 为微分算子；Δt 为时间间隔。

对于二阶导数和三阶导数，可以采用下述式子进行计算：

$$\begin{aligned} D^2 f(t) &= \lim_{\Delta t \to 0} \frac{Df(t) - Df(t - \Delta t)}{\Delta t} \\ &= \lim_{\Delta t \to 0} \frac{f(t) - 2f(t - \Delta t) + f(-2\Delta t)}{\Delta t^2} \end{aligned} \tag{1-5}$$

$$D^3 f(t) = \lim_{\Delta t \to 0} \frac{D^2 f(t) - D^2 f(t - \Delta t)}{\Delta t}$$

$$= \lim_{\Delta t \to 0} \frac{f(t) - 3f(t - \Delta t) + 3f(t - 2\Delta t) - f(t - 3\Delta t)}{\Delta t^3} \tag{1-6}$$

根据上述计算式，可以整理出高阶导数的一般性定义。

定义 1.3 n 阶导数定义为

$$D^n f(t) = \lim_{\Delta t \to 0} \frac{\sum_{k=0}^{n} (-1)^k \binom{n}{k} f(t - k\Delta t)}{\Delta t^k} \tag{1-7}$$

其中，n 为正整数，当 $n=0$ 时，令 $D^0 f(t) = f(t)$。对于整数阶积分，其定义为

$$D_{t_0}^{-n} f(t) = \begin{cases} \int_{t_0}^{t} f(x)\,\mathrm{d}x, & n = 1 \\ \int_{t_0}^{t} D_{t_0}^{-n+1} f(x)\,\mathrm{d}x, & n > 1 \end{cases} \tag{1-8}$$

下面考虑 n 为分数的情况，即分数阶微积分的定义。

2. 分数阶微积分定义

目前，分数阶微积分定义有多种，使用较多的是 Grunwald-Letnikov (G-L) 分数阶微积分定义、Riemann-Liouville (R-L) 分数阶微积分定义和 Caputo 分数阶微积分定义。下面分析这三种分数阶微积分算子的定义及相关性质。

G-L 分数阶微积分定义在工程领域应用较多，也被称为级数定义，其由连续函数整数阶微积分定义推导得到，在形式上与整数阶微积分定义相似。

定义 1.4 [23]   G-L 分数阶微分定义为

$$D_{t_0}^{q} f(t) = \lim_{\Delta t \to 0} \frac{1}{\Delta t^{-q}} \sum_{k=0}^{\frac{t}{\Delta t}} (-1)^k \frac{\Gamma(q+1)}{k! \Gamma(q-k+1)} f(t - k\Delta t) \tag{1-9}$$

其中，$q > 0$，$q \in \mathbf{R}$，$\Gamma(x) = \int_0^{+\infty} \mathrm{e}^{-t} t^{x-1} \mathrm{d}t$ 为 Gamma 函数。

定义 1.5 [23]   G-L 分数阶积分定义为

$$D_{t_0}^{-q} f(t) = \lim_{\Delta t \to 0} \frac{1}{\Delta t^{-q}} \sum_{k=0}^{\frac{t}{\Delta t}} (-1)^k \frac{\Gamma(q+k)}{k! \Gamma(q)} f(t - k\Delta t) \tag{1-10}$$

其中，$q > 0$，$q \in \mathbf{R}$。

定义 1.6 [23,24]   R-L 分数阶微分定义为

$${}^* D_{t_0}^{q} x(t) := {}^* D_{t_0}^{m} J_{t_0}^{m-q} x(t)$$

$$= \begin{cases} \dfrac{\mathrm{d}^m}{\mathrm{d}t^m} \left[\dfrac{1}{\Gamma(m-q)} \int_{t_0}^{t} (t-\tau)^{m-q-1} x(\tau) \mathrm{d}\tau \right], & m-1 < q < m \\ \dfrac{\mathrm{d}^m}{\mathrm{d}t^m} x(t), & q = m \end{cases} \tag{1-11}$$

其中, $q \in \mathbf{R}^+$; $J_{t_0}^q$ 为 q 阶积分算子; $^*D_{t_0}^q$ 为 q 阶微分算子, 根据定义式, 有 $^*D_{t_0}^q J_{t_0}^q = x(t)$。

定义 1.7 [23,24] R-L 分数阶积分定义为

$$J_{t_0}^q x(t) = \frac{1}{\Gamma(q)} \int_{t_0}^{t} (t-\tau)^{q-1} x(\tau) \mathrm{d}\tau \tag{1-12}$$

其中, $q \in \mathbf{R}^+$; $J_{t_0}^q$ 为 q 阶积分算子。

对于 $t \in [t_0, t_1]$, $q \geqslant 0$, $\gamma > -1$, $r \geqslant 0$ 以及常数 C, R-L 分数阶积分满足如下基本性质:

$$J_{t_0}^q (t-t_0)^{\gamma} = \frac{\Gamma(\gamma+1)}{\Gamma(\gamma+q+1)} (t-t_0)^{\gamma+q} \tag{1-13}$$

$$J_{t_0}^q C = \frac{C}{\Gamma(q+1)} (t-t_0)^q \tag{1-14}$$

$$J_{t_0}^q J_{t_0}^r x(t) = J_{t_0}^{q+r} x(t) \tag{1-15}$$

定义 1.8 [23,24] Caputo 分数阶微分定义为

$$D_{t_0}^q x(t) := J_{t_0}^{m-q} D_{t_0}^m x(t)$$
$$= \begin{cases} \dfrac{1}{\Gamma(m-q)} \int_{t_0}^{t} (t-\tau)^{m-q-1} x^{(m)}(\tau) \mathrm{d}\tau, & m-1 < q < m \\ \dfrac{\mathrm{d}^m}{\mathrm{d}t^m} x(t), & q = m \end{cases} \tag{1-16}$$

其中, $q \in \mathbf{R}^+$; $m \in \mathbf{N}$; $D_{t_0}^q$ 为 q 阶 Caputo 微分算子。

当 $t \in [t_0, t_1]$, $m \in \mathbf{N}$, $m-1 < q < m$ 时, Caputo 分数阶微分具有如下性质:

$$D_{t_0}^0 x(t) = J_{t_0}^0 x(t) = x(t) \tag{1-17}$$

$$J_{t_0}^q D_{t_0}^q x(t) = x(t) - \sum_{k=0}^{m-1} x^{(k)}(t_0^+) \frac{(t-t_0)^k}{k!} \tag{1-18}$$

在实际应用中, 对于时间分数阶导数, 一般使用 Caputo 定义, 而对于空间分数阶导数的研究一般采用 R-L 或 G-L 定义。下面对三种分数阶微积分定义进行比较与分析。

(1) 如果函数 $f(t)$ 具有 $m+1$ 阶连续导数, 并且 m 取值至少为 $\lfloor q \rfloor = n-1$ ($\lfloor \ \rfloor$ 为向下取整), 则 R-L 定义与 G-L 定义是等价的; 否则如果函数 $f(t)$ 不满足上述

条件，则两种定义不再一致。一般地，R-L 定义较 G-L 定义具有更为广泛的应用领域。

(2) 如果函数 $f(t)$ 具有 $m+1$ 阶连续导数，并且 m 取值至少为 $\lfloor q \rfloor = n - 1$，不妨设 $m = n - 1$，则 $n = m+1$，如果满足 $f^{(k)}(\varepsilon) = 0\,(k = 0,1,2,\cdots,n-1)$，则 Caputo 定义与 G-L 定义是等价的；如果不满足上述条件，则两种定义不等价。

(3) 事实上，R-L 定义和 Caputo 定义都为 G-L 定义的改进形式。对于 R-L 分数阶微分定义，必须指定未知解在初值点 $t = t_0$ 处某个分数阶导数的值，由于分数阶导数的物理意义不明确，且大小很难测量，所以采用 R-L 微分定义在实际系统中存在困难，另一方面，采用 Caputo 微分定义时，只需要确定 $x(t_0)$, $x'(t_0)$, $\cdots$, $x^{(n-1)}(t_0)$ 的值即可，其物理意义非常明确。可见，采用 Caputo 定义更有利于实际物理系统求解，更具有实际的工程应用价值。

3. 分数阶微积分的性质

分数阶微积分是从整数阶微积分推广而来的，当 $q = n$ 时，即为整数阶微积分，分数阶微积分的运算有以下基本性质：

(1) 线性：

$$D_{t_0}^q [\lambda_1 f(t) + \lambda_2 g(t)] = \lambda_1 D_{t_0}^q f(t) + \lambda_2 D_{t_0}^q g(t) \tag{1-19}$$

$$J_{t_0}^q [\lambda_1 f(t) + \lambda_2 g(t)] = \lambda_1 J_{t_0}^q f(t) + \lambda_2 J_{t_0}^q g(t) \tag{1-20}$$

(2) 交换律：

$$J_{t_0}^q [J_{t_0}^\nu f(t)] = J_{t_0}^\nu [J_{t_0}^q f(t)] = J_{t_0}^{q+\nu} f(t) \tag{1-21}$$

(3) 可逆性：

$$D_{t_0}^q [J_{t_0}^q f(t)] = f(t) \tag{1-22}$$

$$J_{t_0}^q (D_{t_0}^q) f(t) = f(t) - \sum_{k=0}^{m-1} f^{(k)}(t_0^+) \frac{(t-t_0)^k}{k!} \tag{1-23}$$

其中，$f^{(k)}(t_0^+)$ 为初始值。

(4) 常数 C 的分数阶积分为

$$J_{t_0}^q C = \frac{C}{\Gamma(q+1)} (t-t_0)^q \tag{1-24}$$

(5) 时间变量的分数阶积分为

$$J_{t_0}^q (t-t_0)^\gamma = \frac{\Gamma(\gamma+1)}{\Gamma(\gamma+q+1)} (t-t_0)^{\gamma+q} \tag{1-25}$$

(6) 分数阶微分的拉普拉斯变换为

$$
L[_0D_{t_0}^q f(t)] = \int_0^\infty \mathrm{e}^{-st} D_{t_0}^q f(t)\mathrm{d}t
$$

$$
= s^q F(s) - \sum_{k=0}^{n-1} s^k [D_{t_0}^{q-k-1} f(t)]\Big|_{t=0}, \quad n-1 < q < n \quad (1\text{-}26)
$$

其中, $F(s) = L[f(t)]$ 表示 $f(t)$ 的拉普拉斯变换。

4. 分数阶微积分的物理意义

目前,关于分数阶微积分仍然没有统一的物理意义和几何解释,但根据上述分数阶微分与整数阶微分的关系、分数阶微积分的性质,可以发现,分数阶微分综合考虑了历史以及非局部布式的影响,不只反映局部和某个点的性质,正是这种长记忆特性和全局性,分数阶微积分可更准确地描述自然界中的物理模型。

1.2.2 分数阶混沌系统求解算法综述

为了求解分数阶微积分方程,人们提出了多种分数阶微积分定义,其中最常用的有 G-L 分数阶微积分定义、R-L 分数阶微积分定义和 Caputo 分数阶微积分定义。虽然 R-L 定义可简化分数阶微积分算子的求解计算量,但其物理意义没有Caputo 定义明确,且其大小相较于基于 Caputo 定义的算法更难测量。基于以上微积分算子定义,分数阶微积分算子数值求解算法主要有以下几大类。

(1) 解析法:包括 Adomian 分解算法[25]、同伦摄动算法[26]、微分转换算法[27]与变分迭代算法[28]等。

(2) 有限差分法:包括预估–校正算法[29]、显式格式算法、隐式格式算法、Crank-Nicholson 格式算法[30]等。

(3) 基于拉普拉斯变换的频域算法[31]。

(4) 其他算法:无网格算法和有限元算法等。

目前,求解分数阶混沌系统最常用的算法为频域算法和预估–校正算法,其有关文献报道较多。频域算法基于 R-L 定义,采用整数阶微积分算子拟合分数阶算子的方式,将时域中的分数阶微积分算子转化为频域中的传递函数,接着在频域中利用分段线性函数进行逼近,进而得到系统的数值解。频域算法是当前分数阶混沌系统模拟电路设计的理论基础,但是该算法的积分算子的系统函数比较复杂,不利于分析系统随阶数连续变化时的动力学特性,且算法能否准确地求解分数阶混沌系统遭到一些学者的质疑[32,33]。预估–校正算法利用 Adams-Bashforth 预估公式和 Adams-Moulton 校正公式得到系统的离散迭代公式,此算法能分析系统随微分阶数连续变化的情况,且精度较频域算法高。近年来,Wang 等[34]设计了分数阶混沌系统的多阶同伦算法 (multistage homotopy-perturbation method),研究表明该算法能得到系统的解析解, 具有较高精度。Freihat 等 [35] 设计了分数阶混沌系统的微分变换算法 (different transform method), 在整数阶情况下, 将该算法与 Runge-Kutta 算法进行了比较。然而这两种算法并没有在进一步的文献中得到应用, 且现有的文献中只是利用这两种算法对系统进行求解, 并没有利用该算法分析系统动力学特性。相比于同伦法和微分变换算法, Adomian 分解算法在分数阶混沌系统中得到了更广泛的应用。Cafagna 等采用 Adomian 分解算法分别求解分数阶 Chen 系统 [36] 和分数阶 Rölsser 系统 [37], 并分析了其系统的动力学特性, 表明该系统能在较低的阶数下产生混沌, 比如分数阶 Chen 系统产生混沌的最小阶数为 0.24 (q=0.08), 远小于其他算法的最小阶数。文献 [38] 采用 Adomian 分解算法求解分数阶简化 Lorenz 系统, 分析了系统动力学特性, 并对比 Adomian 分解算法与其他算法, 表明 Adomian 分解算法精度更高, 较预估–校正算法消耗资源更少。

显然, 不同数值算法的求解精度是不一样的, 且 Tavazoei 等 [39] 的研究也表明, 目前分数阶混沌系统的数值求解算法都存在求解精度问题, 采用不同算法分析得到的系统动力学特性应该也是有区别的。那么, 这些数值求解算法中哪一种更加可靠, 以及在实际应用中应如何选择算法是值得研究的。然而, 当前少有文献对比研究不同求解算法的特性, 比如算法速度、计算精度、算法时间和空间复杂度等, 为分数阶混沌系统算法选取提供依据。此外, 如何建立分数阶混沌系统的有效迭代式, 如何设计分数阶混沌系统的 DSP/FPGA 数字电路等, 都需要对分数阶混沌系统的求解算法进行深入研究。

1.3 分数阶混沌系统特性分析方法综述

1.3.1 分数阶混沌系统动力学行为研究

分数阶混沌系统的动力学特性研究是当前分数阶混沌领域的研究热点。当前, 分数阶混沌系统动力学特性研究采用的方法主要有分岔图、0-1 测试、Lyapunov 指数谱、Poincaré 截面以及吸引子相图等。这些分析方法中 Lyapunov 指数谱和 Poincaré 截面能判断系统是否为超混沌状态。而如果只采用 Poincaré 截面判断系统是否为超混沌, 则显得不是很方便。预估–校正算法只能得到时间序列, 而其迭代式很难为计算 Lyapunov 指数谱提供便利。Li 等 [40] 基于频域算法设计了分数阶混沌系统的 Lyapunov 指数谱算法, 文献 [41] 采用该算法分析了分数阶 Lorenz 系统的动力学特性, 但是由于频域算法的精确性不够, 其在实际分析中效果并不是很好。另外, 基于相空间重构技术的 Lyapunov 指数谱算法 (如 Wolf 算法 [42]、Jacobian 算法 [43] 与神经网络算法 [44] 等) 在嵌入维数与延迟时间选择方面受主观因素影响较大。为了更准确地计算分数阶混沌系统 Lyapunov 指数谱, Caponetto 等 [45] 基于 Adomian 分解算法得到的解析解，设计了分数阶混沌系统 Lyapunov 指数谱算法，然而该文并没有分析分数阶混沌系统随参数和阶数变化的动力学特性。另外，分数阶混沌系统 Hopf 分岔特性、拓扑马蹄以及稳定性特性引起了学者的兴趣，如 Li 等 [46] 研究了一个新的分数阶 Lorenz 超混沌系统的 Hopf 分岔特性，表明该分数阶混沌系统随参数和阶数变化时都存在 Hopf 分岔；Jia 等 [47] 研究了分数阶 Lü 系统的拓扑马蹄理论，从理论上验证了分数阶混沌系统的混沌存在；Li 等 [48] 基于 T-S 模糊理论研究了分数阶非线性系统的稳定性，并以分数阶 Rössler 系统为例验证了提出理论的有效性。

可见，目前文献中对分数阶混沌系统动力学特性的研究主要在于验证将整数阶混沌系统转换为分数阶混沌系统后，系统是否存在混沌，分析方法主要继承自整数阶混沌系统的动力学特性分析方法，而对分数阶混沌系统出现混沌的最小阶数、动力学特性以及分数阶微积分与混沌关系缺乏系统且深入的探讨。因此，对分数阶混沌系统动力学特性的分析有待进一步深入研究。

1.3.2 分数阶混沌系统的复杂度及其定义

复杂度 (complexity) 概念兴起于 20 世纪 80 年代，已成为当代科学的研究前沿。目前，不同学科背景的研究者从不同角度对复杂度进行了探索，对复杂度的定义和理解也各不一样，当前关于复杂度的定义至少有 45 种。一般而言，可用熵描述复杂度，因为熵描述的是系统的混乱程度。事实上，当前很多复杂度定义都是基于熵的概念。关于熵的最早定义来自物理学，由克劳修斯于 1865 年提出，用于测度一个热力学系统的 "混乱" 程度，也被称为热力学熵。

定义 1.9 热力学熵：在经典热力学中，可用增量定义热力学熵为

$$\mathrm{d}S = \left(\frac{\mathrm{d}Q}{T}\right)_{\text{可逆}} \tag{1-27}$$

其中，T 为物质的热力学温度；$\mathrm{d}Q$ 为熵增过程中加入物质的热量；下标 "可逆" 表示加热过程所引起的变化过程是可逆的，其积分形式为

$$S - S_0 = \int_{x_0}^{x} \frac{\mathrm{d}Q}{T} \tag{1-28}$$

其中，S 为系统平衡态 x 的熵；S_0 为系统 x_0 状态的熵。

热力学熵定义给出了熵的定义原型，但在其他领域中，需要对其形式进行进一步的改进，比如，信息科学中的 Shannon 熵 [49]，其定义如下所示。

定义 1.10 Shannon 熵：设一离散信源的符号空间为 $U = \{u_1, u_2, \cdots, u_N\}$，对应符号发生的概率空间为 $P = \{p_1, p_2, \cdots, p_N\}$，则信源加权平均信息量定义为

$$H = -\sum_{i=1}^{N} p_i \log (p_i) \tag{1-29}$$

上式亦被称为 Shannon 熵，显然 H 值越大，信源信息量越大，信源所有可能发生事件的平均不确定性越大，也就意味着信源越复杂。

近年来，Shannon 熵的应用范围越来越广，人们提出了许多基于 Shannon 熵的复杂度算法，比如排列熵 (permutation entropy，PE)[50]、谱熵 (spectral entropy，SE)[51]、小波熵 (wavelet entropy, WE)[52]、强度统计复杂度 (statistical complexity measure，SCM)[53]、模糊核熵 (fuzzy kernel entropy, FKE)[54]，以及符号熵 (symbol entropy, SymEn)[55] 等。

非线性系统的复杂性还可以采用 Kolmogorov 复杂度进行描述，该复杂度于 1965 年由 Kolmogorov[56] 提出，用来表征能够产生某一 $(0, 1)$ 序列所需的最短计算机程度的比特数。Kolmogorov 复杂度的定义如定义 1.11 所示。

定义 1.11   Kolmogorov 复杂度：对于一 $(0, 1)$ 序列，计算该序列中禁止字或禁止字符串的个数，并称之为绝对复杂度 $c(n)$；任何序列的绝对复杂度 $c(n)$ 都会趋向于一个定值 $b(n)$

$$\lim_{n \to \infty} c(n) = b(n) = \frac{n}{\log_2 n} \tag{1-30}$$

Kolmogorov 复杂度定义为绝对复杂度 $c(n)$ 与定值 $b(n)$ 的比，即

$$K_c = \frac{c(n)}{b(n)} = c(n) \frac{\log_2 n}{n} \tag{1-31}$$

可见，K_c 是一个与序列长度 n 有关的物理量，完全随机序列的 K_c 测度值趋近于 1；而有规律的或周期序列的 K_c 测度值趋近于 0。Lempel 和 Ziv 根据算法原理实现了该算法，并被称为 Lempel-Ziv 算法[57]。由于 Lempel-Ziv 算法只适用于 $(0, 1)$ 序列，即需要对时间序列进行量化处理，且只能在一维时间尺度上对系统复杂度进行统计。Pincus[58] 于 1995 年在 Kolmogorov 复杂度定义的基础上提出近似熵算法 (approximate entropy，ApEn)，该算法在分析时间序列复杂度时不需要进行量化处理，但该算法相似度采用 Heaviside 函数，算法对阈值 r 与相空间维数 m 的取值依赖性比较大，限制了其应用。Richman 等[59] 于 2000 年对 ApEn 算法进行改进，并提出了样本熵算法 (sample entropy，SampEn)，该算法不计算自身匹配的统计量，是对 ApEn 算法的改进，但在无模板匹配的情况下会出现无意义的 ln0。后来 Chen 等[60] 基于 SampEn 算法并采用模糊隶属度的概念，提出模糊熵算法 (fuzzy entropy, FuzzyEn)，对 SampEn 算法进一步改进，测度效果更好。另外 GP 关联维复杂度[61] 也属于 Kolmogorov 定义下的复杂度测度算法。

另外还有一些算法并不是基于上述复杂度定义，但也能取得非常好的测度效果，如 C_0 复杂度[62]。C_0 复杂度算法首先对信号进行快速傅里叶变换，然后去掉

功率谱中能量低于一定值的频谱,即将序列分解成规则和不规则成分,测度值为序列中非规则成分所占的比例,比例越大,信号越随机。

综上所述,混沌序列的复杂度为混沌系统产生混沌序列的复杂程度,序列越复杂,表明得到的混沌序列越随机。因此,本书中分数阶混沌系统复杂度定义如定义1.12 所示。

定义 1.12　　分数阶混沌系统复杂度指的是系统产生序列接近随机信号的程度。复杂度越大,序列越复杂,其抗干扰和抗截获的能力越好,即应用于安全系统时安全性越好。

注 1.1　　分数阶混沌系统复杂度由不同算法测度时,由于算法原理不同,其测度值也会不同,但不同算法表征的是系统复杂度的不同方面。

注 1.2　　关于是否存在一个客观的复杂度,这是一个值得深入研究的问题。由于当前没有统一的关于复杂度的定义,因此,“客观的” 复杂度也就很难定义。

注 1.3　　实际应用中应当选取复杂度更大的序列进行加密应用,复杂度分析为分数阶混沌系统的参数选择提供了一种有效依据。

1.3.3　分数阶混沌系统复杂度分析

混沌系统序列的复杂度分析是混沌序列应用于信息安全领域的一个重要研究内容,并引起了广泛关注。序列的复杂性越大,其随机性就越大,序列能够被恢复的难度就越大。实用的混沌序列应当具有尽可能大的复杂性,以保证如扩频通信系统等的抗干扰和抗截获能力。

人们对离散混沌系统的复杂度进行了大量研究。Grassberger 等 [61] 采用 GP 算法分析了 Hénon 映射的复杂度,Balasubramanian 等 [63] 采用 Lempel-Ziv 算法和 ApEn 算法分析了 Logistic 映射的复杂度,并用复杂度测度值区分系统的不同状态。文献 [64] 采用 PE 算法分析了混沌伪随机序列的复杂度,盛利元等 [65] 提出的 TD-ERCS 混沌系统具有较其他离散混沌系统 (如 Logistic 映射和 Hénon 映射等) 更高的复杂度,且计算结果与 Lempel-Ziv 算法和 ApEn 算法的结果一致。梁涤青等 [66] 采用 WE (wavelet entropy) 算法分析并对比了不同离散混沌系统的复杂度,同样表明 TD-ERCS 系统具有更高的随机性,该文中的 WE 算法通过确定小波包能量各频段大小,使得算法较谱熵算法具有更好的全局特性。冯明库等 [67] 采用符号熵 (SymEn) 算法分析了离散混沌系统的随机性,表明离散混沌系统可以作为随机源。虽然 SymEn 算法对参数选择要求没有 ApEn 高,但 SymEn 算法只针对符号序列,且需要知道序列符号空间,这限制了其实际应用。

近年来,整数阶混沌系统的复杂度分析逐渐得到重视,Micco 等 [68] 采用 SCM (statistical complexity measure) 算法分析了一类整数阶连续混沌系统的复杂度,SCM 算法具有参数少、对参数敏感性小等特点,但是对周期序列复杂度不能很好度量。文献 [69] 采用 SCM 算法和谱熵算法分析了多翅膀混沌系统的复杂度,表明多翅膀混沌系统的复杂度并不随着翅膀数的增加而增加。蒋龙等 [70] 采用 PE 算法分析了半导体激光混沌系统的复杂性,表明双光反馈系统所获得的混沌光的复杂度总是大于单光反馈系统的复杂度。杨欢欢等 [71] 同样采用 PE 算法分析了掺铒光纤环形混沌激光器中的复杂性,研究结果表明,腔内损耗对混沌激光器复杂度影响较大,且随着腔内损耗的增大,其 PE 复杂度也逐渐变大。

　　上述研究都表明,复杂度与混沌系统的动力学特性密切相关,当系统处于混沌态时,复杂度测度值相对较高,而当系统处于周期态等非混沌态时,复杂度测度值相对较低。与离散混沌系统时间序列相邻数据间波动剧烈不同,连续混沌序列相邻数据间的差别不是很大,因此,其对复杂度算法要求更高,且需要的序列长度也更长。已有文献表明,离散系统复杂度测度值较连续混沌系统测度值更高。实际上,目前对分数阶混沌系统的复杂度分析不是很充分,相关报道也不多。大部分关于混沌系统的复杂度研究的文献都是针对离散混沌系统和整数阶混沌系统的。随着分数阶混沌系统在信息安全、保密通信中的应用成为非线性科学应用研究的新方向,其复杂度研究也将越来越重要。这包括两个方面:一方面,应从分数阶系统本身的复杂性出发,其一般与系统的非线性项以及分数阶微积分算子有关,系统中非线性项越多,其复杂性相对也就会越大,不同定义下的系统复杂性是不一样的,且系统复杂性与阶数的关系也需要进一步的研究,当然这一部分更偏向于系统的动力学特性方面;另一方面,研究分数阶混沌系统时间序列复杂度分析,采用不同算法进行测度,分析分数阶混沌系统时间序列复杂度随系统参数和阶数变化规律,并为分数阶混沌系统在密码学和保密通信中的应用提供一种有效的参数选取依据。

1.4　分数阶混沌系统的应用综述

　　随着对分数阶混沌系统研究的深入,人们从理论研究转向应用研究,其中分数阶混沌系统的电路实现成为研究重点之一。2006 年,Bohannan 等申请了分数阶器件的发明专利。刘崇新教授研究团队则通过设计分数阶算子的等效电路对多个分数阶混沌系统进行了电路仿真研究。基于时域–频域转换近似算法和模拟电子技术,分数阶混沌系统的模拟电路实现得到了广泛研究,涉及 Lü 系统、超混沌系统、多翅膀系统和高维混沌系统,还有基于忆阻器的电路实现等。分数阶微分方程的时域分析方法在研究分数阶非线性系统的特性时有一定优势,但其模拟电路实现则困难较大。相对于分数阶混沌系统的模拟电路实现,其数字电路的设计与实现研究更有意义。因为数字电路的实现对分数阶混沌系统的求解算法选择方面具有灵活性,而且分数阶混沌系统的数字电路实现有利于其实际应用,但分数阶混沌系统求解相对复杂,所以分数阶混沌系统的数字电路实现值得深入研究。

1.4.1 分数阶混沌系统的电路实现

混沌系统的电路实现是混沌应用的重要基础之一, 有助于研究混沌系统的动力学特性, 并可以证明混沌吸引子的存在, 还可以开展混沌控制与同步方法的研究。其实, 在许多电路系统中混沌现象是普遍存在的, 最早在电路中发现混沌是在1927 年, 丹麦的电气工程师 VanderPol 发现了氖灯张弛振荡器中存在一种重要现象, 他当时以为是一种 "不规则的噪声", 但后来人们研究表明, 其实他观察到的就是混沌现象。1983 年, 美国加利福尼亚大学伯克利分校的 Chua (蔡少棠) 教授设计了一个三阶自治混沌电路, 人们称其为蔡氏电路。该电路结构简单, 但具有丰富的非线性特性, 成为非线性混沌电路的经典范例。通过混沌电路还可以验证非线性动力学行为中的各种混沌现象、混沌同步与控制规律以及分岔等, 混沌电路在混沌研究中的地位与作用越来越受到重视。三十多年来, 国内外学者致力于不同混沌系统的电路设计与硬件实现。以往, 混沌系统的主要研究方法是理论和数值仿真, 混沌的电路设计方法提出后, 可以使用硬件产生实际的混沌信号, 这样在信号处理领域, 混沌具有广阔的应用前景。目前, 混沌的电路实现主要有模拟电路和数字电路。

混沌模拟电路能产生真正的混沌信号。混沌模拟电路设计与实现的方法主要有个性化、模块化和改进模块化等, 例如, Chua 电路等很多混沌电路采用个性化设计方法, 该方法的优点是使用的电路元器件少, 但是需要设计者在电路设计方面具有较丰富的技巧和经验知识。此外, 如 Lorenz 方程等很多混沌方程的电路是无法通过这种设计方法来实现的。模块化设计是一种常用的混沌电路设计方法, 该方法基于无量纲状态方程, 由三部分组成, 分别是变量比例压缩变换、微分-积分转换和时间尺度变换。该方法虽然具有普适性, 但是需要较多的元器件。在此基础上, 省略掉微分-积分转换, 即为改进型模块化混沌电路设计方法。它同样具有普适性, 并且使用的元器件较少。目前, 整数阶混沌系统的模拟电路实现已经很普遍了, Suykes、Yalcin、Elwakil、禹思敏、吕金虎、Wallace、刘崇新等做了大量的工作。尽管如此, 混沌的模拟电路仍有它自身的局限性。混沌模拟电路依靠手工搭建, 过程复杂, 不够灵活, 存在电路参数分布性大、元器件易老化、易受温度影响等诸多问题, 尤其是重复性差, 电路设计者需要具备较丰富的设计技巧和调试经验。

随着 FPGA(field programmable gate array, 现场可编程门阵列) 和 DSP (digital signal processing, 数字信号处理) 等集成电路的数字化处理技术的发展, 使用 FPGA 和 DSP 等技术实现混沌系统正逐渐成为一种趋势。已有的混沌系统电路的设计和应用研究表明, 基于 FPGA 和 DSP 实现整数阶混沌系统并不存在太大的技术障碍。混沌的数字电路实现需要先求解混沌系统, 得到系统的数值迭代式, 再根据迭代式进行系统的软硬件设计。使用 DSP 实现混沌系统的难度较小, 成本低, 在浮点型 DSP 芯片内部具有浮点数运算单元，降低了软件设计的难度，并提升了程序运行速度，丰富的外设接口便于系统集成，软件编程使用 C 语言，具有丰富的库函数，为设计者提供了便利。采用 FPGA 实现混沌系统，相对较难，需要结合求解得到的迭代式进行模块化设计，根据 FPGA 的原理特点，很多模块都需要自行设计，包括浮点数运算模块及各种接口等，一般使用硬件描述语言实现，但这也给设计者提供了足够的自由发挥空间，有利于提高系统的性能。数字电路实现混沌系统时，开发环境都配有较强的仿真调试功能，方便解决设计中的很多问题，混沌系统的数字电路实现灵活，参数修改方便，重复性好，抗干扰能力强，尤其是当前数字电路在各领域的普及，数字电路实现为混沌系统在其他领域的实际应用奠定了坚实基础。

1.4.2　分数阶混沌系统的同步控制

分数阶混沌系统的同步控制是分数阶混沌系统应用于保密通信的关键。到目前为止，对于整数阶混沌系统，人们已提出了许多的同步控制方法，然而，由于分数阶非线性系统的复杂性以及高效求解算法的缺乏，对分数阶混沌系统的混沌同步控制研究相对较少，控制策略和方法较为简单，主要是基于拉普拉斯变换理论、Lyapunov 稳定性原理和分数阶线性系统稳定性理论。但这三大同步理论尚未成熟，基于拉普拉斯变换理论设计的控制器缺乏灵活性、普适性；而基于 Lyapunov 稳定性原理的同步方法，虽然有利于确定同步控制器的控制参数的范围，但需要构造 Lyapunov 函数，且控制器往往较为复杂，不利于工程实现；基于分数阶线性系统稳定性理论的同步策略，虽然是目前较为普遍的方法，但依赖于计算控制矩阵在平衡点附近的特征值。当前，研究分数阶混沌系统同步控制的主要方法是将整数阶混沌系统的同步控制方法拓展到分数阶混沌系统，比如耦合同步、反馈控制同步、滑模控制同步、自适应控制同步、投影同步等。所以由于分数阶微积分算子的复杂性，分数阶混沌系统同步控制尚不成熟，其研究才刚刚开始，还有大量问题需要进一步研究。

下面主要从如下三个方面进行综述。

(1) 分数阶同步控制算法，特别是分数阶混沌网络同步控制算法需要进一步研究。在实际应用时同步控制器的选择也是值得考虑的，相对简单的同步控制器更有利于同步的仿真或数字电路实现。耦合同步控制器是非常简单的控制器，且实际效果非常好，但关于分数阶耦合同步的理论证明却非常少。因此，分数阶混沌系统的耦合同步值得更深入的探讨。当驱动系统和响应系统的时间序列呈非线性函数关系时，同步系统具有更强的安全性，因此，设计函数关系更复杂，但控制器相对简单的分数阶混沌系统函数投影同步器是目前的研究重点。作为分数阶混沌系统同步的一个重要方面，分数阶混沌系统网络同步是当前的研究热点，有助于实际保密通信中的多点通信。考虑到耦合同步控制器的简单和有效性，本书主要讨论分数阶混沌系统耦合网络同步。

(2) 分数阶混沌同步系统性能的综合评价分析需要加强。同步性能分析是同步控制研究的重要内容，除了稳定性，还有鲁棒性、同步建立时间和同步精度等。虽然现有的一些同步控制方法可以实现同步，但同步建立的时间太长，对混沌保密通信应用的意义不大。此外，当同步实现以后，还应当研究同步系统性能随系统参数、阶数和控制参数变化的一般规律，进而提出改善同步系统性能的措施，这一点普遍被大家所忽视。所以，在分数阶混沌系统的同步控制研究过程中，应以提高同步系统的同步性能为目标，探索同步系统的同步性能随系统分数阶阶数和控制器参数变化的规律，从而设计出分数阶混沌系统的最优同步方法以及找出相应的最优同步参数，为分数阶混沌系统在保密通信中的应用研究奠定理论基础。

(3) 同步仿真时数值算法选择需要进一步研究。当同步控制器设计好之后，下一步就是如何更好地在保密通信领域应用同步系统。目前分数阶混沌系统的同步仿真算法大多采用预估–校正算法和频域算法。文献 [72]~[76] 都实现了分数阶混沌同步系统的模拟电路，其算法为频域算法，但模拟电路受器件参数影响较大，相比于数字电路实现，其实际应用时可控性差。虽然分数阶微分算子的预估–校正算法在研究分数阶非线性系统的混沌特性及其同步控制时有一定的优势，但随着迭代的进行，消耗的系统内存资源以及所需要的时间越来越多，DSP/FPGA 数字电路实现同步困难。因此，研究新的有利于分数阶混沌同步系统数字电路实现的求解算法具有实际应用价值。

总之，在分数阶混沌系统同步控制方面，虽然取得了一些成果，但要实现分数阶混沌系统的实际应用，还有许多应用基础和技术问题需要研究。

1.4.3 分数阶混沌系统在保密通信中的应用

1992 年，Heidari-Bateni 等开始在直接扩频 (direct-sequence spread spectrum, DSSS) 系统中应用混沌伪随机序列，由于混沌信号的初始敏感性和周期无限长的特点，可用混沌系统产生数量可观的序列作为扩频码，并且它们具有非常好的相关性和平衡性。已有的研究结果表明：与传统的 m 序列及 Gold 序列相比，混沌序列应用于扩频通信中的性能效果更好。基于混沌系统生成的伪随机二进制序列充当扩频码时具有如下优点。

(1) 长度任意、数量巨大。由于混沌的初值敏感性，通过改变混沌系统的初始值和参数可以产生无穷多个扩频序列。经典扩频码有 m 序列和 Gold 序列，虽然它们的性能满足要求，但缺点是数量有限，位数固定，尤其面临大容量的 CDMA(code division multiple access, 码分多址)，其缺点更明显，而混沌序列的超大序列容量可以更好地满足要求。

(2) 混沌产生的二进制序列的周期非常大，具有良好的随机性能，因此系统难以破译，保密性好。

(3) 通过改变混沌系统的初始值或者系统参数，就可以产生不同的混沌序列，易于产生和复制。

可见，基于混沌系统的伪随机序列大大提升了扩频码的性能，但随着计算机技术的迅速提高，破译技术得到了更加深入的研究和使用，传统的整数阶和离散混沌映射生成的扩频序列慢慢显现了它的局限性，如序列复杂度低、容易破译等。所以，需要进一步研究提高混沌伪随机序列复杂度的方法。近年来，人们在研究分数阶混沌系统时发现其与整数阶混沌系统及离散混沌系统不同，除了上述优点，在应用上很多方面更具有优势。分数阶混沌系统生成的伪随机序列作为扩频码的性能是值得研究的，所以将分数阶混沌系统应用于扩频通信系统，分析其对通信系统的性能影响很有实际应用意义。

参 考 文 献

[1] 卢侃, 孙建华. 混沌学传奇 [M]. 上海: 上海翻译出版公司, 1991.

[2] Poincaré H. Review of Hilbert's foundations of geometry[J]. Bulletin of the American Mathematical Society, 1903, 10: 1-23.

[3] Kolmogorov A N. On conservation of conditionally periodic motions for a small change in Hamilton's function[J]. Dokl. Akad. Nauk SSSR, 1954, 98: 527-530.

[4] Rypina I I, Brown M G, Beron-Vera F J, et al. Robust transport barriers resulting from strong Kolmogorov-Arnold-Moser stability[J]. Physical Review Letters, 2007, 98(10): 104102.

[5] Lorenz E N. Deterministic nonperiodic flow[J]. Journal of the Atmospheric Sciences, 1963, 20: 130-141.

[6] Hénon M. A two-dimensional mapping with a strange attractor[J]. Communications in Mathematical Physics, 1976, 50(1): 69-77.

[7] Ruelle D, Takens F. On the nature of turbulence[J]. Communications in Mathematical Physics, 1971, 20(3): 167-192.

[8] Yorke J A, Li T Y. Period three implies chaos[J]. American Mathematical Monthly, 1975, 82(10): 985-992.

[9] May B R. Simple mathematical models with very complicated dynamics[J]. Nature, 1976, 261(5560): 459-467.

[10] Feigenbaum M J. Quantitative universality for a class of nonlinear transformations[J]. Journal of Statistical Physics, 1978, 19(1): 25-52.

[11] Hao B L. Chaos[M]. Singapore: World Scientific, 1984.

[12] Xie F G, Hao B L. Counting the number of periods in one-dimensional maps with multiple critical points[J]. Physica A, 1994, 202(1-2): 237-263.

[13] 陈文, 孙洪广, 李西成. 力学与工程问题的分数阶导数建模 [M]. 北京: 科学出版社, 2010.

[14] Yu Y, Li H X, Wang S, et al. Dynamic analysis of a fractional-order Lorenz chaotic system [J]. Chaos Solitons and Fractals, 2009, 42(2): 1181-1189.

[15] Wang S P, Lao S K, Chen H K, et al. Implementation of the fractional-order Chen-Lee system by electronic circuit [J]. International Journal of Bifurcation and Chaos, 2013, 23(2): 497-510.

[16] Agarwal R P, El-Sayed M A, Salman S M. Fractional-order Chua's system: discretization, bifurcation and chaos [J]. Advances in Difference Equations, 2013, 320(2013): 1-13.

[17] Zhang W W, Zhou S B, Li H, et al. Chaos in a fractional-order Rössler system [J]. Chaos Solitons and Fractals, 2009, 42(3): 1684-1691.

[18] Lu J G. Chaotic dynamics of the fractional-order Lü system and its synchronization [J]. Physics Letters A, 2006, 354(4): 305-311.

[19] Li Z S, Chen D Y, Zhu J W, et al. Nonlinear dynamics of fractional order Duffing system [J]. Chaos Solitons and Fractals, 2015, 81(1): 111-116.

[20] Wang H, Sun K, He S. Characteristic analysis and DSP realization of fractional-order simplified Lorenz system based on Adomian decomposition method [J]. International Journal of Bifurcation and Chaos, 2015, 25(6): 1550085.

[21] Zhou P, Huang K. A new 4-D non-equilibrium fractional-order chaotic system and its circuit implementation [J]. Communications in Nonlinear Science and Numerical Simulation, 2014, 19(6): 2005-2011.

[22] Li X, Wu R. Hopf bifurcation analysis of a new commensurate fractional-order hyperchaotic system [J]. Nonlinear Dynamics, 2014, 78(1): 279-288.

[23] 高心, 刘兴文, 邵仕泉. 分数阶动力学系统的混沌、控制与同步 [M]. 成都: 电子科技大学出版社, 2010.

[24] Carpinteri A, Mainardi F. Fractals and Fractional Calculus in Continuum Mechanics[M]. Wien: Springer-Verlag, 1997.

[25] Adomian G. A new approach to nonlinear partial differential equations [J]. Journal of Mathematic Analysis and Application, 1984, 102(2): 420-434.

[26] Wang S, Yu Y. Application of multistage homotopy-perturbation method for the solutions of the chaotic fractional order systems [J]. International Journal of Nonlinear Science, 2012, 13(1): 3-14.

[27] Rashidi M M, Erfani E. The modified differential transform method for investigating nano boundary-layers over stretching surfaces [J]. International Journal of Numerical Methods for Heat and Fluid Flow, 1991, 21(7): 864-883.

[28] Wu G C, Lee E W M. Fractional variational iteration method and its application [J]. Physics Letters A, 2010, 374(25): 2506-2509.

[29] Diethelm K. An algorithm for the numerical solution of differential equations of fractional order [J]. Electronic Transactions on Numerical Analysis, 1998, 5(3): 1-6.

[30] Sweilam N, Assiri T. Non-standard Crank-Nicholson method for solving the variable order fractional cable equation [J]. Applied Mathematics and Information Sciences, 2015, 9(2): 943-951.

[31] Charef A, Sun H H, Tsao Y Y, et al. Fractal system as represented by singularity function [J]. IEEE Transactions on Automatic Control, 1992, 37(9): 1465-1470.

[32] Tavazoei M S, Haeri M. Unreliability of frequency-domain approximation in recognizing chaos in fractional-order systems [J]. IET Signal Processing, 2007, 1(4): 171-181.

[33] Tavazoei M S, Haeri M. Limitations of frequency domain approximation for detecting chaos in fractional order systems [J]. Nonlinear Analysis, Methods and Applications, 2008, 69(4): 1299-1320.

[34] Wang S, Yu Y G. Application of multistage homotopy-perturbation method for the solutions of the chaotic fractional order systems [J]. International Journal of Nonlinear Science, 2012, 13(1): 3-14.

[35] Freihat A, Momani S. Adaptation of differential transform method for the numeric-analytic solution of fractional-order Rössler chaotic and hyperchaotic systems [J]. Abstract and Applied Analysis, 2012, Special Issue (4): 305-309.

[36] Cafagna D, Grassi G. Bifurcation and chaos in the fractional-order Chen system via a time-domain approach [J]. International Journal of Bifurcation and Chaos, 2008, 18(7): 1845-1863.

[37] Cafagna D, Grassi G. Hyperchaos in the fractional-order Rössler system with lowest-order [J]. International Journal of Bifurcation and Chaos, 2009, 19(1): 339-347.

[38] 贺少波, 孙克辉, 王会海. 分数阶混沌系统的 Adomian 分解法求解及其复杂性分析 [J]. 物理学报, 2013, 63(3): 030502.

[39] Tavazoei M S, Haeri M. A proof for non existence of periodic solutions in time invariant fractional order systems [J]. Automatica, 2009, 45(8): 1886-1890.

[40] Li C P, Gong Z Q, Qian D L, et al. On the bound of the Lyapunov exponents for the fractional differential systems [J]. Chaos, 2010, 20(1): 261-300.

[41] 贾红艳, 陈增强, 薛薇. 分数阶 Lorenz 系统的分析及电路实现 [J]. 物理学报, 2013, 62(14): 140503.

[42] Wolf A, Swift J B, Swinney H L, et al. Determining Lyapunov exponents from a time series [J]. Physica D, 1985, 16(3): 285-317.

[43] Ellner S, Gallant A R, McCaffrey D, et al. Convergence rates and data requirements for Jacobian-based estimates of Lyapunov exponents from data [J]. Physics Letters A, 1991, 153(6): 357-363.

[44] Maus A, Sprott J C. Evaluating Lyapunov exponent spectra with neural networks [J]. Chaos Soliton and Fractal, 2013, 51(1): 13-21.

[45] Caponetto R, Fazzino S. An application of Adomian decomposition for analysis of fractional-order chaotic systems [J]. International Journal of Bifurcation and Chaos, 2013, 23(3): 1350050.

[46] Li X, Wu R C. Hopf bifurcation analysis of a new commensurate fractional-order hyperchaotic system [J]. Nonlinear Dynamics, 2014, 78(1): 279-288.

[47] Jia H Y, Chen Z Q, Qi G Y. Topological horseshoe analysis and circuit realization for a fractional-order Lü system [J]. Nonlinear Dynamics, 2013, 74(2): 203-212.

[48] Li Y, Li J. Stability analysis of fractional order systems based on T-S fuzzy model with the fractional order α: $0<\alpha<1$ [J]. Nonlinear Dynamics, 2014, 78(4): 2909-2919.

[49] Shannon C E. A mathematical theory of communication [J]. Bell Labs Technical Journal, 1948, 27(3): 379-423.

[50] Bant C, Pompe B. Permutation Entropy: a natural complexity measure for time series [J]. Physical Review Letters, 2002, 88(17): 1741-1743.

[51] Staniczenko P P A, Lee C F. Rapidly detecting disorder in rhythmic biological signals: a spectral entropy measure to identify cardiac arrhythmias [J]. Physical Review E, 2009, 79(1): 011915.

[52] Quiroga R Q, Rosso O A, Başar E, et al. Wavelet entropy in event-related potentials: a new method shows ordering of EEG oscillations [J]. Biological Cybernetics, 2001, 84(4): 191-299.

[53] Larrondo H A, González C M, Martin M T, et al. Intensive statistical complexity measure of pseudorandom number generators [J]. Physica A: Statistical Mechanics and its Applications, 2005, 356(1): 133-138.

[54] 林琳, 王树勋, 陈建. 基于模糊核熵的短语音说话人识别 [J]. 系统仿真学报, 2008, 20(16): 4368-4372.

[55] Gao Z Y, Shen Y W, Liu X N. Periodic windows of nonlinear gear system based on symbolic dynamics [J]. Chinese Journal of Mechanical Engineering, 2006, 19(3): 434-438.

[56] Kolmogorov A N. Three Approaches to the quantitative definition of information [J]. Problems of Information Transmission, 1965, 1(1): 3-11.

[57] Lempel A, Ziv J. On the complexity of finite sequences [J]. IEEE Transactions on Information Theory, 1976, 22(1): 75-81.

[58] Pincus S M. Approximate entropy (ApEn) as a complexity measure [J]. Chaos, 1995, 5(1): 110-117.

[59] Richman J S, Randall M J. Physiological time-series analysis using approximate entropy and sample entropy [J]. American Journal of Physiology Heart and Circulatory Physiology, 2000, 278(6): 2039-2049.

[60] Chen W T, Zhuang J, Yu W X, et al. Measuring complexity using FuzzyEn, ApEn, and SampEn [J]. Medical Engineering and Physics, 2009, 31(1): 61-68.

[61] Grassberger P, Procaccia I. Estimation of the Kolmogorov entropy from a chaotic signal [J]. Physical Review A, 1983, 28(4): 2591-2593.

[62] Shen E H, Cai Z J, Gu F J. Mathematical foundation of a new complexity measure [J]. Applied Mathematics and Mechanics, 2005, 26(9): 1188-1196.

[63] Balasubramanian K, Nair S S, Nagaraj N. Classification of periodic, chaotic and random sequences using approximate entropy and Lempel-Ziv complexity measures[J]. Pramana, 2015, 84(3): 365-372.

[64] He S B, Sun K H, Wang H H. Multivariate permutation entropy and its application for complexity analysis of chaotic systems [J]. Physica A: Statistical Mechanics and its Applications , 2016, 461: 812-823.

[65] 盛利元, 闻姜, 曹莉凌, 等. TD-ERCS 混沌系统的差分分析 [J]. 物理学报, 2007, 56(1): 78-83.

[66] 梁涤青, 陈志刚, 邓小鸿. 基于小波包能量熵的混沌序列复杂度分析 [J]. 电子学报, 2015, 43(10): 1971-1977.

[67] 冯明库, 刘炽辉, 刘雄英. 离散混沌系统类随机性的符号熵分析法 [J]. 计算机应用, 2009, 29(9): 2548-2549.

[68] Micco L D, Fernández J G, Larrondo H A, et al. Sampling period, statistical complexity, and chaotic attractors[J]. Physica A: Statistical Mechanics and its Applications, 2012, 391(8): 2564-2575.

[69] He S B, Sun K H, Zhu C X. Complexity analyses of multi-wing chaotic systems[J]. Chinese Physics B, 2013, 22(5): 050606.

[70] 蒋龙, 夏光琼, 吴加贵. 双光反馈半导体激光混沌高复杂度优化分析 [J]. 中国激光, 2012, 39(12): 1202003.

[71] 杨欢欢, 杨玲珍, 张俊, 等. 掺铒光纤环形激光器混沌复杂度分析 [J]. 光学学报, 2015, 35(7): 0714002.

[72] Zhang R X, Yang S P. Chaos in fractional-order generalized Lorenz system and its synchronization circuit simulation [J]. Chinese Physics B, 2009, 18(8): 3295-3303.

[73] Xue W, Xu J K, Cang S J, et al. Synchronization of the fractional-order generalized augmented Lü system and its circuit implementation [J]. Chinese Physics B, 2014, 23(6): 060501.

[74] Lao S K, Chen H K, Tam L M, et al. Hybrid projective synchronization for the fractional-order Chen-Lee system and its circuit realization [J]. Applied Mechanics and Materials, 2013, 301(1): 1573-1578.

[75] Chen D Y, Liu C F, Wu C, et al. A new fractional-order chaotic system and its synchronization with circuit simulation [J]. Circuits Systems and Signal Processing, 2012, 31(5): 1599-1613.

[76] Wen S P, Zeng Z G, Huang T W, et al. Fuzzy modeling and synchronization of different memristor-based chaotic circuits [J]. Physics Letters A, 2013, 377(36): 2016-2021.

第2章 时域-频域求解算法

目前对于分数阶混沌系统求解,工程上很多采用由 Sun 等[1] 提出的时域-频域转换法,它是分数阶混沌系统模拟电路实现的理论依据[2-8]。根据分数阶微积分的拉普拉斯变换,将分数阶时域微积分方程变换到复频域,再采用波特图频域近似法在频域中用整数阶算子来近似分数阶算子,从而利用整数阶已有的比较成熟的理论和技术来求解分数阶微分方程。

2.1 算法原理

如果初始值为零,由分数阶微积分的拉普拉斯变换可知,分数阶算子可用频域中的传递函数表示为[9]

$$H(s) = \frac{H(0)}{s^q} \tag{2-1}$$

其中,$s=j\omega$ 为复频率;q 为大于零的分数。在频域内具有分数阶微分算子的各种系统都被称为分数阶系统,则一个多频率的分数阶系统的传递函数可描述为

$$H(s) = \frac{H(0)}{\prod_{i=1}^{n}\left(1 + \dfrac{s}{p_{T_i}}\right)^{q_i}} \tag{2-2}$$

其中,$0 < q_i < 1$;$i=1, 2, \cdots, n$;$1/p_{T_i}$ 为分数阶动力学系统的松弛时间常数;q_i 为分数阶动力学系统的分数阶幂因子。式 (2-2) 为多个单分数阶系统的级联形式。那么,单分数阶系统中其单频率的分数阶系统函数在复频域表示为

$$H(s) = \frac{1}{\left(1 + \dfrac{s}{p_T}\right)^q}, \quad 0 < q < 1 \tag{2-3}$$

其中,$p_T=0.01$;$1/p_T$ 为单分数阶系统的松弛时间常数;q 是单分数阶系统的分数幂因子。结合实际情况,动力学系统的工作频段通常都是有限的,所以,在计算中用 0dB 和 -20dB 的线段来近似[10],如图 2-1 所示。根据图 2-1 可将式 (2-3) 近似表示为

$$H(s) = \frac{1}{\left(1 + \dfrac{s}{p_T}\right)^q} \approx \lim_{N \to \infty} \frac{\prod_{i=0}^{N-1}\left(1 + \dfrac{s}{z_i}\right)}{\prod_{i=0}^{N}\left(1 + \dfrac{s}{p_i}\right)} \approx \frac{\prod_{i=0}^{N-1}\left(1 + \dfrac{s}{z_i}\right)}{\prod_{i=0}^{N}\left(1 + \dfrac{s}{p_i}\right)}, \quad 0 < q < 1 \tag{2-4}$$

其中，分数阶系统中的极点为 $N+1$ 个。这样，求解分数阶函数表达式就转化为求解系统零极点对的问题。

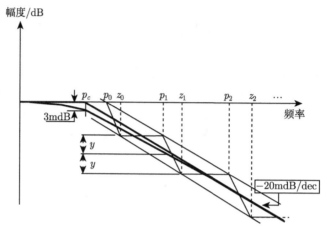

图 2-1　单分数阶系统的整数阶近似波特图

图中 dec 是 decade(十进位) 的缩写

根据波特图频域近似法，设实际要求动力学系统变量的计算误差不超过 y $(y>0)$，则动力学系统变量的零极点对可根据式 (2-5) 得到

$$
\begin{cases}
p_0 = p_T 10^{y/(20q)} \\
z_0 = p_0 10^{y/(10(1-q))} \\
p_1 = z_0 10^{y/(10q)} \\
z_1 = p_1 10^{y/(10(1-q))} \\
\qquad\vdots \\
z_{N-1} = p_{N-1} 10^{y/(10(1-q))} \\
p_N = z_{N-1} 10^{y/(10q)}
\end{cases}
\tag{2-5}
$$

p_0 是动力学系统的第一个奇异值，由计算误差 y 和 p_T 决定；p_N 是动力学系统的最后一个奇异值，与 N 有关。

设 $k = 10^{y/(10(1-q))}$，$d = 10^{y/(10q)}$，得到 $kd = 10^{y/(10q(1-q))}$，于是有

$$
H(s) = \frac{1}{\left(1+\dfrac{s}{p_T}\right)^q} \approx \frac{\displaystyle\prod_{i=0}^{N-1}\left(1+\dfrac{s}{z_i}\right)}{\displaystyle\prod_{i=0}^{N}\left(1+\dfrac{s}{p_i}\right)} = \frac{\displaystyle\prod_{i=0}^{N-1}\left(1+\dfrac{s}{(kd)^i k p_0}\right)}{\displaystyle\prod_{i=0}^{N}\left(1+\dfrac{s}{(kd)^i p_0}\right)}, \quad 0<q<1
\tag{2-6}
$$

设系统的动力学系统中最大角频率为 $\omega_{\max}$，则 $p_{N-1}<\omega_{\max}<p_N$，再根据

式 (2-5)，可得到

$$N - 1 < \frac{\log\left(\dfrac{\omega_{\max}}{p_0}\right)}{\log(kd)} < N \tag{2-7}$$

所以若已知 $\omega_{\max}$ 和 p_0，则 N 的取值为

$$N = \left\lfloor \frac{\log\left(\dfrac{w_{\max}}{p_0}\right)}{\log(kd)} \right\rfloor + 1 \tag{2-8}$$

其中，$\lfloor \cdot \rfloor$ 为向下取整。

通过上述方法求解可以得到分数阶算子 $H(0)/s^q$ 的近似解。基于波特图频域近似法，Ahmad 等 [11] 分别计算出了当 $y=2\mathrm{dB}$ 和 $y=3\mathrm{dB}$ 时的传递函数 $H(0)/s^q$ 在频域中的近似式，$q \in [0.1,\ 0.9]$，步长为 0.1。这些结果也常被人们直接用来求解分数阶微分方程和分数阶混沌系统 [12-15]。采用该方法，Min 等 [16] 计算了 $y=1\mathrm{dB}$，$q \in [0.8,\ 1)$，步长为 0.01 时的近似解。实际上，根据上述原理可以得到传递函数 $H(0)/s^q$ $(0<q<1)$ 任意精度的整数阶近似表达式。基于此，设计了求解分数阶算子 $H(s) = 1/s^q$ 的整数阶近似表达式的软件，软件界面如图 2-2 所示。

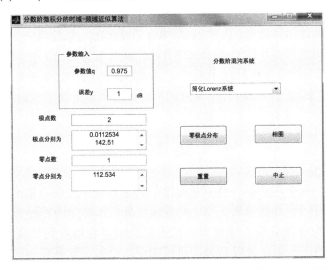

图 2-2 求解分数阶算子 $1/s^q$ 的整数阶近似表达式软件界面

在图中分别输入分数阶 q 和误差 y，单击 "零极点分布" 即可得到对应整数阶近似系统的极点和零点的个数及数值。通过上述软件得到 $q = 0.920 \sim 0.929$(步长为 0.001)，最大误差 y 为 1dB 的分数阶算子 $1/s^q$ 在频域中的近似式，如表 2-1 所示。

表 2-1 最大误差为 1dB 时的 $1/s^q$ 的波特图近似式

q	$H(s) = 1/s^q$
0.920	$H(s) = \dfrac{1.6612(s + 0.201534)(s + 4.60303)(s + 105.133)}{(0.0113 + s)(0.2588 + s)(5.91206 + s)(135.031 + s)}$
0.921	$H(s) = \dfrac{1.6673(s + 0.208983)(s + 4.94894)(s + 117.196)}{(0.0113 + s)(0.268342 + s)(6.35462 + s)(150.484 + s)}$
0.922	$H(s) = \dfrac{1.6734(s + 0.216911)(s + 5.3308)(s + 131.01)}{(0.0113 + s)(0.278446 + s)(6.84309 + s)(168.176 + s)}$
0.923	$H(s) = \dfrac{1.6796(s + 0.225358)(s + 5.75329)(s + 146.879)}{(0.0113 + s)(0.289211 + s)(7.38344 + s)(188.496 + s)}$
0.924	$H(s) = \dfrac{1.6857(s + 0.23437)(s + 6.22181)(s + 165.17)}{(0.0113 + s)(0.300696 + s)(7.98255 + s)(211.912 + s)}$
0.925	$H(s) = \dfrac{1.6919(s + 0.243999)(s + 6.74262)(s + 186.325)}{(0.0113254 + s)(0.312965 + s)(8.64842 + s)(238.989 + s)}$
0.926	$H(s) = \dfrac{1.6981(s + 0.2543)(s + 7.32301)(s + 210.879)}{(0.0113239 + s)(0.326091 + s)(9.39034 + s)(270.411 + s)}$
0.927	$H(s) = \dfrac{1.7044(s + 0.265339)(s + 7.97147)(s + 239.484)}{(0.0113224 + s)(0.340154 + s)(10.219 + s)(307.009 + s)}$
0.928	$H(s) = \dfrac{1.7106(s + 0.2772)(s + 8.6979)(s + 272.9375)}{(0.0113 + s)(0.3552 + s)(11.1474 + s)(349.8016 + s)}$
0.929	$H(s) = \dfrac{1.7169(s + 0.2899)(s + 9.5140)(s + 312.2185)}{(0.0113 + s)(0.3715 + s)(12.1901 + s)(400.0381 + s)}$

可见，对于不同的 q，求解分数阶混沌系统时，需要分别得到分数阶积分算子 $1/s^q$ 的 s 域近似式，近似的过程比较复杂，且不灵活。另外，分数阶系统的重要特点之一就是具有记忆功能，而时域–频域近似算法在近似过程中并没有考虑分数阶微分方程的历史信息，这一点导致该方法求解分数阶微分方程时，可能存在偏差。Tavazoei 等 [17,18] 分析发现了采用时域–频域近似算法求解分数阶混沌系统具有局限性，但该算法为分数阶混沌系统的模拟电路实现提供了理论基础。

2.2 动态仿真

分数阶混沌系统的动态仿真就是通过仿真工具箱中的模块来搭建系统，系统变量状态随着时间变换的分析方法。并且通过分析系统中的各种变量之间的变化规律进行系统的性能分析。通过该方法可以比较直观地看到仿真的结果，与此同时，在仿真的过程中也可以对系统进行定量的分析，具有直观、方便、动态等优势。

动态仿真的步骤是建立在上述时域–频域分析方法的基础上，通过拉普拉斯变换将微分方程从时域变换到复频域，然后采用波特图频域近似法在频域中用整数阶积分算子来近似分数阶微分算子，利用整数阶已有的理论和技术对系统进行仿真。第一步，构建仿真模型。根据上述方法得到分数阶积分算子的近似系统函数，并搭建系统模型，此步骤除了分数阶算子外，与整数阶系统的系统模型搭建方法类似。第二步，确定仿真参数。根据仿真需求确定仿真参数及系统的初始状态，此过程需注意对分数阶数积分算子的设定。第三步，确定仿真结果的输出方式，便于分析和观察结果。

动态仿真可在 Simulink 仿真平台上实现，其中，将分数阶积分算子近似为系统函数后，需要采用 State-space 模块。State-space 模块是系统的状态空间描述方法，其数学表达式为

$$
\begin{cases}
x' = Ax + Bu \\
y = Cx + Du
\end{cases}
\tag{2-9}
$$

其中，u 为输入向量；x 为状态向量；y 是输出向量；A, B, C, D 是系统的系数矩阵。采用 $[A, B, C, D] = \text{tf2ss(num, den)}$ 函数可以得到各矩阵的元素，其中 num，den 分别为系统函数多项式的分子系数矩阵和分母系数矩阵。

2.3 算 法 实 例

下面以分数阶简化 Lorenz 混沌系统为例进行仿真。分数阶简化 Lorenz 混沌系统的方程为 [19]

$$
\begin{cases}
D_{t_0}^q x = 10(y - x) \\
D_{t_0}^q y = (24 - 4c)x - xz + cy \\
D_{t_0}^q z = xy - 8z/3
\end{cases}
\tag{2-10}
$$

其中，设微分阶数 $\alpha = \beta = \gamma = 0.95$。取近似误差为 $y = 1\text{dB}$，$\omega_{\max} = 100\text{rad/s}$，根据时域–频域转换法，分数阶积分算子的传递函数为

$$
H(s) = \frac{1}{s^{0.95}} \approx \frac{1.2831s^2 + 18.6004s + 2.0833}{s^3 + 18.4748s^2 + 2.6547s + 0.003}
\tag{2-11}
$$

通过 $[\boldsymbol{A}, \boldsymbol{B}, \boldsymbol{C}, \boldsymbol{D}] = \text{tf2ss(num, den)}$ 得到

$$
\boldsymbol{A} = \begin{bmatrix} -18.4728 & -2.6547 & -0.003 \\ 1 & 0 & 0 \\ 0 & 1 & 0 \end{bmatrix}, \quad
\boldsymbol{B} = \begin{bmatrix} 1 \\ 0 \\ 0 \end{bmatrix}
$$

$$
\boldsymbol{C} = [1.2831, 18.6004, 2.83314], \quad \boldsymbol{D} = 0
$$

在 Simulink 平台搭建系统模型如图 2-3 所示，仿真结果如图 2-4 所示。

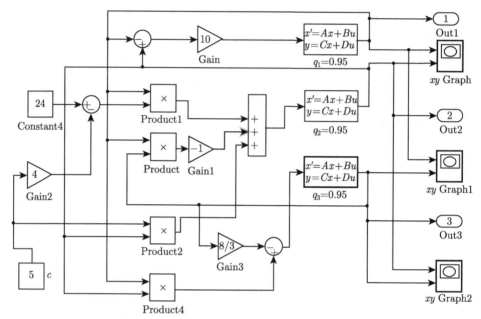

图 2-3　分数阶简化 Lorenz 混沌系统仿真模型

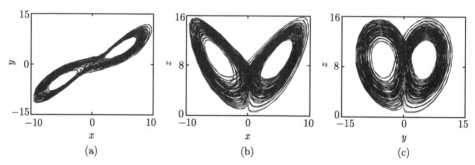

图 2-4　2.85 阶分数阶简化 Lorenz 系统的仿真相图

(a) x-y 平面; (b) x-z 平面; (c) y-z 平面

分数阶 Liu 混沌系统的动态仿真也是类似的，分数阶 Liu 混沌系统的方程为 [20]

$$\begin{cases} D_{t_0}^q x = a(y - x) \\ D_{t_0}^q y = bx - cxz \\ D_{t_0}^q z = hx^2 - dz \end{cases} \tag{2-12}$$

其中，$0 < q < 1$；a, b, c, d, h 为系统的参数，取参数为 $(a, b, c, d, h) = (10, 40, 10, 2.5, 4)$。

当 $q = 0.9$ 时，根据时域–频域转换法，分数阶积分算子的系统函数为

$$H(s) = \frac{1}{s^{0.9}} \approx \frac{2.2675s^2 + 491.348s + 631.038}{s^3 + 361.567s^2 + 778.8195s + 10} \tag{2-13}$$

通过 $[\boldsymbol{A}, \boldsymbol{B}, \boldsymbol{C}, \boldsymbol{D}] = \mathrm{tf2ss}(\mathrm{num}, \mathrm{den})$ 函数可得到系数矩阵分别为

$$\boldsymbol{A} = \begin{bmatrix} -361.567 & -778.818 & -10 \\ 1 & 0 & 0 \\ 0 & 1 & 0 \end{bmatrix}, \quad \boldsymbol{B} = \begin{bmatrix} 1 \\ 0 \\ 0 \end{bmatrix}$$

$$\boldsymbol{C} = [2.2675, 491.348, 631.038], \quad \boldsymbol{D} = 0$$

设初始值为 $[0.01, 0.03, 0.02]$，由上式的 $q = 0.9$ 可得到分数阶的 Liu 系统为 2.7 阶的分数阶混沌系统，设置仿真时间为 400s，仿真模型如图 2-5 所示，仿真结果如图 2-6 所示。

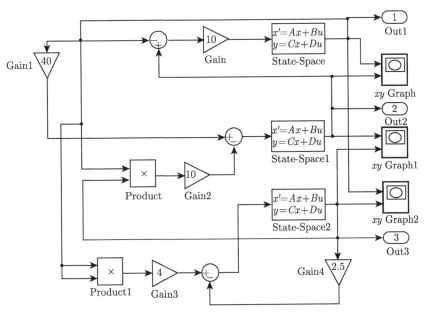

图 2-5　分数阶 Liu 混沌系统的仿真模型

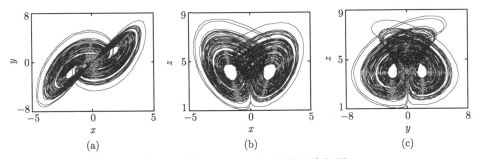

图 2-6　分数阶 Liu 混沌系统的仿真相图

(a) x-y 平面; (b) x-z 平面; (c) y-z 平面

可见, 吸引子在不同平面上的投影相图清晰, 说明分数阶 Liu 系统在 2.7 阶时处于混沌态。

参 考 文 献

[1] Sun H H, Abdelwahab A A, Onaral B. Linear approximation of transfer function with a pole of fractional power[J]. IEEE Transactions on Automatic Control, 1984, 29(5): 441-444.

[2] Bohannan G W, Hurst S K, Spangler L. Electrical component with fractional order impedance: US, US 20060267595 A1[P]. 2006.

[3] 陈向荣, 刘崇新, 王发强, 等. 分数阶 Liu 混沌系统及其电路实验的研究与控制 [J]. 物理学报, 2008, 57(3): 1416-1422.

[4] Jia H Y, Chen Z Q, Qi G Y. Topological horseshoe analysis and circuit realization for a fractional-order Lü system[J]. Nonlinear Dynamics, 2013, 74(1-2): 203-212.

[5] Liu C X, Liu L. General: circuit implementation of a new hyperchaos in fractional-order system[J]. Chinese Physics B, 2008, 17(8): 2829-2836.

[6] Tang Z L, Zhang C X, Yu S M. Design and circuit implementation of fractional-order multiwing chaotic attractors[J]. International Journal of Bifurcation and Chaos, 2012, 22(22): 368-379.

[7] Zhou P, Huang K. A new 4-D non-equilibrium fractional-order chaotic system and its circuit implementation[J]. Communications in Nonlinear Science and Numerical Simulation, 2014, 19(6): 2005-2011.

[8] Petras I. Fractional-order memristor-based Chua's circuit[J]. Express Briefs, IEEE Transactions on Circuits and Systems II, 2011, 57(12): 975-979.

[9] 刘崇新. 分数阶混沌电路理论及应用 [M]. 西安: 西安交通大学出版社, 2011.

[10] Sun H, Charef A, Tsao Y Y, et al. Analysis of polarization dynamics by singularity decomposition method[J]. Annals of Biomedical Engineering, 1992, 20(20): 321-335.

[11] Ahmad W M, Sprott J C. Chaos in fractional-order autonomous nonlinear systems[J]. Chaos Solitons and Fractals, 2003, 16(2): 339-351.

[12] Li C G, Chen G R. Chaos in the fractional order Chen system and its control[J]. Chaos, Solitons and Fractals, 2004, 22(3): 549-554.

[13] Li C G, Chen G R. Chaos and hyperchaos in the fractional-order Rössler equations[J]. Physica A: Statistical Mechanics and its Applications, 2004, 341(1-4): 55-61.

[14] Li H Q, Liao X F, Luo M W. A novel non-equilibrium fractional-order chaotic system and its complete synchronization by circuit implementation[J]. Nonlinear Dynamics, 2012, 68(68): 137-149.

[15] 孙克辉, 杨静利, 丁家峰, 等. 单参数 Lorenz 混沌系统的电路设计与实现 [J]. 物理学报, 2010, 59(12): 8385-8392.

[16] Min F H, Shao S Y, Huang W D, et al. Circuit implementations, bifurcations and chaos of a novel fractional-order dynamical system[J]. Chinese Physics Letters, 2015, 32(3): 21-25.

[17] Tavazoei M S, Haeri M. Unreliability of frequency-domain approximation in recognising chaos in fractional-order systems[J]. IET Signal Processing, 2007, 1(4): 171-181.

[18] Tavazoei M S, Haeri M. Limitations of frequency domain approximation for detecting chaos in fractional order systems[J]. Nonlinear Analysis Theory, Methods and Applications, 2008, 69(4): 1299-1320.

[19] Sun K H, Sprott J C. Dynamics of a simplified Lorenz system[J]. International Journal of Bifurcation and Chaos, 2009, 19(4): 1357-1366.

[20] 张成芬, 高金峰, 徐磊, 等. 分数阶 Liu 系统与分数阶统一系统中的混沌现象及二者的异结构同步 [J]. 物理学报, 2007, 56(9): 5124-5130.

第 3 章　预估–校正求解算法

3.1　算 法 原 理

比较典型的分数阶时域逼近算法是 Adams-Bashforth-Moulton 预估校正方案 [1–4]，该求解算法原理描述如下。

对于微分方程

$$\begin{cases} \dfrac{\mathrm{d}^q x}{\mathrm{d}t^q} = f(t, x), & 0 \leqslant t \leqslant T \\[2mm] x^k(0) = x_0^{(k)}, & k = 0, 1, 2, \cdots, \lceil q \rceil - 1 \end{cases} \tag{3-1}$$

可等价于 Volterra 积分方程

$$x(t) = \sum_{k=0}^{n-1} x_0^{(k)} \frac{t^k}{k!} + \frac{1}{\Gamma(q)} \int_0^t (t - \tau)^{q-1} f(\tau, x(t)) \mathrm{d}\tau \tag{3-2}$$

显然，上式右边两部分相加之和完全取决于初始值。一个典型的状态，即 $0 < q < 1$，此时的 Volterra 方程具有弱奇异性。文献 [1]~[4]，设计出了式 (3-2) 的预估–校正方案，该方案可看成一步 Adams-Moulton 算法的类似算法。

令 $h = T/N, t_j = jh (j = 0, 1, 2, \cdots, N)$，其中，$T$ 是求解此积分方程的积分上限，则式 (3-2) 的校正公式为

$$\begin{aligned} x_h(t_{n+1}) = {} & \sum_{k=0}^{\lceil q \rceil - 1} x_0^{(k)} \frac{t_{n+1}^k}{k!} + \frac{h^q}{\Gamma(q+2)} f(t_{n+1}, x_h^p(t_{n+1})) \\ & + \frac{h^q}{\Gamma(q+2)} \sum_{j=0}^n a_{j,n+1} f(t_j, x_h(t_j)) \end{aligned} \tag{3-3}$$

这里，

$$a_{j,n+1} = \begin{cases} n^{q+1} - (n-q)(n+1)^q, & j = 0 \\[2mm] (n-j-2)^{q+1} + (n-j)^{q+1} - 2(n-j+1)^{q+1}, & 1 \leqslant j \leqslant n \end{cases} \tag{3-4}$$

使用一步 Adams-Bashforth 规则代替一步 Adams-Moulton 规则，预估项 $x_h^p(t_{n+1})$ 的计算式为

$$x_h^p(t_{n+1}) = \sum_{k=0}^{n-1} x_0^{(k)} \frac{t_{n+1}^k}{k!} + \frac{1}{\Gamma(q)} \sum_{j=0}^n b_{j,n+1} f(t_j, x_h(t_j)) \tag{3-5}$$

其中，

$$b_{j,n+1} = \frac{h^q}{q}((n-j+1)^q - (n-j)^q), \quad 0 \leqslant j \leqslant n \tag{3-6}$$

分数阶 Adams-Bashforth-Moulton 方法的基本算法如式 (3-3) 和式 (3-5) 所示，其中系数 $a_{j,n+1}$, $b_{j,n+1}$ 分别如式 (3-4) 和式 (3-6) 所示。该方法的估计误差为 $e = \max\limits_{i=0,1,\cdots,N} |x(t_j) - x_h(t_j)| = O(h^p)$，其中 $p = \min(2, 1+q)$。虽然分数阶时域分析算法计算较频域法复杂，但微分算子的阶数可以更小的计算步长变化，更有利于完整地分析分数阶混沌系统的动力学特性。

3.2 数 值 仿 真

数值仿真法主要是将分数阶系统的数学模型转换为适合在数字计算机上处理的递推计算形式，其突出优点是能够解决用解析方法难以解决的十分复杂的问题。其基本步骤为：① 建立分数阶系统的数学模型；② 根据该模型的特点选择合适的计算机软件作为仿真工具，并用计算机语言将数学模型编写成计算程序；③ 运行程序，求得系统的数值解；④ 利用得到的系统变量的数值解，开展动力学特性分析，如计算 Lyapunov 指数、分数维等。

非耗散 Lorenz 系统方程为

$$\begin{cases} \dot{x} = -y - x \\ \dot{y} = -xz \\ \dot{z} = xy + R \end{cases} \tag{3-7}$$

其中，R 是系统参数，当 $R \in (0,5)$ 时，系统 (3-7) 存在平衡点 $(x^*, y^*, z^*) = (\pm\sqrt{R}, \mp\sqrt{R}, 0)$，且系统的特征值满足方程 $\lambda^3 + \lambda^2 + R\lambda + 2R = 0$。当 $R = 3.4693$ 时，非耗散 Lorenz 系统的混沌吸引子相图如图 3-1(a) 所示，其最大的 Kaplan-Yorke 分数维为 2.23542[5]。

相应地，分数阶非耗散 Lorenz 系统方程为

$$\begin{cases} \dfrac{\mathrm{d}^\alpha x}{\mathrm{d}t^\alpha} = -y - x \\ \dfrac{\mathrm{d}^\beta y}{\mathrm{d}t^\beta} = -xz \\ \dfrac{\mathrm{d}^\gamma z}{\mathrm{d}t^\gamma} = xy + R \end{cases} \tag{3-8}$$

这里，α, β, γ 是分数阶微分阶数，且 $0 < \alpha, \beta, \gamma \leqslant 1$。当 $\alpha = \beta = \gamma = 0.95$，$R = 3.4693$ 时，非耗散 Lorenz 系统的混沌吸引子相图如图 3-1(b) 所示。

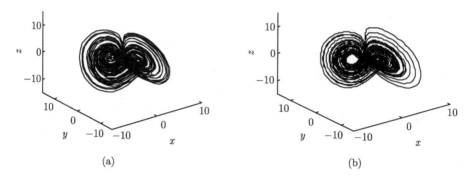

图 3-1　$R=3.4693$ 时非耗散 Lorenz 系统方程的混沌吸引子相图

(a) $\alpha=\beta=\gamma=1$; (b) $\alpha=\beta=\gamma=0.95$

根据 Adams-Bashforth-Moulton 预估-校正算法, 可得分数阶非耗散 Lorenz 系统的求解迭代式为

$$
\begin{cases}
x_{n+1} = x_0 + \dfrac{h^\alpha}{\Gamma(\alpha+2)}\left\{[-y_{n+1}^p - x_{n+1}^p] + \displaystyle\sum_{j=0}^{n} a_{1,j,n+1}(-y_j - x_j)\right\} \\[3mm]
y_{n+1} = y_0 + \dfrac{h^\beta}{\Gamma(\beta+2)}\left[(-x_{n+1}^p z_{n+1}^p) + \displaystyle\sum_{j=0}^{n} a_{2,j,n+1}(-x_j z_j)\right] \\[3mm]
z_{n+1} = z_0 + \dfrac{h^\gamma}{\Gamma(\gamma+2)}\left\{[x_{n+1}^p y_{n+1}^p + R] + \displaystyle\sum_{j=0}^{n} a_{3,j,n+1}(x_j y_j + R)\right\}
\end{cases}
\tag{3-9}
$$

其中,

$$
\begin{cases}
x_{n+1}^p = x_0 + \dfrac{1}{\Gamma(\alpha)}\displaystyle\sum_{j=0}^{n} b_{1,j,n+1}(-y_j - x_j) \\[3mm]
y_{n+1}^p = y_0 + \dfrac{1}{\Gamma(\beta)}\displaystyle\sum_{j=0}^{n} b_{2,j,n+1}(-x_j z_j) \\[3mm]
z_{n+1}^p = z_0 + \dfrac{1}{\Gamma(\gamma)}\displaystyle\sum_{j=0}^{n} b_{3,j,n+1}(x_j y_j + R)
\end{cases}
\tag{3-10}
$$

$$
\begin{cases}
b_{1,j,n+1} = \dfrac{h^\alpha}{\alpha}((n-j+1)^\alpha - (n-j)^\alpha), \quad 0 \leqslant j \leqslant n \\[3mm]
b_{2,j,n+1} = \dfrac{h^\beta}{\beta}((n-j+1)^\beta - (n-j)^\beta), \quad 0 \leqslant j \leqslant n \\[3mm]
b_{3,j,n+1} = \dfrac{h^\gamma}{\gamma}((n-j+1)^\gamma - (n-j)^\gamma), \quad 0 \leqslant j \leqslant n
\end{cases}
\tag{3-11}
$$

$$
\begin{cases}
a_{1,j,n+1} = \begin{cases} n^{\alpha} - (n-\alpha)(n+1)^{\alpha}, & j = 0 \\ (n-j+2)^{\alpha+1} + (n-j)^{\alpha+1} - 2(n-j+1)^{\alpha+1}, & 1 \leqslant j \leqslant n \end{cases} \\
a_{2,j,n+1} = \begin{cases} n^{\beta} - (n-\beta)(n+1)^{\beta}, & j = 0 \\ (n-j+2)^{\beta+1} + (n-j)^{\beta+1} - 2(n-j+1)^{\beta+1}, & 1 \leqslant j \leqslant n \end{cases} \\
a_{3,j,n+1} = \begin{cases} n^{\gamma} - (n-\gamma)(n+1)^{\gamma}, & j = 0 \\ (n-j+2)^{\gamma+1} + (n-j)^{\gamma+1} - 2(n-j+1)^{\gamma+1}, & 1 \leqslant j \leqslant n \end{cases}
\end{cases} \tag{3-12}
$$

在 Matlab 仿真平台上，设 $\alpha=\beta=\gamma=0.95$，$R=5$，$h=0.01$，$T=200$，设计分数阶系统的计算程序，可得 2.85 阶非耗散 Lorenz 系统在 x-z 平面中的混沌吸引子，如图 3-2 所示。

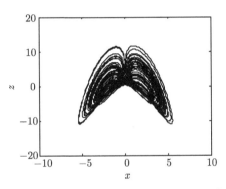

图 3-2　2.85 阶非耗散 Lorenz 系统在 x-z 平面的混沌吸引子相图

3.3　算法实例：分数阶简化 Lorenz 超混沌系统的特性分析

整数阶正弦扰动的简化 Lorenz 超混沌系具有频率和幅值两个系统参数，当引入分数阶微积分理论时，就得到了分数阶简化 Lorenz 超混沌系统的数学模型。这里主要研究系统阶数变化对系统特性的影响，同时也研究系统频率参数变化对系统特性的影响。

分数阶简化 Lorenz 超混沌系统的数学模型为 [6]

$$
\begin{cases}
\dfrac{\mathrm{d}^{q_1} x}{\mathrm{d} t^{q_1}} = 10(y-x) \\[2mm]
\dfrac{\mathrm{d}^{q_2} y}{\mathrm{d} t^{q_2}} = (24 - 4c\sin(u))x - xz + c\sin(u)y \\[2mm]
\dfrac{\mathrm{d}^{q_3} z}{\mathrm{d} t^{q_3}} = xy - 8z/3 \\[2mm]
\dfrac{\mathrm{d}^{q_4} u}{\mathrm{d} t^{q_4}} = \omega
\end{cases} \tag{3-13}
$$

其中，x, y, z, u 为状态变量；c 为振幅变量；ω 为频率变量。$q_i(i=1, 2, 3, 4)$ 是相应状态变量的阶数，且 $0 < q_i \leqslant 1$。

采用预估–校正算法求解分数阶 Lorenz 系统，可得到该系统的离散迭代式

$$
\begin{cases}
x_{n+1} = x_0 + \dfrac{h^{q_1}}{\Gamma(q_1+2)} \left\{ 10\left(y_{n+1}^p - x_{n+1}^p\right) + \sum_{j=0}^n a_{1,j,n+1}[10(y_j - x_j)] \right\} \\[2mm]
y_{n+1} = y_0 + \dfrac{h^{q_2}}{\Gamma(q_2+2)} \left\{ \left(24 - 4c\sin\left(u_{n+1}^p\right)\right) x_{n+1}^p - x_{n+1}^p z_{n+1}^p + c\sin\left(u_{n+1}^p\right) y_{n+1}^p \right. \\[2mm]
\qquad \left. + \sum_{j=0}^n a_{2,j,n+1}\left((24 - 4c\sin(u)) x_j - x_j z_j + c\sin(u_j) y_j\right) \right\} \\[2mm]
z_{n+1} = z_0 + \dfrac{h^{q_3}}{\Gamma(q_3+2)} \left\{ x_{n+1}^p y_{n+1}^p - 8z_{n+1}^p/3 + \sum_{j=0}^n a_{3,j,n+1}\left(x_j y_j - 8z_j/3\right) \right\} \\[2mm]
u_{n+1} = u_0 + \dfrac{h^{q_4}}{\Gamma(q_4+2)} \left\{ \omega + \sum_{j=0}^n \omega a_{4,j,n+1} \right\}
\end{cases}
$$

(3-14)

其中，

$$
\begin{cases}
x_{n+1}^p = x_0 + \dfrac{1}{\Gamma(q_1)} \sum_{j=0}^n b_{1,j,n+1}[10\left(y_j - x_j\right)] \\[2mm]
y_{n+1}^p = y_0 + \dfrac{1}{\Gamma(q_2)} \sum_{j=0}^n b_{2,j,n+1}((24 - 4c\sin(u_j)) x_j - x_j z_j + c\sin(u_j) y_j) \\[2mm]
z_{n+1}^p = z_0 + \dfrac{1}{\Gamma(q_3)} \sum_{j=0}^n b_{3,j,n+1}(x_j y_j - 8z_j/3) \\[2mm]
u_{n+1}^p = u_0 + \dfrac{1}{\Gamma(q_4)} \sum_{j=0}^n \omega b_{4,n+1}
\end{cases}
$$

(3-15)

其中，$a_{k,j,n+1}$ 和 $b_{k,j,n+1}(k=1, 2, 3, 4)$ 的计算式分别为

$$
a_{k,j,n+1} = \begin{cases}
n^{q_k+1} - (n - q_k)(n+1)^{q_k}, & j = 0 \\
(n-j+2)^{q_k+1} + (n-j)^{q_k+1} - 2(n-j+1)^{q_k+1}, & 1 \leqslant j \leqslant n
\end{cases}
$$

(3-16)

$$
b_{k,j,n+1} = \frac{h^{q_k}}{q_k}[(n-j+1)^{q_k} - (n-j)^{q_k}], \quad 0 \leqslant j \leqslant n
$$

(3-17)

为研究分数阶简化 Lorenz 超混沌系统的混沌动力学特性，定义系统的分数阶阶数 q_1, q_2, q_3, q_4 为系统的分岔参数，并且将系统频率参数 ω 也作为分岔参数，采用预估–校正算法对分数阶简化 Lorenz 超混沌系统进行数值仿真，通过吸引子相图、分岔图、Poincaré 截面等，分析系统 (3-13) 混沌的动力学特性。

3.3.1 参数不变, 阶数变化时系统的动力学特性

(1) 当 $c=1$, $\omega=4.5$, $q_1 = q_2 = q_3 = q_4 = q$, 且 q 变化时系统 (3-13) 的动力学特性。

当 $q \in [0.98, 1]$ 时, q 变化步长为 0.0001, 状态变量初始值 $x(0)=1$, $y(0)=2$, $z(0)=3$, $u(0)=4$, 仿真时间步长设置为 0.01, 系统 (3-13) 的分岔图如图 3-3 所示。由图可知, 当 $q \in [0.98, 0.9845]$ 时, 系统 (3-13) 呈周期态; 随着 q 增加, 当 $q=0.9845$ 时, 混沌吸引子域通过危机分岔变大, 系统 (3-13) 进入混沌状态。为了更清楚地观察系统的动力学行为, 分别选取 $q=0.985$, $q=0.9844$ 和 $q=0.9839$ 时, 系统 (3-13) 的 x-y 平面吸引子相图如图 3-4(a)~(c) 所示: 图 3-4(a) 为混沌吸引子, 图 3-4(b) 为圆环面吸引子, 图 3-4(c) 为周期态吸引子。

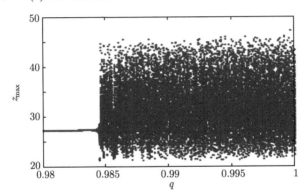

图 3-3 当 $q \in [0.98, 1]$ 变化时系统 (3-13) 的分岔图

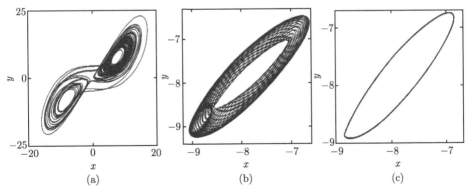

图 3-4 系统 (3-13) 的吸引子在 x-y 平面的相图

(a) $q=0.985$; (b) $q=0.9844$; (c) $q=0.9839$

为了进一步验证上面的分析, 采用 Poincaré 截面判定系统是否为超混沌吸引子、混沌吸引子和周期吸引子。选取截面 $z=24$, 当 $q=0.985$, $q=0.9844$ 和 $q=0.9839$

时在 x-y 平面的 Poincaré 截面如图 3-5 所示。图 3-5(a) Poincaré 截面是密集面状,可判定系统是超混沌的;图 3-5(b) Poincaré 截面是封闭曲线,说明系统是圆环面或者准周期态;图 3-5(c) Poincaré 截面为离散点,系统是周期态。在此区间里系统经历了周期、圆环面、超混沌等状态。当 $q_1 = q_2 = q_3 = q_4 = q$,且 q 变化时,系统经历了周期运动、拟周期运动到混沌运动,此时分数阶超混沌系统 (3-13) 产生混沌的最低总阶数为 3.938。

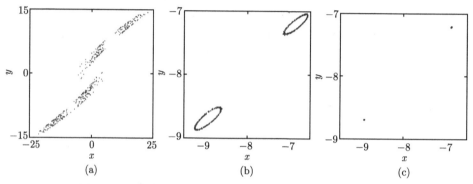

图 3-5   系统 (3-13) 不同 q 产生的 x-y 平面的 Poincaré 截面

(a) q=0.985;(b) q=0.9844;(c) q=0.9839

(2) c=1,ω=4.5,$q_2 = q_3 = q_4 = 1$,q_1 变化时系统 (3-13) 的动力学特性。

当 $q_1 \in [0.87, 1]$ 时,q_1 变化步长为 0.001,初始值保持不变,系统 (3-13) 的分岔图如图 3-6 所示。混沌区域为 $q_1 \in [0.903, 1]$,随着 q_1 的减小,系统 (3-13) 从混沌态进入周期态,故当 $q_1 \in [0.87, 0.902]$ 时,系统是周期的,在 q_1=0.902 时出现极限环,这意味着系统通过内部危机分岔进入混沌状态。当 q_1=0.92 和 q_1=0.90 时,在截面 z=24,x-y 平面的 Poincaré 截面如图 3-7 (a) 和 (b) 所示。图 3-7(a) Poincaré 截面是密集面状,表明系统是超混沌的;图 3-7(b) 显示两个离散的点,意味着此时系统是周期的。当 $q_2 = q_3 = q_4 = 1$,q_1 变化时,系统通过危机分岔从周期运动到达混沌运动,分数阶系统 (3-13) 可产生混沌的最低总阶数为 3.903。

(3) c=1,ω=4.5,$q_1 = q_3 = q_4 = 1$,q_2 变化时系统 (3-13) 的动力学特性。

当 q_2 在 [0.95, 1] 变化时,其变化步长为 0.0002,初始值设置保持不变,系统 (3-13) 分岔图如图 3-8 所示。在 $0.95 \leqslant q_2 \leqslant 0.9538$ 时观察到了极限环,随着 q_2 的增大,在 $0.9540 \leqslant q_2 \leqslant 0.9548$ 时观察到了圆环面,当 $q_2 \geqslant 0.9550$ 时系统通过内部危机分岔进入混沌。当 q_2=0.9846 时,系统处于圆环面,其在 x-z,y-z,x-y 平面的吸引子相图如图 3-9 所示。当 c=1,ω=4.5,$q_1 = q_3 = q_4 = 1$,q_2 变化时,系统经历了周期运动、拟周期运动到混沌运动,此时,系统 (3-13) 可产生混沌的最小总阶数为 3.955。

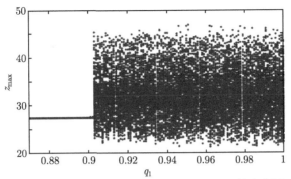

图 3-6 当 $q_1 \in [0.87, 1]$ 变化时系统 (3-13) 的分岔图

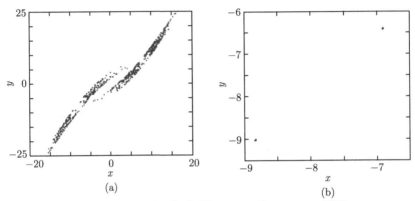

图 3-7 q_1 取不同值时系统 (3-13) 的 Poincaré 截面

(a) $q_1 = 0.92$；(b) $q_1 = 0.90$

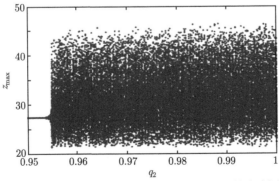

图 3-8 当 $q_2 \in [0.95, 1]$ 变化时系统 (3-13) 的分岔图

(4) $c=1$, $\omega=4.5$, $q_1=q_2=q_4=1$, q_3 变化时系统 (3-13) 的动力学特性。

设 q_3 从 0.965 变化到 1，变化步长为 0.0002，初始值设置与前面相同，通过分岔图展示了系统的动力学行为如图 3-10 所示。在 $q_3 \in [0.965, 0.9674]$ 时观察到了系统 (3-13) 的周期轨迹，在 $q_3 \in [0.9676, 0.9688]$ 时观察到了系统 (3-13) 的拟周期吸引子，在 $q_3 \in [0.9690, 1]$ 时系统 (3-13) 处于混沌状态。从图中可知，系统进入混沌的值 $q_3=0.9690$。当 $q_3=0.9684$ 时，系统处于圆环面，其在 x-z，y-z，x-y 平面的吸引子相图如图 3-11 所示。当 $q_1=q_2=q_4=1$，q_3 变化时，系统经历了周期运动、拟周期运动到混沌运动，系统 (3-13) 可产生混沌的最小总阶数为 3.9676。

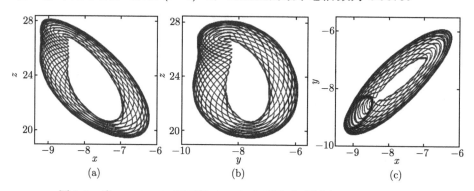

图 3-9   当 $q_2=0.9846$ 时系统 (3-13) 在不同平面的圆环面吸引子相图

(a) x-z 平面；(b) y-z 平面；(c) x-y 平面

可见，随着分数阶阶数的变化，系统 (3-13) 通过危机分岔道路和拟周期道路进入混沌，并观察到了系统的极限环、圆环面、混沌吸引子等状态。由以上四种情况可知，系统 (3-13) 可产生混沌的最小总阶数为 3.903。

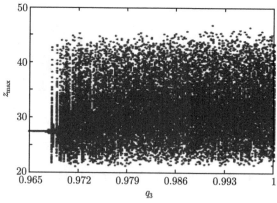

图 3-10   当 $q_3 \in [0.965, 1]$ 时系统 (3-13) 的分岔图

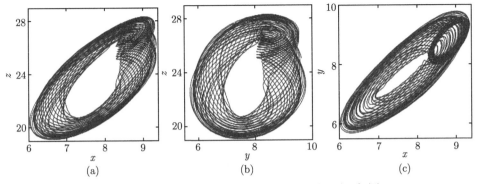

图 3-11 系统 (3-13) 在不同平面的圆环面吸引子相图

(a) x-z 平面；(b) y-z 平面；(c) x-y 平面

3.3.2 阶数不变，频率参数 ω 变化时系统的动力学特性

设置 $q_1 = q_2 = q_3 = q_4 = 0.985$，$c=1$，系统的频率参数 ω 从 4 变化到 11.5，ω 变化步长为 0.01，变量初始值保持不变。系统分岔图 3-12 显示了系统随 ω 演化的动力学行为，与整数阶的分岔图有明显不同。当 ω 从 11.5 减小时，系统通过切分岔从混沌进入周期态，经历了极限环、叉式分岔，最后通过倍周期分岔再次进入混沌。切分岔发生在 $\omega=11$ 处，极限环融合的相图如图 3-13(a) 所示。随着 ω 减小，在 $\omega =10.75$ 时发生叉式分岔，出现了一对共存的极限环，如图 3-13 (b) 所示。随着 ω 的进一步减小，吸引子的一边变大而另一边变小，如图 3-13(c) 所示。为了更好地观察系统的动力学行为，将周期窗口 $\omega \in [9.80, 9.98]$ 的演化步长改为 0.002，如图 3-14(c) 所示。在 $\omega=9.90$ 时系统发生了倍周期分岔，通过倍周期分岔进入混沌的吸引子相图如图 3-13(b)~(f) 所示，展示了周期 -1、周期 -2 以及混沌行为，最后两个共存的吸引子融合在一起，系统进入混沌状态。当 ω 从 4 增大时，在 $\omega \in (4, 6)$ 时系统是混沌的。当 $6<\omega<8$ 时，系统在混沌态、拟周期和周期态之间频繁变化。当 ω 从 8 继续增加时，在 $\omega \in [8.55, 8.8]$ 的区域里出现了两个周期窗口，分岔图如

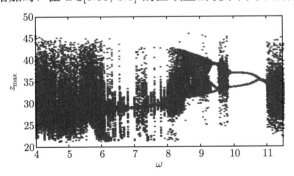

图 3-12 当 $\omega \in [4, 11.5]$ 变化时系统 (3-13) 的分岔图

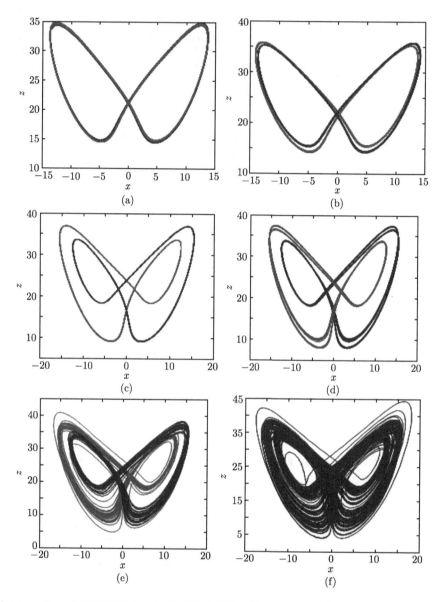

图 3-13　当 ω 变化时系统 (3-13) 倍周期分岔吸引子在 $x\text{-}z$ 平面的相图 (扫描封底二维码
可看彩图)

(a) $\omega{=}11$；(b) $\omega{=}10.75$；(c) $\omega{=}9.9$；(d) $\omega{=}9.83$；(e) $\omega{=}9.82$；(f) $\omega{=}9.7$

图 3-14 (a) 所示，内部危机分岔发生在 $\omega{=}8.584$ 和 $\omega{=}8.73$。当 ω 进一步增大时，
系统 (3-13) 在 $\omega \in (9.31, 9.538)$ 是周期的，在 $\omega \in (9.54, 9.82)$ 是混沌的。将周期窗
口 $\omega \in (9.24, 9.56)$ 扩展后得到图 3-14(b)，切分叉发生在 $\omega {=} 9.538$，倍周期分岔发

生在 ω=9.34。

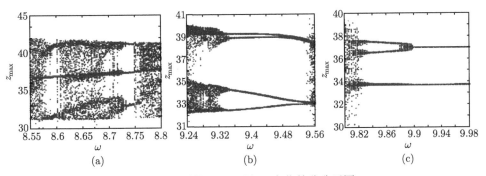

图 3-14   系统 (3-13) 随 ω 变化的分岔子图

这里采用预估–校正算法研究了分数阶简化 Lorenz 超混沌系统的混沌动力学特性。对分数阶简化 Lorenz 超混沌系统随分数阶阶数和系统频率参数变化的分岔图、吸引子相图、Poincaré 截面等进行了分析。详细讨论了系统随频率参数变化的过程，并采用吸引子相图刻画了系统经倍周期分岔进入混沌的路径。研究表明，分数阶超混沌系统具有比较丰富的动力学特性。

参 考 文 献

[1] Diethelm K. An algorithm for the numerical solution of differential equations of fractional order [J]. Elec. Trans. Numer. Anal., 1998, 5: 1-6.

[2] Diethelm K, Ford N J, Freed A D. A predictor-corrector approach for the numerical solution of fractional differential equations [J]. Nonlinear Dynamics, 2002, 29: 3-22.

[3] Diethelm K, Ford N J. Analysis of fractional differential equations [J]. J. Math. Anal. Appl., 2002, 265: 228-248.

[4] Diethelm K, Freed A D. The FracPECE subroutine for the numerical solution of differential equations of fractional order [C]//Heinzel S, Plesser T. Forschung und wissenschaftliches Rechnen 1998. Göttingen: Gesellschaft für wissenschaftliche Datenverarbeitung, 1999: 57-71.

[5] Yorke J A, Yorke E D. Metastable chaos: the transition to sustained chaotic behavior in the Lorenz model [J]. J. Statis. Phys., 1979, 21(3): 263-276.

[6] Wang Y, Sun K, He S, Wang H. Dynamics of fractional-order sinusoidally forced simplified Lorenz system and its synchronization [J]. Eur. Phys. J. Special Topics, 2014, 223(8): 1591-1600.

第4章 Adomian 分解算法

Adomian 分解算法又称逆算符法,由 20 世纪 80 年代美国数学物理学家 Adomian 设计提出 [1],并被广泛应用于求解线性和非线性微分方程。其求解基本思路主要是将微分方程分解为常数、线性和非线性三部分,并把方程的解分解为无穷多个分量,其中非线性项需要变换为等价的特殊多项式,然后利用逆算符技术对分解的各部分进行逐步推导,从而得到微分方程的高精度近似解。近年来,Adomian 分解算法被用于求解分数阶混沌系统,并取得了积极进展 [2-4],比如分数阶混沌系统 Lyapunov 指数谱算法 [5]、分数阶混沌快速迭代算法等 [6,7]。这里将介绍 Adomian 分解算法的原理和应用实例,最后对 Adomian 分解算法进行改进,使其可以用于分数阶时延系统的求解。

4.1 算 法 原 理

对分数阶混沌系统 $D_{t_0}^q \boldsymbol{x}(t) = f(\boldsymbol{x}(t)) + \boldsymbol{g}(t)$,其中 $\boldsymbol{x}(t)=[x_1(t),\ x_2(t),\ \cdots,\ x_n(t)]^{\mathrm{T}}$ 为给定的函数变量,对于自治系统,$\boldsymbol{g}(t)=[g_1,\ g_2,\ \cdots,\ g_n]^{\mathrm{T}}$ 为系统中的常量,而 f 表示包含线性和非线性部分的函数式。将系统分为三部分:

$$
\begin{cases}
D_{t_0}^q \boldsymbol{x}(t) = L\boldsymbol{x} + N\boldsymbol{x} + \boldsymbol{g}(t) \\
\boldsymbol{x}^{(k)}(t_0^+) = \boldsymbol{b}_k, \quad k = 0, 1, \cdots, m-1 \\
m \in \mathbf{N}, \quad m-1 < q < m
\end{cases}
\tag{4-1}
$$

其中,$D_{t_0}^q$ 为 q 阶 Caputo 微分算子;L 为系统方程的线性部分;N 为系统方程的非线性部分;$\boldsymbol{b}_k$ 为系统初始值。将积分算子 $J_{t_0}^q$ 作用于方程两边后可得

$$
\boldsymbol{x} = J_{t_0}^q L\boldsymbol{x} + J_{t_0}^q N\boldsymbol{x} + \Phi
\tag{4-2}
$$

其中,

$$
\Phi = \sum_{k=0}^{m-1} \boldsymbol{b}_k \frac{(t-t_0)^k}{k!}
\tag{4-3}
$$

为系统的初值条件。根据 Adomian 分解算法原理,系统的解可表示为

$$
\boldsymbol{x}(t) = \sum_{i=0}^{\infty} \boldsymbol{x}^i = F(\boldsymbol{x}(t_0))
\tag{4-4}
$$

将非线性项按下式进行分解 [8]:

$$\begin{cases} A_j^i = \dfrac{1}{i!} \left[\dfrac{\mathrm{d}^i}{\mathrm{d}\lambda^i} N\left(v_j^i(\lambda)\right) \right]_{\lambda=0} \\ v_j^i(\lambda) = \displaystyle\sum_{k=0}^{i} (\lambda)^k x_j^k \end{cases} \tag{4-5}$$

其中，$i=0, 1, 2, \cdots, \infty$；$j=1, 2, \cdots, n$，则非线性项可表示为

$$N\boldsymbol{x} = \sum_{i=0}^{\infty} \boldsymbol{A}^i\left(\boldsymbol{x}^0, \boldsymbol{x}^1, \cdots, \boldsymbol{x}^i\right) \tag{4-6}$$

即系统 (4-2) 的求解式为

$$\boldsymbol{x} = \sum_{i=0}^{\infty} \boldsymbol{x}^i = J_{t_0}^q L \sum_{i=0}^{\infty} \boldsymbol{x}^i + J_{t_0}^q N \sum_{i=0}^{\infty} \boldsymbol{A}^i + J_{t_0}^q \boldsymbol{g} + \Phi \tag{4-7}$$

其推导关系为

$$\begin{cases} \boldsymbol{x}^0 = \Phi \\ \boldsymbol{x}^1 = J_{t_0}^q L\boldsymbol{x}^0 + J_{t_0}^q \boldsymbol{A}^0(\boldsymbol{x}^0) \\ \boldsymbol{x}^2 = J_{t_0}^q L\boldsymbol{x}^1 + J_{t_0}^q \boldsymbol{A}^1(\boldsymbol{x}^0, \boldsymbol{x}^1) \\ \qquad\qquad \vdots \\ \boldsymbol{x}^i = J_{t_0}^q L\boldsymbol{x}^{i-1} + J_{t_0}^q \boldsymbol{A}^{i-1}(\boldsymbol{x}^0, \boldsymbol{x}^1, \cdots, \boldsymbol{x}^{i-1}) \\ \qquad\qquad \vdots \end{cases} \tag{4-8}$$

式 (4-8) 推导的次数越多，Adomian 分解算法的解越精确，当推导项数为无穷多项时，解为精确解。当然在实际计算中，因为 Adomian 分解算法收敛速度很快 [9−11]，而推导项数越多，实际计算量越大，故一般取有限项。从目前的文献可知，最多取前面 10 项 [12−14]。

4.2 算法实例

4.2.1 分数阶 Lorenz 混沌系统

分数阶 Lorenz 混沌系统是一个典型的混沌系统。Grigorenko 等 [15] 设计了一种求解算法，并分析了其动力学特性，其研究表明，系统在 2.91 和 2.96 能够产生混沌。但文献 [16] 研究指出该算法得到的结论并不可靠。分数阶 Lorenz 混沌系统方程为

$$\begin{cases} D_{t_0}^q x_1 = a(x_2 - x_1) \\ D_{t_0}^q x_2 = cx_1 - x_1 x_3 + dx_2 \\ D_{t_0}^q x_3 = x_1 x_2 - bx_3 \end{cases} \tag{4-9}$$

其中, a, b, c, d 为系统参数, q 为系统微分阶数。最近, 贾红艳等 [17] 采用时域–频域转换算法, 分析了当参数 $a=40$, $b=3$, $c=10$, $d=25$, 阶数 q 分别为 0.7, 0.8 和 0.9 时, 分数阶 Lorenz 混沌系统的动力学特性。下面, 采用 Adomian 分解算法求解分数阶 Lorenz 混沌系统。

首先, 系统中的线性项和非线性项可分解为

$$\begin{bmatrix} L_{x_1} \\ L_{x_2} \\ L_{x_3} \end{bmatrix} = \begin{bmatrix} a(x_2 - x_1) \\ cx_1 + dx_2 \\ -bx_3 \end{bmatrix}, \quad \begin{bmatrix} N_{x_1} \\ N_{x_2} \\ N_{x_3} \end{bmatrix} = \begin{bmatrix} 0 \\ -x_1x_3 \\ x_1x_2 \end{bmatrix}, \quad \begin{bmatrix} g_1 \\ g_2 \\ g_3 \end{bmatrix} = \begin{bmatrix} 0 \\ 0 \\ 0 \end{bmatrix} \quad (4\text{-}10)$$

根据式 (4-5), 对非线性项进行分解可得

$$\begin{cases} A_2^0 = -x_1^0 x_3^0 \\ A_2^1 = -x_1^1 x_3^0 - x_1^0 x_3^1 \\ A_2^2 = -x_1^2 x_3^0 - x_1^1 x_3^1 - x_1^0 x_3^2 \\ A_2^3 = -x_1^3 x_3^0 - x_1^2 x_3^1 - x_1^1 x_3^2 - x_1^0 x_3^3 \\ A_2^4 = -x_1^4 x_3^0 - x_1^3 x_3^1 - x_1^1 x_3^3 - x_1^2 x_3^2 - x_1^0 x_3^4 \\ A_2^5 = -x_1^5 x_3^0 - x_1^4 x_3^1 - x_1^1 x_3^4 - x_1^3 x_3^2 - x_1^2 x_3^3 - x_1^0 x_3^5 \end{cases} \quad (4\text{-}11)$$

$$\begin{cases} A_3^0 = x_1^0 x_2^0 \\ A_3^1 = x_1^1 x_2^0 + x_1^0 x_2^1 \\ A_3^2 = x_1^2 x_2^0 + x_1^1 x_2^1 + x_1^0 x_2^2 \\ A_3^3 = x_1^3 x_2^0 + x_1^2 x_2^1 + x_1^2 x_2^2 + x_1^0 x_2^3 \\ A_3^4 = x_1^4 x_2^0 + x_1^2 x_2^2 + x_1^3 x_2^1 + x_1^2 x_2^3 + x_1^0 x_2^4 \\ A_3^5 = x_1^5 x_2^0 + x_1^4 x_2^1 + x_1^1 x_2^4 + x_1^3 x_2^2 + x_1^2 x_2^3 + x_1^0 x_2^5 \end{cases} \quad (4\text{-}12)$$

根据系统的初始条件, 有

$$x_1^0 = x_1(t_0), \quad x_2^0 = x_2(t_0), \quad x_3^0 = x_3(t_0) \quad (4\text{-}13)$$

令 $c_1^0 = x_1^0$, $c_2^0 = x_2^0$, $c_3^0 = x_3^0$, 即 $\boldsymbol{c}^0 = [c_1^0, c_2^0, c_3^0]$。根据式 (4-8), $\boldsymbol{x}^1 = J_{t_0}^q L\boldsymbol{x}^2 + J_{t_0}^q \boldsymbol{A}^0$ 和 R-L 积分运算的相关性质可得

$$\begin{cases} x_1^1 = a(c_2^0 - c_1^0)\dfrac{(t - t_0)^q}{\Gamma(q + 1)} \\ x_2^1 = (cc_1^0 + dc_2^0 - c_1^0 c_3^0)\dfrac{(t - t_0)^q}{\Gamma(q + 1)} \\ x_3^1 = (-bc_1^0 + c_1^0 c_2^0)\dfrac{(t - t_0)^q}{\Gamma(q + 1)} \end{cases} \quad (4\text{-}14)$$

将系数赋值到对应变量, 令 $c_1^1 = a(c_2^0 - c_1^0)$, $c_2^1 = cc_1^0 + dc_2^0 - c_1^0 c_3^0$, $c_3^1 = -bc_1^0 + c_1^0 c_2^0$, 可得 $\boldsymbol{x}^1 = \boldsymbol{c}^1(t - t_0)^q / \Gamma(q + 1)$。可见, 只要求出每一项对应的系数即可, 根据式 (4-8), 可推得 $\boldsymbol{x}$ 的后 5 项系数分别为

$$\begin{cases} c_1^2 = a(c_2^1 - c_1^1) \\ c_2^2 = cc_1^1 + dc_2^1 - c_1^1 c_3^0 - c_1^0 c_3^1 \\ c_3^2 = -bc_1^1 + c_1^1 c_2^0 + c_1^0 c_2^1 \end{cases} \tag{4-15}$$

$$\begin{cases} c_1^3 = a(c_2^2 - c_1^2) \\ c_2^3 = cc_1^2 + dc_2^2 - c_1^2 c_3^0 - c_1^1 c_3^1 \dfrac{\Gamma(2q+1)}{\Gamma^2(q+1)} - c_1^0 c_3^2 \\ c_3^3 = -bc_1^2 + c_1^2 c_2^0 + c_1^1 c_2^1 \dfrac{\Gamma(2q+1)}{\Gamma^2(q+1)} + c_1^0 c_2^2 \end{cases} \tag{4-16}$$

$$\begin{cases} c_1^4 = a(c_2^3 - c_1^3) \\ c_2^4 = cc_1^3 + dc_2^3 - c_1^3 c_3^0 - (c_1^2 c_3^1 + c_1^1 c_3^2) \dfrac{\Gamma(3q+1)}{\Gamma(q+1)\Gamma(2q+1)} - c_1^0 c_3^3 \\ c_3^4 = -bc_1^3 + c_1^3 c_2^0 + (c_1^1 c_2^2 + c_1^2 c_2^1) \dfrac{\Gamma(3q+1)}{\Gamma(q+1)\Gamma(2q+1)} + c_1^0 c_2^3 \end{cases} \tag{4-17}$$

$$\begin{cases} c_1^5 = a(c_2^4 - c_1^4) \\ c_2^5 = cc_1^4 + dc_2^4 - c_1^4 c_3^0 - (c_1^3 c_3^1 + c_1^1 c_3^3) \dfrac{\Gamma(4q+1)}{\Gamma(q+1)\Gamma(3q+1)} \\ \qquad - c_1^2 c_3^2 \dfrac{\Gamma(4q+1)}{\Gamma^2(2q+1)} - c_1^0 c_3^4 \\ c_3^5 = -bc_1^4 + c_1^4 c_2^0 + (c_1^1 c_2^3 + c_1^3 c_2^1) \dfrac{\Gamma(4q+1)}{\Gamma(q+1)\Gamma(3q+1)} \\ \qquad + c_1^2 c_2^2 \dfrac{\Gamma(4q+1)}{\Gamma^2(2q+1)} + c_1^0 c_2^4 \end{cases} \tag{4-18}$$

$$\begin{cases} c_1^6 = a(c_2^5 - c_1^5) \\ c_2^6 = cc_1^5 + dc_2^5 - c_1^5 c_3^0 - (c_1^4 c_3^1 + c_1^1 c_3^4) \dfrac{\Gamma(5q+1)}{\Gamma(q+1)\Gamma(4q+1)} \\ \qquad - (c_1^2 c_3^3 + c_1^3 c_3^2) \dfrac{\Gamma(5q+1)}{\Gamma(2q+1)\Gamma(3q+1)} - c_1^0 c_3^5 \\ c_3^6 = -bc_1^5 + c_1^5 c_2^0 + (c_1^1 c_2^4 + c_1^4 c_2^1) \dfrac{\Gamma(5q+1)}{\Gamma(q+1)\Gamma(4q+1)} \\ \qquad + (c_1^2 c_2^3 + c_1^3 c_2^2) \dfrac{\Gamma(5q+1)}{\Gamma(2q+1)\Gamma(3q+1)} + c_1^0 c_2^5 \end{cases} \tag{4-19}$$

所以，系统的解可表示为

$$\begin{aligned} \tilde{x}_j(t) = {}& c_j^0 + c_j^1 \frac{(t-t_0)^q}{\Gamma(q+1)} + c_j^2 \frac{(t-t_0)^{2q}}{\Gamma(2q+1)} + c_j^3 \frac{(t-t_0)^{3q}}{\Gamma(3q+1)} \\ & + c_j^4 \frac{(t-t_0)^{4q}}{\Gamma(4q+1)} + c_j^5 \frac{(t-t_0)^{5q}}{\Gamma(5q+1)} + c_j^6 \frac{(t-t_0)^{6q}}{\Gamma(6q+1)} \end{aligned} \tag{4-20}$$

其中，$j=1,\ 2,\ 3$。这样，就得到了系统方程的解析解。在实际计算中，应将时间段 $[t_0,\ t]$ 分成较小的时间段 $[t_k,\ t_{k+1}]$，并在每一小时间段上以 t_k 为 t_0，得到相应的 t_{k+1} 时刻值，以此类推。当 $a=40$，$b=3$，$c=10$，$d=25$，$q=0.9$，$h=t_{k+1}-t_k=0.01$ 时，采用上述迭代式，得到的分数阶 Lorenz 混沌吸引子在不同平面上的相图，如图 4-1 所示。

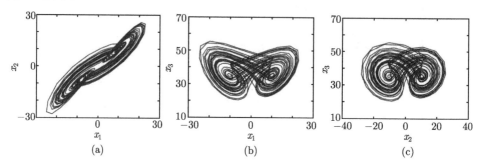

图 4-1　基于 Adomian 分解算法的分数阶 Lorenz 混沌吸引子相图

(a) x_1-x_2 平面; (b) x_1-x_3 平面; (c) x_2-x_3 平面

4.2.2　分数阶简化 Lorenz 混沌系统

为了更好地理解 Adomian 分解算法原理，下面以分数阶简化 Lorenz 混沌系统为例，采用 Adomian 分解算法对其进行数值求解。与经典 Lorenz 混沌系统方程相比，简化 Lorenz 混沌系统只有一个系统参数 c，结构简单，易于应用，其系统方程为[18]

$$
\begin{cases}
\dot{x} = 10(y-x) \\
\dot{y} = (24-4c)x - xz + cy \\
\dot{z} = xy - 8z/3
\end{cases}
\tag{4-21}
$$

其中，x，y，z 为系统变量；c 是系统参数，当 $c \in (-1.59,\ 7.75)$ 时系统处于混沌态。其对应的分数阶系统方程为

$$
\begin{cases}
D_{t_0}^q x = 10(y-x) \\
D_{t_0}^q y = (24-4c)x - xz + cy \\
D_{t_0}^q z = xy - 8z/3
\end{cases}
\tag{4-22}
$$

根据分数阶微积分算子的性质，对方程 (4-22) 两边进行分数阶积分，设其初始状态为 $(x_0,\ y_0,\ z_0)$，则有

$$
\begin{cases}
x = J_t^q 10(y-x) + x_0 \\
y = J_t^q(24-4c)x - J_t^q xz + J_t^q cy + y_0 \\
z = J_t^q xy - J_t^q 8z/3 + z_0
\end{cases}
\tag{4-23}
$$

根据 Adomian 分解算法, 可将式 (4-23) 中的非线性项分解为

$$
\begin{aligned}
-xz &= A_2^0 + A_2^1 + A_2^2 + \cdots + A_2^i \\
&= (-x_0z_0) + (-x_1z_0 - x_0z_1) + (-x_2z_0 - x_1z_1 - x_0z_2) + \cdots \\
&\quad + \left(\sum_{v=0}^{i} -x_{i-v}z_v\right)
\end{aligned} \tag{4-24}
$$

$$
\begin{aligned}
xy &= A_3^0 + A_3^1 + A_3^2 + \cdots + A_3^i \\
&= (x_0y_0) + (x_1y_0 + x_0y_1) + (x_2y_0 + x_1y_1 + x_0y_2) + \cdots \\
&\quad + \left(\sum_{v=0}^{i} x_{i-v}y_v\right)
\end{aligned} \tag{4-25}
$$

将式 (4-24) 和式 (4-25) 代入式 (4-23), 可得

$$
\begin{cases}
x = J_{t_0}^q 10\left(\sum_{v=0}^{i} y_v - \sum_{v=0}^{i} x_v\right) + x_0 \\
y = J_{t_0}^q (24 - 4c)\sum_{v=0}^{i} x_v - J_{t_0}^q\Big[(-x_0z_0) + (-x_1z_0 - x_0z_1) \\
\qquad + (-x_2z_0 - x_1z_1 - x_0z_2) + \cdots + \left(\sum_{v=0}^{i} -x_{i-v}z_v\right)\Big] + J_{t_0}^q c\sum_{v=0}^{i} y_v + y_0 \\
z = J_{t_0}^q\Big[(x_0y_0) + (x_1y_0 + x_0y_1) + (x_2y_0 + x_1y_1 + x_0y_2) \\
\qquad + \cdots + \left(\sum_{v=0}^{i} x_{i-v}y_v\right)\Big] - J_{t_0}^q 8\left(\sum_{v=0}^{i} z_v\right)\Big/3 + z_0
\end{cases} \tag{4-26}
$$

再根据分数阶微积分算子的运算性质, 得到式 (4-22) 的数值求解迭代式为

$$
\begin{cases}
x_{m+1} = x_m + 10(y_m - x_m)\dfrac{h^q}{\Gamma(q+1)} + 10[(24-4c)x_m \\
\qquad + cy_m - 10(y_m - x_m)]\dfrac{h^{2q}}{\Gamma(2q+1)} + \cdots \\
y_{m+1} = y_m + [(24-4c)x_m + cy_m - x_mz_m]\dfrac{h^q}{\Gamma(q+1)} + \{10(24-4c)(y_m - x_m) \\
\qquad + c[(24-4c)x_m + cy_m - x_mz_m] + \cdots\}\dfrac{h^{2q}}{\Gamma(2q+1)} + \cdots \\
z_{m+1} = z_m + \left(x_my_m - \dfrac{8}{3}z_m\right)\dfrac{h^q}{\Gamma(q+1)} + \left\{\left(-\dfrac{8}{3}\right)\left[\left(-\dfrac{8}{3}\right)z_m + x_my_m\right]\right. \\
\qquad \left. + 10y_m(y_m - x_m) + \cdots\right\}\dfrac{h^{2q}}{\Gamma(2q+1)} + \cdots
\end{cases} \tag{4-27}
$$

其中，h 为迭代步长。式 (4-27) 为基于 Adomian 分解算法的无穷级数形式，在实际计算中，需截取有限项。这里取前 7 项，则分数阶简化 Lorenz 混沌系统的数值解为

$$
\begin{bmatrix} x_{m+1} \\ y_{m+1} \\ z_{m+1} \end{bmatrix}
$$
$$
= \begin{bmatrix} C_{10} & C_{11} & C_{12} & C_{13} & C_{14} & C_{15} & C_{16} \\ C_{20} & C_{21} & C_{22} & C_{23} & C_{24} & C_{25} & C_{26} \\ C_{30} & C_{31} & C_{32} & C_{33} & C_{34} & C_{35} & C_{36} \end{bmatrix}
$$
$$
\times \begin{bmatrix} 1 & \dfrac{h^q}{\Gamma(q+1)} & \dfrac{h^{2q}}{\Gamma(2q+1)} & \dfrac{h^{3q}}{\Gamma(3q+1)} & \dfrac{h^{4q}}{\Gamma(4q+1)} & \dfrac{h^{5q}}{\Gamma(5q+1)} & \dfrac{h^{6q}}{\Gamma(6q+1)} \end{bmatrix}^{\mathrm{T}}
$$
$$
\tag{4-28}
$$

其中，

$$
\begin{cases} C_{10} = x_m \\ C_{20} = y_m \\ C_{30} = z_m \end{cases} \tag{4-29}
$$

$$
\begin{cases} C_{11} = 10(C_{20} - C_{10}) \\ C_{21} = (24 - 4c)C_{10} + cC_{20} - C_{10}C_{30} \\ C_{31} = -\dfrac{8}{3}C_{30} + C_{10}C_{20} \end{cases} \tag{4-30}
$$

$$
\begin{cases} C_{12} = 10(C_{21} - C_{11}) \\ C_{22} = (24 - 4c)C_{11} + cC_{21} - C_{11}C_{30} - C_{10}C_{31} \\ C_{32} = -\dfrac{8}{3}C_{31} + C_{11}C_{20} + C_{10}C_{21} \end{cases} \tag{4-31}
$$

$$
\begin{cases} C_{13} = 10(C_{22} - C_{12}) \\ C_{23} = (24 - 4c)C_{12} + cC_{22} - C_{12}C_{30} - C_{11}C_{31}\dfrac{\Gamma(2q+1)}{\Gamma^2(q+1)} - C_{10}C_{32} \\ C_{33} = -\dfrac{8}{3}C_{32} + C_{12}C_{20} + C_{11}C_{21}\dfrac{\Gamma(2q+1)}{\Gamma^2(q+1)} + C_{10}C_{22} \end{cases} \tag{4-32}
$$

$$
\begin{cases} C_{14} = 10(C_{23} - C_{13}) \\ \begin{aligned} C_{24} = &(24 - 4c)C_{13} + cC_{23} - C_{13}C_{30} \\ &- (C_{12}C_{31} + C_{11}C_{32})\dfrac{\Gamma(3q+1)}{\Gamma(q+1)\Gamma(2q+1)} - C_{10}C_{33} \end{aligned} \\ C_{34} = -\dfrac{8}{3}C_{33} + C_{13}C_{20} + (C_{12}C_{21} + C_{11}C_{22})\dfrac{\Gamma(3q+1)}{\Gamma(q+1)\Gamma(2q+1)} + C_{10}C_{23} \end{cases} \tag{4-33}
$$

$$\begin{cases} C_{15} = 10(C_{24} - C_{14}) \\ C_{25} = (24 - 4c)C_{14} + cC_{24} - C_{14}C_{30} - (C_{13}C_{31} + C_{11}C_{33})\dfrac{\Gamma(4q+1)}{\Gamma(q+1)\Gamma(3q+1)} \\ \qquad -C_{12}C_{32}\dfrac{\Gamma(4q+1)}{\Gamma^2(2q+1)} - C_{10}C_{34} \\ C_{35} = -\dfrac{8}{3}C_{34} + C_{14}C_{20} + (C_{13}C_{21} + C_{11}C_{23})\dfrac{\Gamma(4q+1)}{\Gamma(q+1)\Gamma(3q+1)} \\ \qquad +C_{12}C_{22}\dfrac{\Gamma(4q+1)}{\Gamma^2(2q+1)} + C_{10}C_{24} \end{cases} \tag{4-34}$$

$$\begin{cases} C_{16} = 10(C_{25} - C_{15}) \\ C_{26} = (24 - 4c)C_{15} + cC_{25} - C_{15}C_{30} - (C_{14}C_{31} + C_{11}C_{34})\dfrac{\Gamma(5q+1)}{\Gamma(q+1)\Gamma(4q+1)} \\ \qquad -(C_{13}C_{32} + C_{12}C_{33})\dfrac{\Gamma(5q+1)}{\Gamma(2q+1)\Gamma(3q+1)} - C_{10}C_{35} \\ C_{36} = -\dfrac{8}{3}C_{35} + C_{15}C_{20} + (C_{14}C_{21} + C_{11}C_{24})\dfrac{\Gamma(5q+1)}{\Gamma(q+1)\Gamma(4q+1)} \\ \qquad +(C_{13}C_{22} + C_{12}C_{23})\dfrac{\Gamma(5q+1)}{\Gamma(2q+1)\Gamma(3q+1)} + C_{10}C_{25} \end{cases} \tag{4-35}$$

采用 Adomian 分解算法求解后，可进一步分析该系统的动力学特性。设系统初始值 $(x_0, y_0, z_0)=(0.1, 0.2, 0.3)$，$c=3$，$q=0.9$，$h=0.01$，得到分数阶简化 Lorenz 混沌系统的吸引子相图，如图 4-2 所示。

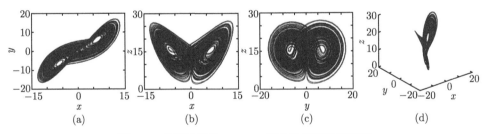

图 4-2　分数阶简化 Lorenz 混沌系统吸引子相图
(a) $x\text{-}y$ 平面; (b) $x\text{-}z$ 平面; (c) $y\text{-}z$ 平面; (d) 三维

4.3　基于 Adomian 分解的分数阶时滞微分方程求解算法

上述 Adomian 分解算法不能直接用于求解分数阶时滞混沌系统，需要对 Adomian 分解算法进行改进，以便能用于分数阶时滞混沌系统的数值求解。对于给定的分数阶时滞混沌系统:

$$\begin{cases} D_{t_0}^q \boldsymbol{x}(t) = f(\boldsymbol{x}(t), \boldsymbol{x}(t-\tau)) + \boldsymbol{g}(t), & t > 0 \\ \boldsymbol{x}(t) = \boldsymbol{H}(t), & t \in [-\tau, 0] \end{cases} \tag{4-36}$$

其中，$\boldsymbol{x}(t)$ 为系统变量；$\boldsymbol{g}$ 为系统常数项。类似地，将上述时延系统分为三部分

$$D_{t_0}^q \boldsymbol{x}(t) = L(\boldsymbol{x}(t), \boldsymbol{x}(t-\tau)) + N(\boldsymbol{x}(t), \boldsymbol{x}(t-\tau)) + \boldsymbol{g}(t) \tag{4-37}$$

其中，$m \in \mathbf{N}$，$m-1 < q \leqslant m$。$L(\boldsymbol{x}(t),\ \boldsymbol{x}(t-\tau))$ 和 $N(\boldsymbol{x}(t),\ \boldsymbol{x}(t-\tau))$ 分别表示系统中的线性部分和非线性部分，则有

$$\boldsymbol{x} = J_{t_0}^q L(\boldsymbol{x}, \boldsymbol{x}_\tau) + J_{t_0}^q N(\boldsymbol{x}, \boldsymbol{x}_\tau) + J_{t_0}^q \boldsymbol{g} + \Phi \tag{4-38}$$

其中，Φ 按式 (4-3) 所示计算，$\boldsymbol{x}_\tau = \boldsymbol{x}(t-\tau)$ 和 $\boldsymbol{b}_k$ 为初始条件。采用递推计算式

$$\boldsymbol{x}^0 = \begin{cases} J_{t_0}^q \boldsymbol{g} + \Phi, & t > 0 \\ \boldsymbol{H}(t), & t \leqslant 0 \end{cases} \tag{4-39}$$

$$\boldsymbol{x}^i = \begin{cases} J_{t_0}^q L(\boldsymbol{x}^{i-1}, \boldsymbol{x}_\tau^{i-1}) + J_{t_0}^q \boldsymbol{A}^{i-1}(\boldsymbol{x}^0, \cdots, \boldsymbol{x}^{i-1}, \boldsymbol{x}_\tau^0, \cdots, \boldsymbol{x}_\tau^{i-1}), & t > 0 \\ 0, & t \leqslant 0 \end{cases} \tag{4-40}$$

其中，$i = 1, 2, \cdots, \infty$。则系统解析解为

$$\boldsymbol{x}(t) = \sum_{i=0}^{\infty} \boldsymbol{x}^i \tag{4-41}$$

时滞系统中的时滞非线性项 $N(\boldsymbol{x}, \boldsymbol{x}_\tau)$ 的计算式为

$$N(\boldsymbol{x}, \boldsymbol{x}_\tau) = \sum_{n=0}^{\infty} \boldsymbol{A}^{n-1}(\boldsymbol{x}^0, \cdots, \boldsymbol{x}^{n-1}, \boldsymbol{x}_\tau^0, \cdots, \boldsymbol{x}_\tau^{n-1}) \tag{4-42}$$

$$\boldsymbol{A}^n = \frac{1}{n!} \frac{\mathrm{d}^n}{\mathrm{d}\lambda^n} \left[\left(\sum_{k=0}^{n} \lambda^k \boldsymbol{x}^k \right) \left(\sum_{k=0}^{n} \lambda^k \boldsymbol{x}_\tau^k \right) \right]_{\lambda=0} \tag{4-43}$$

同样，可采用如下递推公式进行推导：

$$\begin{cases} \boldsymbol{x}^0 = \Phi \\ \boldsymbol{x}^1 = J_{t_0}^q L\boldsymbol{x}^0 + J_{t_0}^q \boldsymbol{A}^0(\boldsymbol{x}^0) \\ \boldsymbol{x}^2 = J_{t_0}^q L\boldsymbol{x}^1 + J_{t_0}^q \boldsymbol{A}^1(\boldsymbol{x}^0, \boldsymbol{x}^1) \\ \qquad\qquad \vdots \\ \boldsymbol{x}^i = J_{t_0}^q L\boldsymbol{x}^{i-1} + J_{t_0}^q \boldsymbol{A}^{i-1}(\boldsymbol{x}^0, \boldsymbol{x}^1, \cdots, \boldsymbol{x}^{i-1}) \\ \qquad\qquad \vdots \end{cases} \tag{4-44}$$

以上就是分数阶时滞混沌系统的 Adomian 求解改进算法。在实际应用中，需要知道相关变量在 $(t-\tau)$ 时刻的值，所以需要保存具有时延项变量 $(t-\tau)$ 时刻内的相关数据。

参 考 文 献

[1] Adomian G. A new approach to nonlinear partial differential equations [J]. Journal of Mathematic Analysis and Application, 1984, 102(2): 420-434.

[2] Cafagna D, Grassi G. Bifurcation and chaos in the fractional-order Chen system via a time-domain approach [J]. International Journal of Bifurcation and Chaos, 2008, 18(7): 1845-1863.

[3] Cafagna D, Grassi G. Hyperchaos in the fractional-order Rössler system with lowest-order [J]. International Journal of Bifurcation and Chaos, 2009, 19(1): 339-347.

[4] 贺少波, 孙克辉, 王会海. 分数阶混沌系统的 Adomian 分解法求解及其复杂性分析 [J]. 物理学报, 2013, 63(3): 030502.

[5] Caponetto R, Fazzino S. An application of Adomian decomposition for analysis of fractional-order chaotic systems [J]. International Journal of Bifurcation and Chaos, 2013, 23(3): 1350050.

[6] Wang H H, Sun K H, He S B. Characteristic analysis and DSP realization of fractional-order simplified Lorenz system based on Adomian decomposition method[J]. International Journal of Bifurcation and Chaos, 2015, 25(06): 1550085.

[7] Wang H H, Sun K H, He S B. Dynamic analysis and implementation of a digital signal processor of a fractional-order Lorenz-Stenflo system based on the Adomian decomposition method[J]. Physica Scripta, 2015, 90(1): 015206.

[8] Cherruault Y, Adomian G. Decomposition methods: a new proof of convergence [J]. Mathematical and Computer Modelling, 1993, 18(12): 103-106.

[9] Adomian G. On the convergence region for decomposition solutions [J]. Journal of Computational and Applied Mathematics, 1984, 11(3): 379-380.

[10] Abbaoui K, Cherruault Y. Convergence of Adomian's method applied to nonlinear equations [J]. Mathematical and Computer Modelling, 1994, 20(9): 69-73.

[11] Cherruault Y, Adomian G, Abbaoui K, et al. Further remarks on convergence of decomposition method [J]. International Journal of Bio-Medical Computing, 1995, 38(1): 89-93.

[12] Singla R K, Das R. Adomian decomposition method for a stepped fin with all temperature-dependent modes of heat transfer [J]. International Journal of Heat and Mass Transfer, 2015, 82: 447-459.

[13] Kang S M, Nazeer W, Tanveer M, et al. Improvements in newton-rapshon method for nonlinear equations using modified Adomian decomposition method[J]. International

Journal of Mathematical Analysis, 2015, 9(39):1910-1928.

[14]　Mohamed A S, Mahmoud R A. Picard, Adomian and predictor-corrector methods for an initial value problem of arbitrary (fractional) orders differential equation [J]. Journal of the Egyptian Mathematical Society, 2015, 24(2):165-170.

[15]　Grigorenko I, Grigorenko E. Chaotic dynamics of the fractional Lorenz system [J]. Physical Review Letters, 2003, 91(3): 034101.

[16]　Grigorenko I, Grigorenko E. Erratum: chaotic dynamics of the fractional Lorenz system [Phys. Rev. Lett. 91, 034101 (2003)] [J]. Physical Review Letters, 2006, 96(19): 199902.

[17]　贾红艳, 陈增强, 薛薇. 分数阶 Lorenz 系统的分析及电路实现 [J]. 物理学报, 2013, 62(14): 140503.

[18]　Sun K H, Sprott J C. Dynamics of a simplified Lorenz system [J]. International Journal of Bifurcation and Chaos, 2009, 19(4): 1357-1366.

第 5 章　求解算法的性能比较

分数阶混沌系统的数值求解算法是分数阶混沌系统理论分析和实际应用的基础。当前，探索以及优化分数阶微分方程的数值求解方法是分数阶混沌理论研究的热点 [1-7]。由于不同算法在原理和截断误差等方面不同，所以在求解分数阶混沌系统时，系统表现出的特性也有差异。事实上，不同算法得到的解都是对分数阶混沌系统的近似 [8-10]。因此，本章首先证明分数阶微分方程具有唯一解，然后将从不同算法的收敛性、对产生混沌的最小阶数影响、不同算法求解时动力学特性变化等几个方面进行研究。

5.1　分数阶微分方程解的唯一性

和整数阶微分方程一样，分数阶微分方程存在唯一解。如果分数阶微分方程中微分算子是 q 阶，则该分数阶微分方程被称作 q 阶微分方程。分数阶线性常系数微分方程为

$$a_n D_{t_0}^{q_n} y(t) + \cdots + a_1 D_{t_0}^{q_1} y(t) + a_0 D_{t_0}^{q_0} y(t) = f(t) \tag{5-1}$$

其中，$q_n > q_{n-1} > \cdots > q_0 > 0$；$a_i(i = 0, 1, \cdots, n)$ 为常数，且初始条件满足

$$[D_t^{q_n-k-1} y(t)]_{t=0} = b_k \tag{5-2}$$

其中，$k = 0, 1, 2, \cdots, n-1$。

对于分数阶微分方程，特别是线性微分方程，可用拉普拉斯变换证明方程在初始条件下解的存在性和唯一性。

定理 5.1 [11]　若函数 $f(t)$ 在 $(0, T)$ 内绝对可积，并满足初始条件 (5-2)，则方程

$$D_t^q y(t) = f(t) \tag{5-3}$$

在此区间内存在唯一解 $y(t)$。

证明　存在性：对上式两边进行拉普拉斯变换，可得

$$s^{q_n} Y(s) - \sum_{k=0}^{n-1} s_0^k D_t^{q_n-k-1} y(t) \bigg|_{t=0} = F(s) \tag{5-4}$$

将初始条件代入上式，并整理得

$$Y(s) = s^{-q_n}F(s) + \sum_{k=0}^{n-1} b_k s^{-k-1} \tag{5-5}$$

再对上式进行拉普拉斯逆变换，有

$$y(t) = \frac{1}{\Gamma(q_n)}\int_0^t (t-\tau)^{q_n-1}f(\tau)\mathrm{d}\tau + \sum_{k=0}^{n-1}\frac{b_k}{\Gamma(k+1)}t^k \tag{5-6}$$

根据分数阶微积分定义和 Gamma 函数的性质 $1/\Gamma(-m) = 0$, $m=0, 1, 2, \cdots$, 可得

$$\begin{cases} D_t^{q_n}\left[\dfrac{t^k}{\Gamma(k+1)}\right] = 0, \\[3mm] \left[\dfrac{t^k}{\Gamma(k+1)}\right]^{(k)} = 1, \end{cases} \quad k = 0, 1, 2, \cdots, n-1 \tag{5-7}$$

把式 (5-6) 和式 (5-7) 代入式 (5-3)，得到

$$\begin{aligned} D_t^{q_n}y(t) &= D_t^{q_n}\left[\frac{1}{\Gamma(q_n)}\int_0^t(t-\tau)^{q_n-1}f(\tau)\mathrm{d}\tau + \sum_{k=0}^{n-1}\frac{b_k}{\Gamma(k+1)}t^k\right] \\ &= D_t^{q_n}D_t^{-q_n}f(t) + \sum_{k=0}^{n-1}b_k D_t^{q_n}\left[\frac{t^k}{\Gamma(k+1)}\right] \\ &= f(t) \end{aligned} \tag{5-8}$$

可见，式 (5-6) 是原方程的解，即存在性得到证明。

定理 5.2 [11]　若函数 $f(t)$ 在 $(0,T)$ 内绝对可积，并满足初始条件 (5-2)，则方程 (5-1) 在此区间内存在唯一解 $y(t)$。

证明　假设 $y_1(t)$ 和 $y_2(t)$ 均为式 (5-3) 的解，则 $z(t) = y_1(t) - y_2(t)$ 也必定满足式 (5-3)，$L(z(t))$ 的拉普拉斯变换为 $z(t)=0$，从而 $z(t) = 0$ 在区间 $(0, T)$ 内几乎都成立，即唯一性得到证明。

同样，可证明式 (5-1) 和式 (5-2) 在区间 $(0,T)$ 有唯一解 $y(t)$。

可见，分数阶混沌系统也具有唯一解，即不同算法求解得到的解都是该 "唯一解" 的逼近，但问题是目前常用的分数阶混沌系统求解算法中，哪种更优呢? 在实际应用中，如何选择合适的算法呢?

5.2　收敛性分析

下面从计算精度、计算速度、算法的时间复杂度和空间复杂度，对前面讨论的三种分数阶混沌系统数值求解算法进行对比分析，为分数阶混沌系统求解算法选取提供理论和实验依据。

首先, 分析三种算法的计算精度。当 $q=1$ 时, 系统为整数阶混沌系统, 它是分数阶的特殊情形。在整数阶混沌系统的求解中, 常用的是 Runge-Kutta 算法和 Euler 算法, 其中 Runge-Kutta 算法精度更高。这里, 采用 Adomian 分解算法、预估–校正算法和 Runge-Kutta 算法来求解如下初值问题:

$$\begin{cases} D_{t_0}^q y(t) = y \\ y(0) = 1 \end{cases} \tag{5-9}$$

当 $q=1$ 时, 系统的精确解为 $y = e^t$。采用三种算法求解系统 (5-9), 其结果分别记为 $y_n^{(A)}$, $y_n^{(R)}$ 和 $y_n^{(Y)}$, 其求解过程分别如式 (5-10)、式 (5-11) 和式 (5-12) 所示, 并与精确解 y_n 进行对比, 计算误差如图 5-1 所示。可见, 随着时间增加, 三种算法的累积误差均呈指数增加。从误差的大小来看, 预估–校正算法误差最大, Runge-Kutta 较其小了 3 个数量级, 而 Adomian 比 Runge-Kutta 还小 3 个数量级。可见, Adomian 分解算法的数值解更精确。

$$y^{(A)} = y_0 \left[1 + \frac{(t-t_0)^q}{\Gamma(q+1)} + \cdots + \frac{(t-t_0)^{8q}}{\Gamma(8q+1)} \right] \tag{5-10}$$

$$\begin{cases} K_1 = y_n^{(R)} \\ K_2 = y_n^{(R)} + \dfrac{h}{2} K_1 \\ K_3 = y_n^{(R)} + \dfrac{h}{2} K_2 \\ K_4 = y_n^{(R)} + h K_3 \\ y_{n+1}^{(R)} = y_n^{(R)} + \dfrac{h}{6}(K_1 + 2K_2 + 2K_3 + K_4) \end{cases} \tag{5-11}$$

$$\begin{cases} y_{n+1}^{(Y)} = y_0 + \dfrac{h^q}{\Gamma(q+2)} \left(y_{n+1}^p + \sum_{j=0}^{n} \alpha_{j,n+1} y_j^{(Y)} \right) \\ \alpha_{j,n+1} = \begin{cases} n^q - (n-2)(n+1)^q, & j=0 \\ (n-j+2)^{q+1} + (n-j)^{q+1} - 2(n-j+1)^{q+1}, & 1 \leqslant j \leqslant n \end{cases} \\ y_{n+1}^p = y_0 + \dfrac{1}{\Gamma(q)} \sum_{j=0}^{n} b_{j,n+1} y_j^{(Y)} \\ b_{j,n+1} = \dfrac{h^q}{q}((n-j+1)^q - (n-j)^q), \quad 0 \leqslant j \leqslant n \end{cases} \tag{5-12}$$

从截断误差的角度来看, 预估–校正算法的截断误差为

$$e = \max_{j=0,1,\cdots,N} |x(t_j) - x_h(t_j)| = O(h^p) \tag{5-13}$$

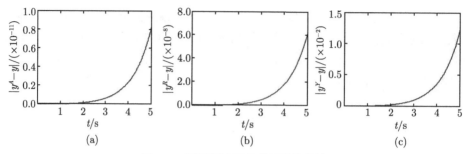

图 5-1   不同算法下的求解误差曲线

(a) Adomian 分解算法; (b) Runge-Kutta 算法; (c) 预估–校正算法

其中，$p = \min(2, 1+q)$；当 $q = 1$ 时，$e = O(h^2)$。而 Runge-Kutta 算法的截断误差为

$$e = \max_{j=0,1,\cdots,N} |x(t_j) - x_h(t_j)| = O(h^5) \tag{5-14}$$

可见其求解精度更高。Adomian 分解算法的收敛特性类似于 Taylor 级数，且其收敛非常快，通常只要取前面几项即可得到比较精确的解，其误差将收敛于 [12]

$$e \leqslant k \frac{M^P}{P!} \tag{5-15}$$

其中，P 为迭代项数，如参考文献 [12] 中 $P=8$；$\|N^{(P)}(0)\| \leqslant k$，$\sum\limits_{i=0}^{\infty} |u_i| \leqslant M$ [12]。

下面对比分析 Adomian 分解算法和预估–校正算法的时间复杂度和空间复杂度。三种算法性能及特点如表 5-1 所示。可见，因预估–校正算法每次迭代都需要用到之前的所有历史数据，所以需要的运算时间和内存空间都较其他两种算法多，其时间复杂度和空间复杂度均为 $O(n^2)$。对于 Adomian 分解算法，当迭代项为无限时，所得的解为精确解，实际计算中，取有限项即可达到较高的精度，文献 [13] 对预估–校正算法和 Adomian 分解算法进行了对比，研究表明，Adomian 分解算法在取有限项时其误差比预估–校正算法的误差小，性能更优。频域算法精度可控制在3dB 以内，能在期望的频带范围内实现与实际系统良好的近似，但在高频段与低频段都存在着较大的误差，当然，通过改进分数阶积分算子的传递函数，可在一定程度上更精确地接近原系统的解 [14]。从应用情况来看，频域算法可作为分数阶模拟电路实现的理论基础；而预估–校正算法则主要用于分数阶混沌系统理论分析；因Adomian 分解算法迭代时只与前面一步的数据相关，计算速度与 Runge-Kutta 算法相似，运算量较 Runge-Kutta 算法稍大，有利于分数阶混沌系统的数字电路 (如DSP 电路) 实现。因此，分数阶混沌 DSP 数字电路设计以及基于分数阶混沌系统的伪随机序列发生器值得进一步研究 [15]。

表 5-1　分数阶混沌系统三种求解算法性能比较

	频域算法	预估–校正算法	Adomian 分解算法
算法类型	频域	时域	时域
时间复杂度	$O(n)$	$O(n^2)$	$O(n)$
空间复杂度	$O(n)$	$O(n^2)$	$O(n)$
精确性	$\leqslant 3\mathrm{dB}$	$O(h^p)$, $e=\min(2,1+q)$	$e \leqslant k \cdot M^P/P!^{[12]}$
分数阶微分定义	R-L 定义	Caputo 定义	Caputo 定义
应用	理论分析和模拟电路	理论分析	理论分析和数字电路

　　Adomian 分解算法和预估–校正算法的求解时间复杂度和空间复杂度如表 5-2 所示。可见 Adomian 分解算法在时间复杂度和空间复杂度两方面都优于预估–校正算法。表 5-2 中，后三行为求解分数阶简化 Lorenz 系统时，为得到不同长度序列所需要的时间 (计算机 CPU 频率不同，计算结果会有差异，这里，计算机选用 Intel Dual E2180 2.0 GHz)。可见，预估–校正算法所需时间增长幅度比 Adomian 分解算法快很多。对比 Adomian 分解算法和预估–校正算法，可见在求解分数阶混沌系统时，Adomian 分解算法更优。

表 5-2　Adomian 分解算法与预估校正算法对比

	Adomian 分解算法	预估–校正算法
时间复杂度	$O(n)$, 快	$O(n^2)$, 慢
空间复杂度	$O(1)$, 小	$O(n)$, 大
$N=1000$	0.9701s	2.0154s
$N=2000$	1.8403s	7.7051s
$N=5000$	4.5162s	51.3995s

5.3　不同因素对系统产生混沌的最小阶数的影响

5.3.1　不同求解算法对系统产生混沌的最小阶数影响

　　基于系统产生混沌的最小阶数，对比研究三种算法，并讨论分数阶稳定性原理在分数阶混沌系统中的应用。分数阶稳定性原理最早由 Matignon [16] 提出，其适用对象为分数阶线性系统，该定理给出了分数阶线性系统的稳定性判据，其主要结论如引理 5.1 所示，当 q 小于引理中临界数值时，系统稳定。Tavazoei 等 [17] 在引理 5.1 的基础上，基于分数阶系统稳定点，提出了引理 5.2，并将其应用于分数阶混沌系统稳定性判断。胡建兵等 [18] 在研究分数阶同步时基于引理 5.1 提出了一个新的分数阶系统稳定性定理，其内容如引理 5.3 所示。

　　引理 5.1 [16]　对于分数阶线性系统 $D_{t_0}^q \boldsymbol{X} = \boldsymbol{A}\boldsymbol{X}$($0<q\leqslant1$, $\boldsymbol{X}\in\mathbf{R}^n$)，当 $q<(2/\pi)\arg|\mathrm{eig}(\boldsymbol{A})|$ 时，系统是稳定的。

引理 5.2 [17]   对于分数阶非线性自治系统 $D_{t_0}^q \boldsymbol{X} = f(\boldsymbol{X})(0 < q \leqslant 1$, $\boldsymbol{X} \in \mathbf{R}^n$, $f \in C^1$)，产生混沌的必要条件为 $q > (2/\pi) \arg|\mathrm{eig}(\boldsymbol{A}(\boldsymbol{X}^*))|$，其中 $\boldsymbol{A}(\boldsymbol{X})$ 为系统的 Jacobian 矩阵，$\boldsymbol{X}^*$ 为系统的平衡点。

引理 5.3 [18]   对于分数阶非线性自治系统 $D_{t_0}^q \boldsymbol{X} = f(\boldsymbol{X}) = \boldsymbol{A}(\boldsymbol{X})\boldsymbol{X}$ $(0 < q \leqslant 1$, $\boldsymbol{X} \in \mathbf{R}^n$, $f \in C^1$)，产生混沌的必要条件为 $q > (2/\pi) \arg|\mathrm{eig}(\boldsymbol{A}(\boldsymbol{X}^*))|$，$\boldsymbol{X}^*$ 为系统的平衡点。

分数阶简化 Lorenz 混沌系统 ($c=5$) 和分数阶 Chen 混沌系统 ($a=35$, $b=3$, $c=28$) 的计算结果及文献中的结果如表 5-3 所示。根据引理 5.2，对于简化 Lorenz 系统，产生混沌的最小阶数 q 为 0.9302，而分数阶 Chen 系统的最小阶数为 0.8244，从表 5-3 可见，预估–校正算法满足这一定理，而采用 Adomian 分解算法和频域算法在较低阶数下还能产生混沌，所以不满足引理 5.2。

表 5-3   不同算法得到的分数阶系统最小阶数对比

算法/方法	分数阶简化 Lorenz 系统	分数阶 Chen 系统
引理 5.2	0.9302	0.8244
预估–校正算法	0.93[21]	0.83[22]
频域算法	低阶下未研究	$q=0.2$ 产生混沌 [18]
Adomian 分解算法	0.45[23]	$q=0.08$ 产生混沌 [22]

分数阶 Lorenz 系统的平衡点为 $(0, 0, 0)$ 和 $(\pm\sqrt{b(c+d)}, \pm\sqrt{b(c+d)}, c+d)$，Jacobian 矩阵如式 (5-16) 所示。当 $d=25$ 时，平衡点 $(0, 0, 0)$ 对应的特征值为 $\lambda_1 = -45.6608$，$\lambda_2 = 30.6608$，$\lambda_3 = -3.0000$，而平衡点 $(\pm\sqrt{105}, \pm\sqrt{105}, 35)$ 对应的特征值为 $\lambda_1 = -25.2415$，$\lambda_2 = 3.6207 + 17.8795\mathrm{i}$ 和 $\lambda_3 = 3.6207 - 17.8795\mathrm{i}$。由引理 5.2 可知，系统出现混沌的最小阶数 q 为 0.8726。由图 5-2 和图 5-3 可见，采用预估–校正算法得到的结论满足引理 5.2。Grigorenko 等 [19] 分析了其混沌动力学特性，表明系统在 2.91 和 2.96 能够产生混沌，最近，贾红艳等 [20] 采用频域算法分析了阶数 q 分别为 0.7、0.8 和 0.9 时的动力学特性，从数值实验上表明系统在较低阶数下仍存在混沌。在第 4 章中，基于 Adomian 分解算法得到的系统产生混沌的最小阶数为 $q=0.813$。显然，该最小阶数小于由引理 5.2 得到的最小阶数。

$$\boldsymbol{J}_{\mathrm{sys}} = \begin{bmatrix} -a & a & 0 \\ c-x_3 & d & -x_1 \\ x_2 & x_1 & -b \end{bmatrix} \tag{5-16}$$

从上述分析和计算结果可知，由预估–校正算法得到的系统产生混沌的最小阶数满足引理 5.2，而 Adomian 分解算法和频域算法不满足该引理。其原因初步分析如下。

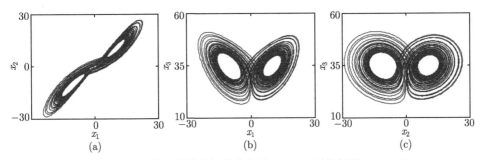

图 5-2   预估–校正算法求解的分数阶 Lorenz 系统相图 (q=0.87)

(a) x_1-x_2 平面; (b) x_1-x_3 平面; (c) x_2-x_3 平面

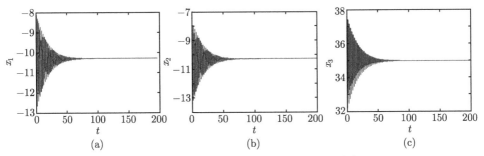

图 5-3   预估–校正算法求解分数阶 Lorenz 系统的时域波形 (q=0.86)

(a) x_1 序列; (b) x_2 序列; (c) x_3 序列

引理 5.1 只适用于分数阶线性系统,并经过了严格的数学证明,当前分数阶同步控制中主要应用此引理,原因就是误差系统多为分数阶线性系统;文献 [23] 提出引理 5.2 时并没有进行证明,作者认为分数阶微积分具有记忆功能,相应地,分数阶混沌系统较其对应的整数阶混沌系统更稳定,利用平衡点,将系统线性化后就可以利用引理 5.1;引理 5.3 采用 Lyapunov 稳定性定理进行了证明,但李丽香等 [24] 的研究表明,引理 5.3 中的 $A(\boldsymbol{X})$ 为时变矩阵,基于时变矩阵可以得到系统稳定的最小微分阶数,但系统并不一定稳定,即引理 5.3 并不总是成立的。同样,引理 5.2 中 Jacobian 矩阵同样为时变矩阵,且该矩阵为整数阶情况下的 Jacobian 矩阵,是否适合于分数阶情况值得进一步研究。事实上,分数阶混沌系统的稳定性分析远较整数阶混沌系统的稳定性分析复杂,需要进一步深入研究 [24]。从目前算法的分析结果来看,频域算法和 Adomian 分解算法虽然不满足引理 5.2,但这两种算法已得到学界的认可,计算结果具有参考价值;另一方面,频域算法和 Adomian 分解算法能在更低阶数下获得混沌,进一步扩展了分数阶混沌系统的参数空间,当系统应用于保密通信和信息加密时,密钥空间更大,安全性更高。

5.3.2 仿真步长对系统产生混沌最小阶数的影响

仿真步长与计算精度密切相关，在分析某分数阶系统产生混沌的最小阶数时，需要给出相应的参数和仿真时间步长，否则该结论不具有实际意义。比如对于 Adomian 分解算法，仿真时间步长 h 将影响系统的动力学特性。例如，对于分数阶 Lorenz 系统，当 $d=25$，$h=0.01$ 时，系统产生混沌的最小阶数为 $q=0.813$；当 h 分别取 0.001 和 0.0001 时，分数阶 Lorenz 系统分岔结果如图 5-4 所示。可见，当 $h=0.001$ 时，系统产生混沌的最小阶数为 $q=0.505$，而当 $h=0.0001$ 时，系统产生混沌的最小阶数为 $q=0.402$。可见基于 Adomian 分解算法，h 越小，得到的产生混沌的最小阶数也就越小。

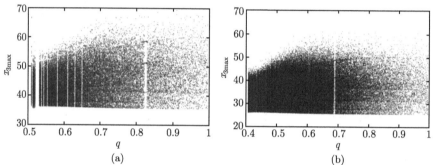

图 5-4　分数阶 Lorenz 系统仿真时间步长 h 取不同值时的分岔图

(a) $h=0.001$; (b) $h=0.0001$

设迭代步长为 $h=0.001$，截取 Adomian 多项式的前 4 项，使用同样的方法重新构建最大 Lyapunov 指数图，如图 5-5 所示。可见，对于任意 q，系统的混沌区

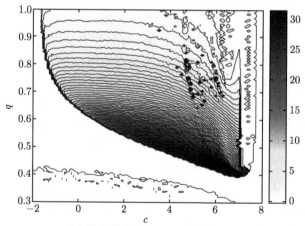

图 5-5　$h=0.001$ 时分数阶简化 Lorenz 系统的最大 Lyapunov 指数图

(扫描封底二维码可看彩图)

域比 $h=0.01$ 时均有所扩大, 对于任意 c 也有同样的现象。可见, 采用 Adomian 分解算法求解分数阶混沌系统时, 迭代步长 h 对系统的特性有比较明显的影响, h 越小, 系统的混沌范围越大。

一般地, 仿真的时间步长越小, 系统得到的解越精确。当然, 在实际应用中, h 的取值不能太小, 否则在迭代一定次数后, 混沌序列的变化不大, 不利于实际应用。而 h 过大, 则系统动力学特性展示不完整。所以, $h=0.01$ 是比较合适的, 既有利于实际应用, 又很好地保持了系统的特性。

5.3.3 系统方程是否同量对系统产生混沌的最小阶数的影响

在文献 [25] 中, 基于预估–校正算法研究了分数阶 Liu 系统。系统在同量阶次情况下, 计算得到的最小阶数为 2.76, 非同量阶次情况下, 计算得到的最小阶数为 2.60。显然, 同量与非同量情况下的最小阶数是不同的, 并且非同量阶次下的最小阶数小于同量阶次下的最小阶数。为了进一步证明这一结果, 这里基于 Adomian 分解算法求解分数阶简化 Lorenz 系统, 分析其在非同量阶次下系统的最小阶数是否依旧遵循这一规律。根据上面的分析, 当 $c=5$ 和 $h=0.01$ 时, 在系统方程阶次同量情况下 q 的最小值是 0.595。因此设置 $q_1 = q_2 = 0.595$, 得到系统随 q_3 变化的最大 Lyapunov 指数如图 5-6 所示。由图可知, 当 $q_3 > 0.436$ 时, 系统的最大 Lyapunov 指数大于 0。$q_3 = 0.435$(收敛) 和 $q_3 = 0.436$(混沌) 的 $p\text{-}s$ 轨迹如图 5-7(a) 和 (b) 所示。此时, 在非同量阶次情况下的最小阶数为 1.626, 其值比同量阶次下的最小阶数值 1.785 更小。因此可以得出结论: 分数阶混沌系统在非同量阶次下的最小阶数低于同量阶次下的最小阶数。

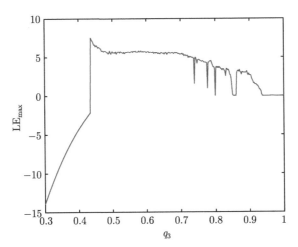

图 5-6 当 $c = 5$, $h = 0.01$, $q_1 = q_2 = 0.595$ 时, 系统在非同量阶次下的

最大 Lyapunov 指数 (LE_{max})

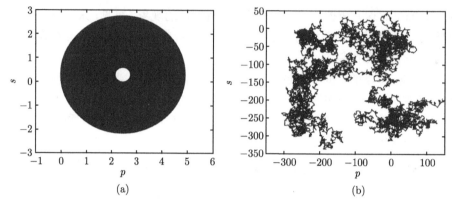

图 5-7 当 $c = 5$, $h = 0.01$, $q_1 = q_2 = 0.595$ 时，系统在非同量阶次下
q_3 取不同值对应的 $p\text{-}s$ 轨迹

(a) $q_3 = 0.435$(收敛); (b) $q_3 = 0.436$(混沌)

5.3.4 系统参数对系统产生混沌的最小阶数的影响

文献 [21] 中发现系统参数 c 是分数阶简化 Lorenz 系统中重要的分岔因子，它的微小改变有时也会显著影响系统的动态特性。为了观察系统参数 c 对最小阶数的影响，这里设置步长 $h = 0.01$，而初始值保持不变。系统方程在同量阶次情况下，基于 Adomain 分解算法求解，将 c 的值从 3 等量增加到 7，其间隔大小为 1。在 c 取不同值时，系统随阶数 q 变化的最大 Lyapunov 指数如图 5-8(a) 所示。不同 c 值对应的系统最小阶数在图 5-8(b) 中有详细显示。当 $c = 3, 4, 5, 6$ 和 7 时，最小阶数分别为 2.001, 1.893, 1.785, 1.667 和 1.593。可见，随着 c 的增加，最小阶数会逐渐下降，这意味着系统参数 c 的值越大，分数阶系统就会产生越大范围的混沌行为。

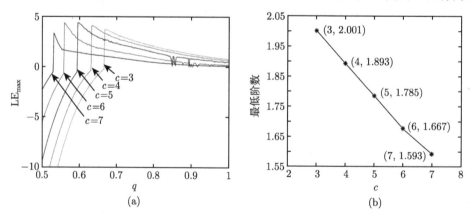

图 5-8 当 $h = 0.01$ 时，系统参数 c 对系统产生混沌的最小阶数的影响

(a) 不同 c 值下的最大 Lyapunov 指数 (LE$_{\max}$); (b) 不同 c 值下的最小阶数

5.3.5 分数阶简化 Lorenz 系统的最优最小阶数推导

综合前面分析的结论，这里首先选取求解算法为 Adomain 分解算法，系统参数 c 的取值为 7，迭代步长 $h = 0.001$，在同量阶次情况下，得到系统的最大 Lyapunov 指数，如图 5-9(a) 所示。此时，系统最小阶数是 $1.182(q = 0.394)$。然后，令 $q_1 = q_2 = 0.394$，得到系统在非同量阶次下的最大 Lyapunov 指数，如图 5-9(b) 所示。由图可知，系统处于混沌时 q_3 的最小值是 0.348，所以此时系统的最小阶数是 $1.136(0.394+0.394+0.348)$。该结果低于先前部分分析的结果，并且低于已报道文献当中分数阶简化 Lorenz 系统能够产生混沌的最小阶数。在图 5-10 中，通过 0-1 测试进一步证明了该最小阶数的正确性。

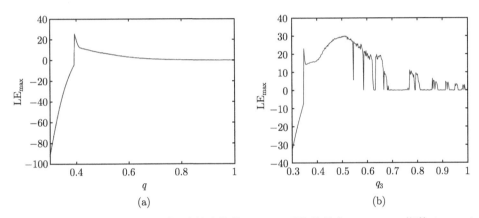

图 5-9 当 $c = 7$，$h = 0.001$ 时，分数阶简化 Lorenz 系统的最大 Lyapunov 指数 ($\mathrm{LE_{max}}$)

(a) 在同量阶次情况下；(b) $q_1 = q_2 = 0.394$，在非同量阶次情况下

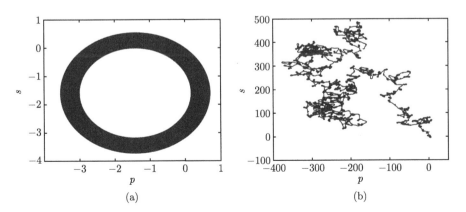

图 5-10 当 $c = 7$，$h = 0.001$，$q_1 = q_2 = 0.394$ 时，在不同 q_3 值下的 p-s 轨迹

(a) $q_3 = 0.347$；(b) $q_3 = 0.348$

　　分数阶混沌系统的三种求解算法各有优势。相比之下，Adomian 收敛速度更快，适合于数字电路实现。分数阶混沌系统特性，或者说系统处于混沌时的最小阶数与求解方法、系统方程的阶数是否同量、系统参数，以及迭代步长的大小密切相关。仿真结果表明，用 Adomain 分解算法求解系统会产生比预估–校正算法更低的最小阶数。非同量阶次下的混沌系统比同量阶次下得到的最小阶数更小。对于分数阶简化 Lorenz 系统，在系统参数 c 的可选范围内，较大的 c 值以及较小的迭代步长会使系统产生混沌的最小阶数更低。通过综合前面的分析结果，得到分数阶简化 Lorenz 系统能够产生混沌的最小阶数为 1.136，该值低于已报道的关于分数阶简化 Lorenz 系统能够产生混沌的最小阶数。根据分析结果，提出了一个猜想：分数阶混沌系统在精确解条件下的最小阶数要低于数值分析下的结果。所以在报道分数阶系统出现混沌的最小阶数时，必须写清楚计算条件，否则无实际意义。

参 考 文 献

[1] Adomian G. A new approach to nonlinear partial differential equations[J]. Journal of Mathematic Analysis and Application, 1984, 102(2): 420-434.

[2] Wang S, Yu Y G. Application of multistage homotopy-perturbation method for the solutions of the chaotic fractional order systems [J]. International Journal of Nonlinear Science, 2012, 13(1): 3-14.

[3] Rashidi M M, Erfani E. The modified differential transformation method for investigating nano boundary-layers over stretching surfaces [J]. International Journal of Numerical Methods for Heat and Fluid Flow, 1991, 21(7): 864-883.

[4] Wu G C, Lee E W M. Fractional variational iteration method and its application [J]. Physics Letters A, 2010, 374(25): 2506-2509.

[5] Diethelm K. An algorithm for the numerical solution of differential equations of fractional order [J]. Electronic Transactions on Numerical Analysis ETNA, 1998, 5(3): 1-6.

[6] Sweilam N H, Assiri T A. Non-standard Crank-Nicholson method for solving the variable order fractional cable equation [J]. Applied Mathematics and Information Sciences, 2015, 9(2): 943-951.

[7] Charef A, Sun H H, Tsan Y Y, et al. Fractal system as represented by singularity function [J]. IEEE Transactions on Automatic Control, 1992, 37(9): 1465-1470.

[8] Wang H H, Sun K H, He S B. Characteristic analysis and DSP realization of fractional-order simplified Lorenz system based on Adomian decomposition method[J]. International Journal of Bifurcation and Chaos, 2015, 25(06): 1550085.

[9] Wang Y, Sun K H, He S B, et al. Dynamics of fractional-order sinusoidally forced simplified Lorenz system and its synchronization[J]. The European Physical Journal Special Topics, 2014, 223(8): 1591-1600.

[10] Sun K H, Yang J L, Ding J F, et al. Circuit design and implementation of Lorenz chaotic system with one parameter[J]. Acta Physica Sinica, 2010, 59(12): 527-533.

[11] 赵春娜. 分数阶系统分析与设计 [M]. 北京: 国防工业出版社, 2011.

[12] Abbaoui K, Cherruault Y. Convergence of Adomian's method applied to differential equations [J]. Computers and Mathematics with Applications, 1994, 28(5): 103-109.

[13] 贺少波, 孙克辉, 王会海. 分数阶混沌系统的 Adomian 分解法求解及其复杂性分析 [J]. 物理学报, 2013, 63(3): 030502.

[14] 王茂, 孙光辉, 魏延岭. 频域法在分数阶混沌系统计算中的局限性分析 [J]. 哈尔滨工业大学学报, 2011, 43(5): 8-12.

[15] Runkin A, Soto J, Nechvatal J. A statistical test suite for random and pseudorandom number generators for cryptographic applications [OL]. NIST: Special Publication 800-22, 2001. http://nvlpubs.nist.gov/nistpubs/Legacy/SP/nistspecialpubl ication800-22.pdf.

[16] Matignon D. Stability results for fractional differential equations with applications to control processing [J]. Computational Engineering in Systems Applications, 1996, 2(1): 963-968.

[17] Tavazoei M S, Haeri M. Unreliability of frequency-domain approximation in recognizing chaos in fractional-order systems [J]. IET Signal Processing, 2007, 1(4): 171-181.

[18] 胡建兵, 韩焱, 赵灵冬. 自适应同步参数未知的异结构分数阶超混沌系统 [J]. 物理学报, 2009, 58(3): 1441-1445.

[19] Grigorenko I, Grigorenko E. Chaotic dynamics of the fractional Lorenz system [J]. Physical Review Letters, 2003, 91(3): 034101.

[20] 贾红艳, 陈增强, 薛薇. 分数阶 Lorenz 系统的分析及电路实现 [J]. 物理学报, 2013, 62(14): 140503.

[21] Sun K H, Wang X, Sprott J C. Bifurcations and chaos in fractional-order simplified Lorenz system [J]. International Journal of Bifurcation and Chaos, 2010, 20(4): 1209-1219.

[22] Cafagna D, Grassi G. Bifurcation and chaos in the fractional-order Chen system via a time-domain approach [J]. International Journal of Bifurcation and Chaos, 2008, 18(7): 1845-1863.

[23] Xie T, Liu Y S, Tang J. Breaking a novel image fusion encryption algorithm based on DNA sequence operation and hyper-chaotic system [J]. Optik-International Journal for Light and Electron Optics, 2014, 125(24): 7166-7169.

[24] 李丽香, 彭海朋, 罗群, 等. 一种分数阶非线性系统稳定性判定定理的问题及分析 [J]. 物理学报, 2013, 62(2): 020502.

[25] Daftardar-Gejji V, Bhalekar S. Chaos in fractional ordered Liu system[J]. Computers and Mathematics with Applications, 2010, 59(3): 1117-1127.

第6章　分数阶混沌系统动力学特性分析

6.1　Lyapunov 指数谱计算算法

Lyapunov 指数是指相空间两条轨道随着时间的推移按指数分离或聚合的平均变化率，用于表征系统随时间演化时对初值的极端敏感性。正的 Lyapunov 指数表明系统的相体积在不断膨胀和折叠，导致吸引子中原本相近的轨线变得越来越不相关，系统的初值敏感性高。

定义 6.1[1]　　Lyapunov 指数是指在相空间中相互靠近的两条轨线随着时间的推移，按指数分离或聚合的平均变化率，其计算式为

$$\text{LE} = \frac{1}{t_m - t_0} \sum_{k=1}^{M} \ln \frac{D(t_k)}{D(t_{k-1})} \tag{6-1}$$

其中，M 为总的迭代次数；$D(t_k)$ 表示 t_k 时刻最邻近两点间的距离。Lyapunov 指数是用来区别混沌吸引子中序列复杂程度的一个定量指标，正的 Lyapunov 指数是非线性系统存在混沌的必要条件。

当系统的维数大于 1 时，一般用 Lyapunov 指数的集合来描述系统的情况，即 Lyapunov 指数谱。对于多维非线性耗散系统，因为系统总体是稳定的，所以系统 Lyapunov 指数谱之和应小于零，表示系统在相空间中的运动是整体收缩的、稳定的。Lyapunov 指数谱中有正值和负值，负值表示系统在该方向上的相体积是收缩的，在该方向上的演化也是稳定的，而正值则表示在此方向上系统的运动不稳定，相体积在不断膨胀和折叠，造成在吸引子中开始邻近的点经演化后变得毫不相关，这样就很难预测初态微小偏差经长期演化后的状态，显现了混沌的初值敏感性，所以多维系统的 Lyapunov 指数谱中如果有大于零的正值，则系统是混沌的。在应用中，最大 Lyapunov 指数 LE_{max} 成为判断系统混沌与否的重要指标。

对于连续混沌系统，设系统的 Lyapunov 指数谱分别为 $\text{LE}_1, \text{LE}_2, \cdots, \text{LE}_n$(按从大到小的顺序排列)，系统具有混沌吸引子的必要条件是：

(1) 至少存在一个 Lyapunov 指数 $\text{LE}_i > 0$；

(2) 至少存在一个 Lyapunov 指数 $\text{LE}_i = 0$；

(3) $\text{LE}_1 + \text{LE}_2 + \cdots + \text{LE}_n < 0$。

由第 4 章可知，采用 Adomian 分解算法，可得分数阶混沌系统的迭代式为 [2]

$$\boldsymbol{x}(m+1) = F_{\text{Ado}}(\boldsymbol{x}(m)) = \begin{cases} F_{1\text{Ado}}(\boldsymbol{x}(m)) \\ F_{2\text{Ado}}(\boldsymbol{x}(m)) \\ \quad\vdots \\ F_{n\text{Ado}}(\boldsymbol{x}(m)) \end{cases} \tag{6-2}$$

该式每一步结果只与前一步结果相关。这样其 Jacobian 矩阵为

$$\boldsymbol{J}_{\text{sys}} = \begin{bmatrix} \dfrac{\partial F_{1\text{Ado}}}{\partial x_1} & \dfrac{\partial F_{1\text{Ado}}}{\partial x_2} & \cdots & \dfrac{\partial F_{1\text{Ado}}}{\partial x_n} \\ \dfrac{\partial F_{2\text{Ado}}}{\partial x_1} & \dfrac{\partial F_{2\text{Ado}}}{\partial x_2} & \cdots & \dfrac{\partial F_{2\text{Ado}}}{\partial x_n} \\ \vdots & \vdots & & \vdots \\ \dfrac{\partial F_{n\text{Ado}}}{\partial x_1} & \dfrac{\partial F_{n\text{Ado}}}{\partial x_n} & \cdots & \dfrac{\partial F_{n\text{Ado}}}{\partial x_n} \end{bmatrix} \tag{6-3}$$

一般地，上述 Jacobian 矩阵采用计算机符号运算函数得到，如 Matlab 的 Jacobian(•) 函数和 Maple 的 Jacobian(•) 函数。采用 Adomian 分解算法项数越多，得到的 Jacobian 矩阵在形式上也越复杂。这里，将基于上述离散迭代方程、Jacobian 矩阵和 QR 分解法，设计计算分数阶混沌系统的 Lyapunov 指数谱算法，以便分析分数阶混沌系统的动力学特性。基于 QR 算法的 Lyapunov 指数计算过程为 [3]

$$\begin{aligned} \text{qr}[\boldsymbol{J}_M \boldsymbol{J}_{M-1} \cdots \boldsymbol{J}_1] &= \text{qr}[\boldsymbol{J}_M \boldsymbol{J}_{M-1} \cdots \boldsymbol{J}_2(\boldsymbol{J}_1 \boldsymbol{Q}_0)] \\ &= \text{qr}[\boldsymbol{J}_M \boldsymbol{J}_{M-1} \cdots \boldsymbol{J}_3(\boldsymbol{J}_2 \boldsymbol{Q}_1)][\boldsymbol{R}_1] \\ &= \text{qr}[\boldsymbol{J}_M \boldsymbol{J}_{M-1} \cdots \boldsymbol{J}_i(\boldsymbol{J}_{i-1} \boldsymbol{Q}_{i-2})][\boldsymbol{R}_{i-1} \cdots \boldsymbol{R}_2 \boldsymbol{R}_1] \\ &\qquad\qquad \cdots \\ &= \boldsymbol{Q}_M[\boldsymbol{R}_M \cdots \boldsymbol{R}_2 \boldsymbol{R}_1] = \boldsymbol{Q}_M \boldsymbol{R} \end{aligned} \tag{6-4}$$

其中，qr[•] 代表 QR 分解函数；$\boldsymbol{J}$ 为离散迭代系统的 Jacobian 矩阵，则系统的 Lyapunov 指数谱为

$$\text{LE}_k = \frac{1}{Nh} \sum_{i=1}^{N} \ln |R_i(k,k)| \tag{6-5}$$

其中，$k = 1, 2, \cdots, n$ (系统维数)；N 为最大迭代次数；h 为迭代时间步长。其计算流程图如图 6-1 所示。

下面以分数阶 Lorenz 混沌系统为例，分析该算法的收敛性、准确性和参数选取。当 $q = 1$ 时，系统的 Lyapunov 指数谱之和为 $\Delta_{\text{sys}} = -a + d - b = -18$。定义分数阶 Lorenz 系统的 Lyapunov 指数谱全局误差为

$$\text{LE}_{\text{error}} = \left| \sum_{i=1}^{3} \text{LE}_i + 18 \right| \tag{6-6}$$

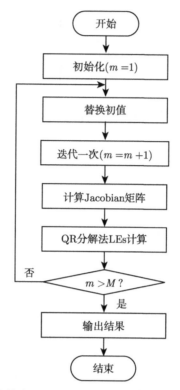

图 6-1　分数阶混沌系统 Lyapunov 指数谱算法流程图

其仿真结果如图 6-2(a) 所示，可见该 Lyapunov 指数谱计算算法的精度高。当 $q = 0.96$ 时，系统三个 Lyapunov 指数谱收敛情况如图 6-2(b) 所示，可见分数阶混沌系统 Lyapunov 指数谱算法具有很好的收敛性和准确度。

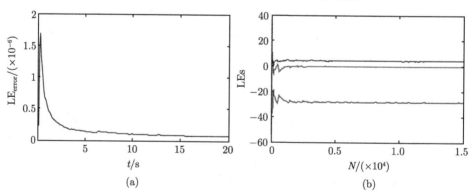

图 6-2　基于 Adomian 分解算法的 Lyapunov 指数谱

(a) 全局误差；(b) 分数阶 Lorenz 系统三个 Lyapunov 指数谱

6.2 分数阶 Lorenz 系统族的动力学特性分析

6.2.1 分数阶 Lorenz 混沌系统

分数阶 Lorenz 混沌系统 $(D_{t_0}^q x_1 = 10\,(x_2 - x_1)$, $D_{t_0}^q x_2 = cx_1 - x_1 x_3 + dx_2$, $D_{t_0}^q x_3 = x_1 x_2 - bx_2, a = 40,\ b = 3,\ c = 10)$，具有参数 d 和阶数 q 两个参数，本节分析其随参数变化时的动力学特性。

(1) $d = 25$, q 变化时的动力学特性。

设系统阶数 q 的步长为 0.0005，变化范围为 [0.75, 1.0]，相应的 Lyapunov 指数谱和分岔图如图 6-3 所示。可见，当 $0.813 \leqslant q < 1$ 时，系统大部分处于混沌态，也存在周期窗口。当 $q = 0.813$ 时，系统吸引子相图如图 6-4 所示；当 $q < 0.813$ 时，

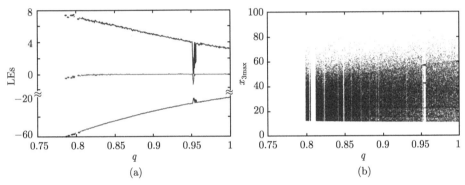

图 6-3 分数阶 Lorenz 系统随阶数 q 变化动力学特性

(a) Lyapunov 指数谱；(b) 分岔图

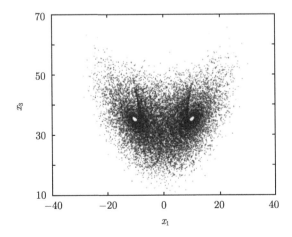

图 6-4 分数阶 Lorenz 系统吸引子相图 $(d = 25,\ q = 0.813)$

系统处于发散状态, 故系统产生混沌的最小阶数为 2.439。最大 Lyapunov 指数能在一定程度上表征出系统的复杂性, 且最大 Lyapunov 指数值越大, 系统复杂度越高。由图 6-3(a) 可知, 分数阶 Lorenz 系统最大 Lyapunov 指数随阶数 q 增加而减小, 即系统复杂性随阶数 q 的增加呈减小的趋势, 说明分数阶 Lorenz 系统具有较整数阶 Lorenz 系统更好的实际应用价值。

(2) $q = 0.96$, 参数 d 变化时的动力学特性。

分数阶 Lorenz 系统随参数 d 变化的动力学特性如图 6-5 所示, 其中参数 d 的变化范围为 [0, 38], 变化步长为 0.1。由图 6-5 可见, 随着参数 d 的减小, 系统由周期态, 经倍周期分岔后, 在 $d = 32.1$ 进入混沌态。当 $d \in [9.8, 32.1]$ 时, 除了几个周期窗口, 如 $d \in [14.5, 16.3] \cup [21.1, 21.5]$, 系统基本处于混沌态。最后系统在 $d = 9.8$ 处经历切分岔后处于收敛态。为了更进一步地观察系统状态, 当 $d = 15, 20$, 21.5 和 37 时的系统相图如图 6-6 所示。当 $d = 15, 21.5$ 和 37 时, 系统为周期态, 而当 $d = 20$ 时, 系统为混沌态, 吸引子相图与分岔图和 Lyapunov 指数结果一致。可见, 当系统参数变化时, 分数阶 Lorenz 系统具有丰富的动力学特性。

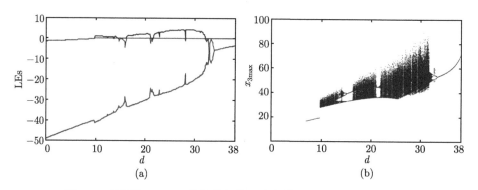

图 6-5   分数阶 Lorenz 系统随参数 d 变化的动力学特性 $(q = 0.96)$

(a) Lyapunov 指数谱; (b) 分岔图

(3) q 和 d 变化混沌图。

参数 d 和阶数 q 同时变化时, 基于最大 Lyapunov 指数的分数阶 Lorenz 系统混沌图如图 6-7 所示, 其中 $q \in [0.75, 1.0]$, 步长为 0.0025, $d \in [0, 38]$, 变化步长为 0.38。可见, 混沌区间主要集中在 $d \in [10, 32]$。当 $d \in [25, 30]$ 和 $q \in [0.8, 0.97]$ 时, 系统存在一个最大 Lyapunov 指数测度值较大的区域, 表明系统此时复杂度相对较高, 更有利于实际应用。

与文献 [4] 中基于频域算法的仿真结果相比, 基于 Adomian 分解算法的动力学特性分析结果更为准确, 能够反映出更多的系统动力学行为细节。

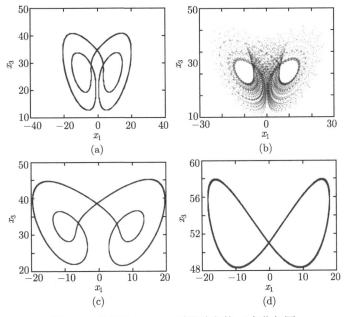

图 6-6 分数阶 Lorenz 系统随参数 d 变化相图

(a) $d = 15$；(b) $d = 20$；(c) $d = 21.5$；(d) $d = 37$

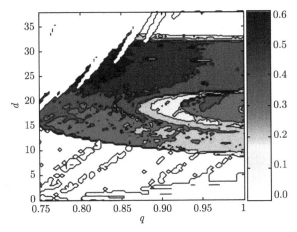

图 6-7 基于最大 Lyapunov 指数的分数阶 Lorenz 系统混沌图 (扫描封底二维码可看彩图)

6.2.2 分数阶简化 Lorenz 混沌系统

设计算步长 $h = 0.01$，可得分数阶简化 Lorenz 系统 ($D_{t_0}^q x = 10(y - x)$, $D_{t_0}^q y = (24 - 4c)x - xz + cy$, $D_{t_0}^q z = xy - 8z/3$) 的 Lyapunov 指数谱及相应的分岔图如图 6-8 所示。

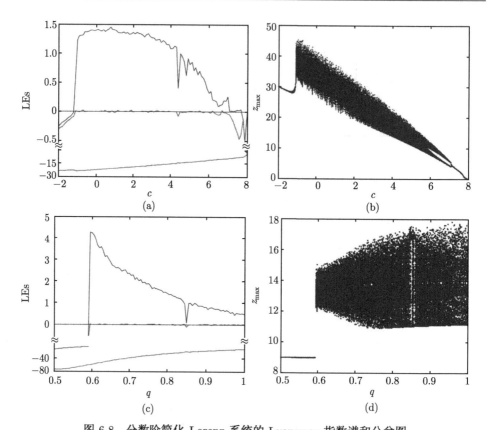

图 6-8　分数阶简化 Lorenz 系统的 Lyapunov 指数谱和分岔图

(a) $q = 0.9$, c 变化的 Lyapunov 指数谱；(b) $q = 0.9$, c 变化的分岔图；(c) $c = 5$, q 变化的 Lyapunov 指数谱；(d) $c = 5$, q 变化的分岔图

由图 6-8(a) 可知，当 $q = 0.9$，c 变化步长为 0.1 时，系统在 $c = -1.1$ 时进入混沌状态。随着 c 的增加，最大 Lyapunov 指数 ($\text{LE}_{\max}$) 逐渐减小，大约在 $c = 7.2$ 时，系统通过反向倍周期分岔退化为周期状态。其结果与图 6-8(b) 对应的分岔图一致。在图 6-8(c) 中，当 $c = 5$，q 变化步长为 0.005 时，在 $q = 0.595$ 时系统进入混沌状态。随着 q 的增加，直到 $q = 1$，除了大约在 $q = 0.88$ 处存在一个周期窗口外，系统均处于混沌态，但 $\text{LE}_{\max}$ 也是逐渐减小的。

设 $h = 0.01$，当系统参数 c 变化，q 取不同值时的 $\text{LE}_{\max}$ 如图 6-9 所示。可见，对于任意 q，随着 c 的增加，$\text{LE}_{\max}$ 都是逐渐减小的，经过 0 值后，变为负值。也就是说，系统由混沌态经周期态到收敛态。另外，q 越大，则混沌区域越宽。而当参数 c 不变时，在混沌区域内，q 越小，$\text{LE}_{\max}$ 越大。$\text{LE}_{\max}$ 的大小反映了混沌系统的复杂程度，所以分数阶简化 Lorenz 系统比整数阶简化 Lorenz 系统更复杂，具有更广阔的应用前景。

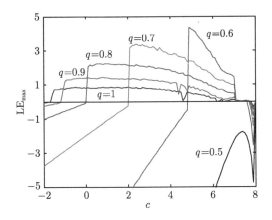

图 6-9　不同 q 值时，最大 Lyapunov 指数随 c 变化的情况

设 $h = 0.01$，当 $c \in [-2, 8]$，变化步长为 0.1，$q \in [0.5, 1]$，变化步长为 0.005，同时改变 q 和 c 时，分数阶简化 Lorenz 系统的 $\mathrm{LE_{max}}$ 的变化如图 6-10 所示。在图中的下方，当 $c = 5.3$, $q = 0.535$ 时，$\mathrm{LE_{max}}$ 最大，等于 4.443。值得注意的是，在图中有一条 $\mathrm{LE_{max}}$ 突变的分界线，沿着分界线的右上方，随着 q 和 c 都增加的方向，$\mathrm{LE_{max}}$ 逐渐减小并接近 0，而沿着相反的方向，$\mathrm{LE_{max}}$ 由比较大的正值突然变为负值，即在该方向上系统从混沌态突变为收敛态。在应用分数阶简化 Lorenz 系统时，为了选取较大的 $\mathrm{LE_{max}}$，应该选择靠近分界线上方区域所对应的参数，但应避开分界线上的点，因为在这些点处，虽然 $\mathrm{LE_{max}}$ 更大，但系统很容易受到不稳定因素的影响而退出混沌状态。另外，从图 6-10 还可以得到，当 $c \in [6.7, 7.2]$，$q = 0.535$ 时，分数阶简化 Lorenz 系统产生的最小阶数为 $3 \times q = 1.605$。

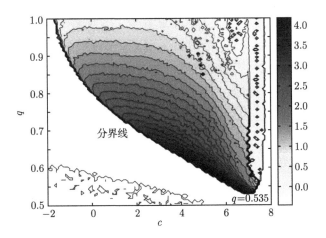

图 6-10　分数阶简化 Lorenz 系统的最大 Lyapunov 指数 (扫描封底二维码可看彩图)

　　为了更清楚地表示系统状态随阶数 q 和参数 c 变化的情况,尤其对周期态的判定,根据 LE_{max} 值的大小,画出了系统的混沌图。考虑到计算误差和数据截断等的影响,实验研究表明,$LE_{max} = 0.03$ 时系统近似周期态,所以设 $LE_{max} > 0.03$时,系统为混沌态;$0 \leqslant LE_{max} \leqslant 0.03$ 时,为周期态;而 $LE_{max} < 0$ 时为收敛态。系统的混沌图如图 6-11 所示,图中红色、蓝色、黑色和白色分别代表混沌、周期、收敛和发散状态。显然,图中大部分区域是混沌态。当 c 较小时,对于大部分 q,系统除了一小部分表现为周期态外,大部分是收敛态。随着 c 的增加,系统逐渐进入混沌态,而且混沌区域逐渐增加。在 $c \in [6.1, 7.7]$ 时,系统又开始出现周期态,c 再增加时,系统开始收敛,此结果与图 6-9 的结果一致。

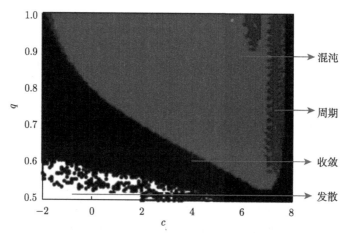

图 6-11　分数阶简化 Lorenz 系统的混沌图 (扫描封底二维码可看彩图)

　　为了进一步确认图 6-11 得到的分数阶简化 Lorenz 系统存在混沌的最小阶数,下面采用由 Melbourne 和 Gottwald[5,6] 提出的 “0-1 测试” 算法。该方法是检验系统是否存在混沌态的定量分析法。其基本原理是为混沌序列建立一个随机动态过程,然后,在系统运行过程中研究该随机过程规模的动态变化,具体如下。

　　假设系统演化中得到的某一维序列为 $\phi(n)(n = 1, 2, 3, \cdots)$。定义任意一个大于零的常数 c,式 (6-7) 和式 (6-8) 为基于 $\phi(n)$ 定义的两个公式

$$p(n) = \sum_{j=1}^{n} \phi(j) \cos(\theta(j)), \quad n = 1, 2, 3, \cdots \tag{6-7}$$

$$s(n) = \sum_{j=1}^{n} \phi(j) \sin(\theta(j)), \quad n = 1, 2, 3, \cdots \tag{6-8}$$

其中,

$$\theta(j) = jc + \sum_{i=1}^{j} \phi(i), \quad j = 1, 2, 3, \cdots, n \tag{6-9}$$

由上面的定义, 可得到如下两个结论 [7]:

(1) 若系统不是混沌的, 则该动态系统在 p-s 平面内的轨迹是有界的。

(2) 若系统是混沌的, 则该动态系统在 p-s 平面内的轨迹类似于布朗运动。

"0-1 测试" 是判断系统是否混沌的新方法: 可直观地判断系统是否混沌, 通过观察该动态系统在 p-s 平面内的轨迹来进行检验, 如果系统在 p-s 平面内的轨迹规则有界, 就说明系统为非混沌状态, 如果轨迹无界, 且类似于布朗运动, 则该系统为混沌状态。

下面采用 "0-1 测试" 来确定分数阶简化 Lorenz 系统产生混沌的最小阶数。设 $h = 0.01$, 初始值 $(x_0, y_0, z_0) = (0.1, 0.2, 0.3)$, 去除 40000 个 x 方向的混沌序列值, 根据式 (6-7)~ 式 (6-9) 取 $n = 100$, 绘制 $q \in [0.5, 0.6]$, $c = 7$ 时的 p-s 平面图。结果显示, 当 $q \geqslant 0.535$ 时, 得到的 p-s 平面轨迹均是类似布朗运动的, 而当 $q \leqslant 0.530$ 时, p-s 平面轨迹都是规则有界分布的。图 6-12 为 $q = 0.535$ 和 $q = 0.53$ 时的 p-s 平面轨迹。由此可判断, 当 $h = 0.01$, q 的步长为 0.005, 分数阶简化 Lorenz 系统产生混沌的最小阶数为 $q = 0.535$ 时, 结果与图 6-10 的结果一致。

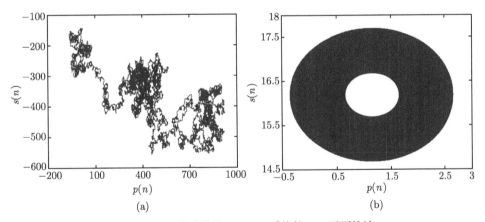

图 6-12 分数阶简化 Lorenz 系统的 p-s 平面轨迹

(a) $q = 0.535$; (b) $q = 0.53$

仍然使用 "0-1 测试" 分析 $h = 0.001$ 时系统产生混沌的最小阶数。图 6-13(a) 和 (b) 分别为 $h = 0.001$, $c = 6.950$ 时, $q = 0.395$ 和 $q = 0.390$ 的 p-s 平面轨迹, $q = 0.395$ 时对应的 p-s 平面轨迹类似于布朗运动, 则系统为混沌状态; $q = 0.390$ 对应的 p-s 平面轨迹为规则有界的, 则系统为非混沌状态, 说明 $h = 0.001$ 时, 系统产生混沌的最小阶数为 $q = 0.395$ 时的 3 倍, 即 $3 \times q = 1.185$。

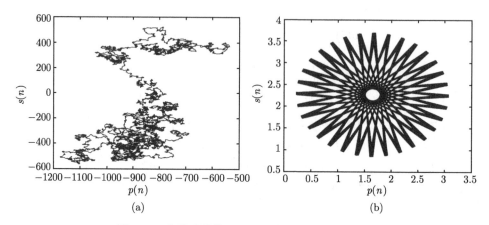

图 6-13　分数阶简化 Lorenz 系统的 p-s 平面轨迹

(a) $q = 0.395$; (b) $q = 0.390$

可见，$h = 0.01$ 和 $h = 0.001$ 对应的分数阶简化 Lorenz 系统产生混沌的最小阶数是不同的，$h = 0.001$ 时的最小阶数明显小于 $h = 0.01$ 的最小阶数。

当 $c = 5$ 时，取不同的 h，系统分别产生混沌的最小阶数如表 6-1 所示，随着 h 的减小，系统出现混沌的最小阶数也随之减小，但减小的幅度逐渐变小。研究表明，Adomian 分解算法求解分数阶混沌系统时，得到的系统产生混沌的最小阶数是有条件的，迭代步长 h 对系统存在混沌的最小阶数有影响，h 越小，则最小阶数越小。文献 [8] 采用 Adams-Bashforth-Moulton 预估–校正算法分析了分数阶简化 Lorenz 系统。表 6-2 在相同条件下比较了 Adomian 分解算法 (未考虑 $q > 1$ 的情况) 和预估–校正算法分别求解分数阶简化 Lorenz 系统的情况。从表中可见，采用 Adomian 分解算法求得系统的混沌范围要宽，说明 Adomian 分解算法的求解精度更高。

表 6-1　$c = 5$，不同 h 对应的存在混沌的最小阶数

h	微分阶数 q	系统最小阶数
10^{-1}	$q = 1$ 时系统为发散	系统发散
10^{-2}	0.595	1.785
10^{-3}	0.45	1.35
10^{-4}	0.355	1.065
10^{-5}	0.29	0.87
10^{-6}	0.245	0.735
10^{-7}	0.21	0.63
10^{-8}	0.185	0.555

表 6-2 不同求解算法求解分数阶简化 Lorenz 系统的对比

求解算法	混沌范围	
	$q = 0.9$	$c = 5$
Adomian 分解算法	$c \in [-1.1, 7.2]$	$q \in [0.595, 1]$
预估–校正算法	$c \in [2.6, 7.4]$	$q \in [0.93, 1.07]$

6.2.3 分数阶 Lorenz 超混沌系统

当 Lorenz 系统的第 2 项引入非线性反馈控制器 u 时，原 Lorenz 系统变成 Lorenz 超混沌系统 [9]，其系统方程为

$$\begin{cases} \dot{x} = 10(y - x) \\ \dot{y} = 28x - xz + y - u \\ \dot{z} = xy - 8z/3 \\ \dot{u} = Ryz \end{cases} \tag{6-10}$$

其中，R 为控制参数，取值范围为 $0 < R \leqslant 1$。由文献 [8] 可知，当 $R \in (0, 0.152)$ 时，系统为超混沌系统，当 $R \in [0.152, 0.210) \cup [0.34, 0.49]$ 时，系统处于混沌态，而当 R 取其他值时，系统为周期系统。引入分数阶 Caputo 微分算子，分数阶 Lorenz 超混沌系统方程为

$$\begin{cases} D_{t_0}^q x = 10(y - x) \\ D_{t_0}^q y = 28x - xz + y - u \\ D_{t_0}^q z = xy - 8z/3 \\ D_{t_0}^q u = Ryz \end{cases} \tag{6-11}$$

采用 Adomian 分解算法求解分数阶 Lorenz 超混沌系统，得到的数值解可表示为

$$\begin{cases} x_{n+1} = \sum_{j=0}^{6} c_1^j h^{jq} \Big/ \Gamma(jq + 1) \\ y_{n+1} = \sum_{j=0}^{6} c_2^j h^{jq} \Big/ \Gamma(jq + 1) \\ z_{n+1} = \sum_{j=0}^{6} c_3^j h^{jq} \Big/ \Gamma(jq + 1) \\ u_{n+1} = \sum_{j=0}^{6} c_4^j h^{jq} \Big/ \Gamma(jq + 1) \end{cases} \tag{6-12}$$

其中，$c_i^j (i = 1, 2, 3, 4; j = 1, 2, \cdots, 6)$ 计算方式如下：

$$c_1^0 = x_n, \quad c_2^0 = y_n, \quad c_3^0 = z_n, \quad c_4^0 = u_n \tag{6-13}$$

$$
\begin{cases}
c_1^1 = 10(c_2^0 - c_1^0) \\
c_2^1 = 28c_1^0 - c_1^0 c_3^0 + c_2^0 - c_4^0 \\
c_3^1 = c_1^0 c_2^0 - 8c_3^0/3 \\
c_4^1 = R c_2^0 c_3^0
\end{cases}
\tag{6-14}
$$

$$
\begin{cases}
c_1^2 = 10(c_2^1 - c_1^1) \\
c_2^2 = 28c_1^1 - c_1^0 c_3^1 - c_1^1 c_3^0 + c_2^1 - c_4^1 \\
c_3^2 = c_1^1 c_2^0 + c_1^0 c_2^1 - 8c_3^1/3 \\
c_4^2 = R \left(c_2^1 c_3^0 + c_2^0 c_3^1 \right)
\end{cases}
\tag{6-15}
$$

$$
\begin{cases}
c_1^3 = 10(c_2^2 - c_1^2) \\
c_2^3 = 28c_1^2 - c_1^0 c_3^2 - c_1^1 c_3^1 \dfrac{\Gamma(2q+1)}{\Gamma^2(q+1)} - c_1^2 c_3^0 + c_2^2 - c_4^2 \\
c_3^3 = c_1^0 c_2^2 + c_1^1 c_2^1 \dfrac{\Gamma(2q+1)}{\Gamma^2(q+1)} + c_1^2 c_2^0 - 8c_3^2/3 \\
c_4^3 = R \left(c_2^0 c_3^2 + c_2^1 c_3^1 \dfrac{\Gamma(2q+1)}{\Gamma^2(q+1)} + c_2^2 c_3^0 \right)
\end{cases}
\tag{6-16}
$$

$$
\begin{cases}
c_1^4 = 10(c_2^3 - c_1^3) \\
c_2^4 = 28c_1^3 - c_1^0 c_3^3 - (c_1^2 c_3^1 + c_1^1 c_3^2) \dfrac{\Gamma(3q+1)}{\Gamma(q+1)\Gamma(2q+1)} \\
\qquad - c_1^3 c_3^0 + c_2^3 - c_4^3 \\
c_3^4 = c_1^0 c_2^3 + (c_1^2 c_2^1 + c_1^1 c_2^2) \dfrac{\Gamma(3q+1)}{\Gamma(q+1)\Gamma(2q+1)} + c_1^3 c_2^0 + 8c_3^3/3 \\
c_4^4 = R \left(c_2^0 c_3^3 + (c_2^2 c_3^1 + c_2^1 c_3^2) \dfrac{\Gamma(3q+1)}{\Gamma(q+1)\Gamma(2q+1)} + c_2^3 c_3^0 \right)
\end{cases}
\tag{6-17}
$$

$$
\begin{cases}
c_1^5 = 10(c_2^4 - c_1^4) \\
c_2^5 = 28c_1^4 - c_1^0 c_3^4 - (c_1^3 c_3^1 + c_1^1 c_3^3) \dfrac{\Gamma(4q+1)}{\Gamma(q+1)\Gamma(3q+1)} \\
\qquad - c_1^2 c_3^2 \dfrac{\Gamma(4q+1)}{\Gamma^2(2q+1)} - c_1^4 c_3^0 + c_2^4 - c_4^4 \\
c_3^5 = c_1^0 c_2^4 + (c_1^3 c_2^1 + c_1^1 c_2^3) \dfrac{\Gamma(4q+1)}{\Gamma(q+1)\Gamma(3q+1)} \\
\qquad + c_1^2 c_2^2 \dfrac{\Gamma(4q+1)}{\Gamma^2(2q+1)} + c_1^4 c_2^0 - 8c_3^4/3 \\
c_4^5 = R \left[c_2^0 c_3^4 + (c_2^3 c_3^1 + c_2^1 c_3^3) \dfrac{\Gamma(4q+1)}{\Gamma(q+1)\Gamma(3q+1)} \right. \\
\qquad \left. + c_2^2 c_3^2 \dfrac{\Gamma(4q+1)}{\Gamma^2(2q+1)} + c_2^4 c_3^0 \right]
\end{cases}
\tag{6-18}
$$

$$\begin{cases} c_1^6 = 10(c_2^5 - c_1^5) \\ c_2^6 = 28c_1^5 - c_1^0 c_3^5 - (c_1^1 c_3^4 + c_1^4 c_3^1)\dfrac{\Gamma(5q+1)}{\Gamma(q+1)\Gamma(4q+1)} \\ \qquad -(c_1^2 c_3^3 + c_1^3 c_3^2)\dfrac{\Gamma(5q+1)}{\Gamma(2q+1)\Gamma(3q+1)} - c_1^5 c_3^0 + c_2^5 - c_4^5 \\ c_3^6 = c_1^0 c_2^5 + (c_1^1 c_2^4 + c_1^4 c_2^1)\dfrac{\Gamma(5q+1)}{\Gamma(q+1)\Gamma(4q+1)} \\ \qquad +(c_1^2 c_2^3 + c_1^3 c_2^2)\dfrac{\Gamma(5q+1)}{\Gamma(2q+1)\Gamma(3q+1)} + c_1^5 c_2^0 - 8c_3^5/3 \\ c_4^6 = R\left[c_2^0 c_3^5 + (c_2^1 c_3^4 + c_2^4 c_3^1)\dfrac{\Gamma(5q+1)}{\Gamma(q+1)\Gamma(4q+1)} \right. \\ \qquad \left. +(c_2^2 c_3^3 + c_2^3 c_3^2)\dfrac{\Gamma(5q+1)}{\Gamma(2q+1)\Gamma(3q+1)} + c_2^5 c_3^0 \right] \end{cases} \tag{6-19}$$

根据式 (6-12)~式 (6-19),采用 Matlab 编程即可得到分数阶 Lorenz 超混沌系统的数值解。

(1) 设 $R = 0.21$,q 变化的动力学特性。

设分数阶阶数 q 变化范围为 $[0.60, 1.00]$,步长值为 $\Delta q = 0.001$。分数阶 Lorenz 超混沌系统随阶数 q 变化的 Lyapunov 指数谱图以及分岔图如图 6-14 所示。由图可知,当 $q \in [0.635, 0.662] \cup (0.999, 1]$ 时,最大 Lyapunov 指数为 0,即系统为周期态;当 $q \in (0.662, 0.920]$ 时,系统具有两个正的 Lyapunov 指数,即系统此时处于超混沌状态;当 $q \in (0.920, 0.999]$ 时,系统只有一个正的 Lyapunov 指数,表明系统处于混沌态。由此可见,随着阶数 q 的增加,分数阶 Lorenz 超混沌系统表现出丰富的动力学特性,所以分数阶阶数 q 同样可作为系统的分岔参数。$R = 0.21$,q 取不同参数下系统的吸引子相图如图 6-15 所示。值得指出的是,该系统整数阶时为周期系统,而分数阶时,系统变得更为复杂,可观测到超混沌和混沌态。由此可见,分数阶微积分算子引入后,系统更为复杂,更有利于实际应用。

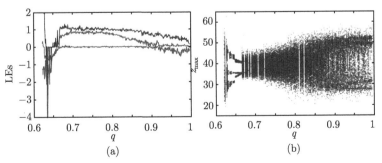

图 6-14 分数阶 Lorenz 超混沌系统随阶数 q 变化的动力学特性

(a) Lyapunov 指数谱;(b) 分岔图

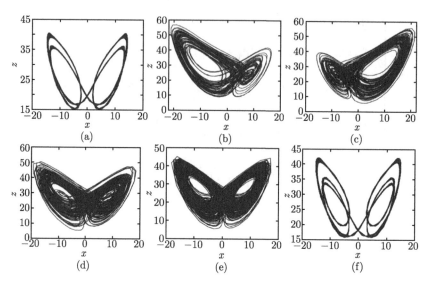

图 6-15　分数阶 Lorenz 超混沌系统 q 取不同值时的吸引子相图 $(R = 0.21)$

(a) $q = 1.00$；(b) $q = 0.92$；(c) $q = 0.90$；(d) $q = 0.82$；(e) $q = 0.72$；(f) $q = 0.65$

(2) 设 $q = 0.96$，R 变化的动力学特性。

分数阶超混沌系统参数 R 变化的 Lyapunov 指数谱和分岔图结果如图 6-16 所示。其中 R 的变化范围为 $[0, 1]$，步长为 $\Delta R = 0.0025$。由图 6-16 可知，当 $R \in [0, 0.1875]$ 时，系统处于超混沌态，当 $R \in (0.1875, 0.2275] \cup (0.3400, 0.4975]$ 时，系统为混沌态，而当 $R \in (0.2275, 0.3400] \cup (0.4975, 1]$ 时，系统处于周期状态。由图 6-16 可见，Lyapunov 指数谱结果与分岔图结果保持一致。为了进一步观测系统状态，系统取不同 R 值时的吸引子如图 6-17 所示。当 $R = 0.05$ 时，超混沌吸引子为双翅膀状态，而当 $R = 0.20$ 和 0.40 时，混沌吸引子呈现非对称状态，当 $R = 0.25, 0.30, 0.80$ 和 1.00 时，系统为周期态，而当 $R = 0.50$ 时系统为拟周期状态。

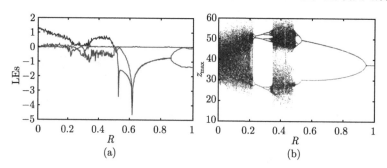

图 6-16　分数阶 Lorenz 超混沌系统随阶数 R 变化的动力学特性

(a) Lyapunov 指数谱；(b) 分岔图

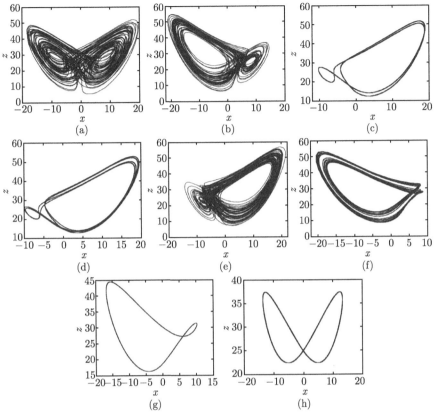

图 6-17　分数阶 Lorenz 超混沌系统 R 取不同值时的吸引子相图 ($q = 0.96$)

(a) $R = 0.05$; (b) $R = 0.20$; (c) $R = 0.25$; (d) $R = 0.30$; (e) $R = 0.40$; (f) $R = 0.50$; (g) $R = 0.80$;

(h) $R = 1.00$

6.2.4　分数阶 Rössler 混沌系统

根据 Adomian 分解算法求解分数阶微分方程的原理, 算法对常数项的处理有所不同, 所以, 选择分析含有常数项的分数阶 Rössler 系统。自从 1976 年 Rössler 提出 Rössler 系统以来, 该系统一直作为典型的混沌系统之一被广泛研究, 其整数阶混沌系统方程为 [10]

$$\begin{cases} \dot{x} = -y - z \\ \dot{y} = x + ay \\ \dot{z} = b + z(x - c) \end{cases} \tag{6-20}$$

其中, a, b, c 为系统控制参数, 决定系统的动力学特性。对应的分数阶 Rössler 系

统方程为

$$
\begin{cases}
D_{t_0}^q x = -y - z \\
D_{t_0}^q y = x + ay \\
D_{t_0}^q z = b + z(x - c)
\end{cases}
\tag{6-21}
$$

根据 Adomian 分解算法及分数阶微积分的性质，求解分数阶 Rössler 系统，得到数值解的迭代式形式，根据第 2 章的分析，取其前 5 项表示为

$$
\begin{bmatrix} x_{m+1} \\ y_{m+1} \\ z_{m+1} \end{bmatrix} =
\begin{bmatrix}
x_{10} + x_{11} + x_{12} + x_{13} + x_{14} \\
y_{10} + y_{11} + y_{12} + y_{13} + y_{14} \\
z_{10} + z_{11} + z_{12} + z_{13} + z_{14}
\end{bmatrix}
\tag{6-22}
$$

其中，

$$
\begin{cases}
x_{10} = x_0, \quad y_{10} = y_0 \\
z_{10} = z_0 + b\dfrac{h^q}{\Gamma(q+1)} \\
C_{10} = x_{10}, \quad C_{20} = y_{10}, \quad C_{30} = z_0
\end{cases}
\tag{6-23}
$$

$$
\begin{cases}
C_{11} = -C_{20} - C_{30}, \quad C_{110} = -b \\
x_{11} = C_{11}\dfrac{h^q}{\Gamma(q+1)} + C_{110}\dfrac{h^{2q}}{\Gamma(2q+1)} \\
C_{21} = C_{10} + aC_{20} \\
y_{11} = C_{21}\dfrac{h^q}{\Gamma(q+1)} \\
C_{31} = C_{10}C_{30} - cC_{30}, \quad C_{310} = bC_{10} - bc \\
z_{11} = C_{31}\dfrac{h^q}{\Gamma(q+1)} + C_{310}\dfrac{h^{2q}}{\Gamma(2q+1)}
\end{cases}
\tag{6-24}
$$

$$
\begin{cases}
C_{12} = -C_{21} - C_{31}, \quad C_{120} = -C_{310} \\
x_{12} = C_{12}\dfrac{h^{2q}}{\Gamma(2q+1)} + C_{120}\dfrac{h^{3q}}{\Gamma(3q+1)} \\
C_{22} = C_{11} + aC_{21}, \quad C_{220} = C_{110} \\
y_{12} = C_{22}\dfrac{h^{2q}}{\Gamma(2q+1)} + C_{220}\dfrac{h^{3q}}{\Gamma(3q+1)} \\
C_{32} = C_{11}C_{30} + C_{10}C_{31} - cC_{31} \\
C_{320} = bC_{11}\dfrac{\Gamma(2q+1)}{\Gamma^2(q+1)} + C_{30}C_{10} + C_{10}C_{310} - cC_{310} \\
C_{321} = bC_{110}\dfrac{\Gamma(3q+1)}{\Gamma(q+1)\Gamma(2q+1)} \\
z_{12} = C_{32}\dfrac{h^{2q}}{\Gamma(2q+1)} + C_{320}\dfrac{h^{3q}}{\Gamma(3q+1)} + C_{321}\dfrac{h^{4q}}{\Gamma(4q+1)}
\end{cases}
\tag{6-25}
$$

$$
\left\{
\begin{array}{l}
C_{13} = -C_{22} - C_{32}, \quad C_{130} = -C_{120} - C_{320} \\[4pt]
C_{131} = -C_{321} \\[4pt]
x_{13} = C_{13}\dfrac{h^{3q}}{\Gamma(3q+1)} + C_{130}\dfrac{h^{4q}}{\Gamma(4q+1)} + C_{131}\dfrac{h^{5q}}{\Gamma(5q+1)} \\[10pt]
C_{23} = C_{12} + aC_{22} \\[4pt]
C_{230} = C_{120} + aC_{220} \\[4pt]
y_{13} = C_{23}\dfrac{h^{3q}}{\Gamma(3q+1)} + C_{230}\dfrac{h^{4q}}{\Gamma(4q+1)} \\[10pt]
C_{33} = C_{12}C_{30} + C_{10}C_{32} - cC_{32} + C_{11}C_{31}\dfrac{\Gamma(2q+1)}{\Gamma^2(q+1)} \\[10pt]
C_{330} = C_{30}C_{120} + C_{10}C_{320} + (bC_{12} + C_{11}C_{310} + C_{31}C_{110}) \\[6pt]
\qquad \times \dfrac{\Gamma(3q+1)}{\Gamma(2q+1)\Gamma(q+1)} - cC_{320} \\[10pt]
C_{331} = bC_{120}\dfrac{\Gamma(4q+1)}{\Gamma(3q+1)\Gamma(q+1)} + C_{10}C_{321} + C_{110}C_{310}\dfrac{\Gamma(4q+1)}{\Gamma^2(2q+1)} - cC_{321} \\[10pt]
z_{13} = C_{33}\dfrac{h^{3q}}{\Gamma(3q+1)} + C_{330}\dfrac{h^{4q}}{\Gamma(4q+1)} + C_{331}\dfrac{h^{5q}}{\Gamma(5q+1)}
\end{array}
\right.
\tag{6-26}
$$

$$
\left\{
\begin{array}{l}
C_{14} = -C_{23} - C_{33} \\[4pt]
C_{140} = -C_{230} - C_{330} \\[4pt]
C_{141} = -C_{331} \\[4pt]
x_{14} = C_{14}\dfrac{h^{4q}}{\Gamma(4q+1)} + C_{140}\dfrac{h^{5q}}{\Gamma(5q+1)} + C_{141}\dfrac{h^{6q}}{\Gamma(6q+1)} \\[10pt]
C_{24} = C_{13} + aC_{23} \\[4pt]
C_{240} = C_{130} + aC_{230} \\[4pt]
y_{14} = C_{24}\dfrac{h^{4q}}{\Gamma(4q+1)} + C_{240}\dfrac{h^{5q}}{\Gamma(5q+1)} + C_{131}\dfrac{h^{6q}}{\Gamma(6q+1)} \\[10pt]
C_{340} = C_{13}C_{30} + C_{10}C_{33} + (C_{11}C_{32} + C_{12}C_{31})\dfrac{\Gamma(3q+1)}{\Gamma(2q+1)\Gamma(q+1)} - cC_{33} \\[10pt]
C_{341} = C_{30}C_{130} + C_{10}C_{330} - cC_{330} + (bC_{13} + C_{11}C_{320} + C_{31}C_{120}) \\[6pt]
\qquad \times \dfrac{\Gamma(4q+1)}{\Gamma(3q+1)\Gamma(q+1)} + (C_{110}C_{32} + C_{12}C_{310})\dfrac{\Gamma(4q+1)}{\Gamma^2(2q+1)} \\[10pt]
C_{342} = C_{30}C_{331} + C_{10}C_{331} - cC_{331} + (bC_{130} + C_{11}C_{321}) \\[6pt]
\qquad \times \dfrac{\Gamma(5q+1)}{\Gamma(4q+1)\Gamma(q+1)} + (C_{110}C_{320} + C_{120}C_{310})\dfrac{\Gamma(5q+1)}{\Gamma(3q+1)\Gamma(2q+1)} \\[10pt]
C_{343} = bC_{131}\dfrac{\Gamma(6q+1)}{\Gamma(5q+1)\Gamma(q+1)} + C_{110}C_{321}\dfrac{\Gamma(6q+1)}{\Gamma(2q+1)\Gamma(4q+1)} \\[10pt]
z_{14} = C_{340}\dfrac{h^{4q}}{\Gamma(4q+1)} + C_{341}\dfrac{h^{5q}}{\Gamma(5q+1)} + C_{342}\dfrac{h^{6q}}{\Gamma(6q+1)} + C_{343}\dfrac{h^{7q}}{\Gamma(7q+1)}
\end{array}
\right.
\tag{6-27}
$$

根据式 (6-22)$\sim$式 (6-27)，取 $a = 0.55$，$b = 2$，$c = 4$，$q = 0.8$，$h = 0.01$，得到

分数阶 Rössler 系统的吸引子相图如图 6-18 所示，与对应的整数阶系统的吸引子相似。

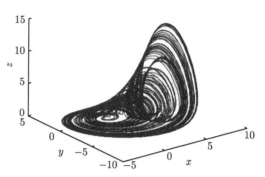

图 6-18　分数阶 Rössler 系统吸引子相图

鉴于以往分析整数阶 Rössler 系统时通常选取的参数，下面分两种情况分析分数阶 Rössler 系统的动力学特性。

(1) 阶数 q 变化。

当 $a = 0.55$，$b = 2$，$c = 4$ 时，$q \in [0.2, 1]$ 的分岔图和相应的 Lyapunov 指数谱如图 6-19 所示，可见，分岔图和对应的 Lyapunov 指数谱的结论一致。从 $q = 0.268$ 开始，系统表现为周期态，随着 q 的增加，系统在 $q = 0.346$ 时开始倍周期分岔，并逐渐进入混沌状态。系统存在混沌的最小阶数约为 $q = 0.373$ 时的 3 (系统维数)×q = 1.119，对应的吸引子相图如图 6-20(a) 所示。对于 $q \in [0.346, 1]$，系统大部分为混沌状态，也包括周期窗口、倍周期分岔、切分岔等。例如，$q = 0.564$ 为其中的一个周期窗口，对应的吸引子相图如图 6-20(b) 所示。图 6-19 和图 6-20 说明，在分数阶 Rössler 系统中，微分算子阶数 q 可看成是除了系统控制参数 a, b, c 以外的另一个分岔参数。

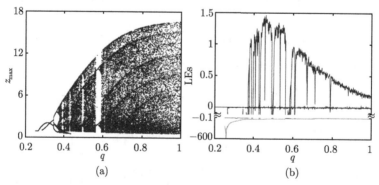

(a)　　　　　　　　　　　　　　　(b)

图 6-19　分数阶 Rössler 系统随 q 变化的分岔图和 Lyapunov 指数谱

(a) 分岔图；(b) Lyapunov 指数谱

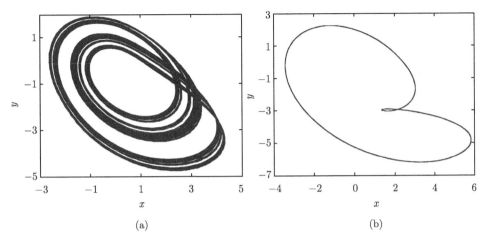

图 6-20　分数阶 Rössler 系统在 x-y 平面的吸引子相图

(a) $q = 0.373$; (b) $q = 0.564$

相比于 $q = 1$ 时的整数阶 Rössler 系统，当微分阶数为分数时，系统具有更丰富的动力学行为，包括混沌态、周期态、倍周期分岔和切分岔等。在图 6-19 中，分析分数阶 Rössler 系统时，q 的步长为 0.001，得到系统存在混沌的最小阶数为 $q = 0.373$，根据得到的迭代式，q 的步长还可以更小。而在文献 [11] 中，采用时域–频域近似算法分析分数阶 Rössler 系统，q 的分析步长只有 0.1，得到系统存在混沌的最小阶数在 $q = 0.7 \sim 0.8$。所以采用 Adomian 分解算法求解和分析分数阶 Rössler 系统更加精确。

(2) 参数 a 变化。

参数 $b = 2$，$c = 4$ 不变，取 a 的步长为 0.001 来分析 $a \in [0.2, 0.6]$ 时系统的动力学特性，如图 6-21 所示。图 6-21(a)、(b) 和 (c) 分别为 $q = 1$，$q = 0.8$ 和 $q = 0.6$ 时的分岔图，三种情况的分岔结构类似，随着 a 的增加，系统通过倍周期分岔由周期态进入混沌态，当 a 达到某值时，系统立刻退出混沌状态。但随着 a 变化，对于不同 q 值，系统出现的第一个分岔的位置是不同的，$q = 1$，$q = 0.8$，$q = 0.6$ 分别在 $a = 0.326$，$a = 0.339$，$a = 0.366$ 时开始分岔。并且，系统存在混沌的最大 a 值也不同，$q = 1$，$q = 0.8$，$q = 0.6$ 时存在混沌的最大 a 值分别是 $a = 0.556$，$a = 0.560$，$a = 0.572$。显然，系统的混沌区域随着 q 的减小向右产生了移动。图 6-21 (d) 为系统在不同 q 值时随 a 变化的最大 Lyapunov 指数。可见，q 越小，则最大 Lyapunov 指数越大，也就是说，q 越小，分数阶 Rössler 系统越复杂，这说明在分数阶 Rössler 系统中，微分阶数 q 影响着系统的动力学特性，分数阶 Rössler 系统比整数阶 Rössler 具有更广阔的应用前景。

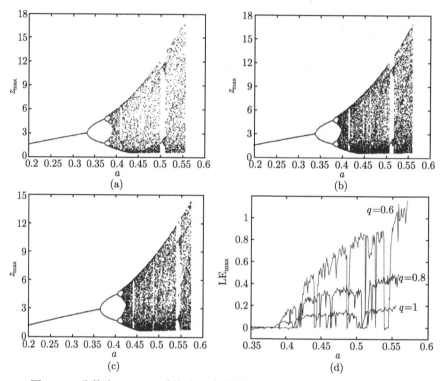

图 6-21　分数阶 Rössler 系统随 a 变化的分岔图和最大 Lyapunov 指数谱

(a) 分岔图 ($q = 1$); (b) 分岔图 ($q = 0.8$); (c) 分岔图 ($q = 0.6$); (d) 最大 Lyapunov 指数谱

6.2.5　分数阶 Lorenz-Stenflo 混沌系统

Lorenz-Stenflo 系统是由 Stenflo 于 1996 年提出的, 系统由四个非线性常微分方程组成。它描述了在旋转的大气中有限振幅与重力波的演变。Lorenz-Stenflo 系统的方程为 [12]

$$\begin{cases} \dot{x} = \sigma(y - x) + sv \\ \dot{y} = rx - xz - y \\ \dot{z} = xy - bz \\ \dot{v} = -x - \sigma v \end{cases} \tag{6-28}$$

其中, σ, s, r, b 为系统参数。很多学者研究了 Lorenz-Stenflo 系统的动力学行为 [13-15]。下面针对该系统的分数阶情况进行求解和分析。分数阶 Lorenz-Stenflo 系统方程为

$$\begin{cases} D_{t_0}^q x = \sigma(y - x) + sv \\ D_{t_0}^q y = rx - xz - y \\ D_{t_0}^q z = xy - bz \\ D_{t_0}^q v = -x - \sigma v \end{cases} \tag{6-29}$$

1. 分数阶 Lorenz-Stenflo 系统的数值解

采用 Adomian 分解算法求解，得到该四维分数阶混沌系统的数值解的迭代式

$$
\begin{cases}
x_{m+1} = x_m + [\sigma(y_m - x_m) + sv_m]\dfrac{h^q}{\Gamma(q+1)} + \{\sigma[(rx_m - y_m - x_m z_m) \\
\quad -\sigma(y_m - x_m) - sv_m] + s(-x_m - \sigma v_m)\}\dfrac{h^{2q}}{\Gamma(2q+1)} + \cdots \\[2mm]
y_{m+1} = y_m + (rx_m - y_m - x_m z_m)\dfrac{h^q}{\Gamma(q+1)} + \{r[\sigma(y_m - x_m) + sv_m] \\
\quad -(rx_m - y_m - x_m z_m) - [\sigma(y_m - x_m) + sv_m]z_m \\
\quad -x_m(-bz_m + x_m y_m)\}\dfrac{h^{2q}}{\Gamma(2q+1)} + \cdots \\[2mm]
z_{m+1} = z_m + (-bz_m + x_m y_m)\dfrac{h^q}{\Gamma(q+1)} + \{-b(-bz_m + x_m y_m) + [\sigma(y_m - x_m) \\
\quad +sv_m]y_m + x_m(rx_m - y_m - x_m z_m)\}\dfrac{h^{2q}}{\Gamma(2q+1)} + \cdots \\[2mm]
v_{m+1} = v_m + (-x_m - \sigma v_m)\dfrac{h^q}{\Gamma(q+1)} \\
\quad + \{-[\sigma(y_m - x_m) + sv_m] - \sigma(-x_m - \sigma v_m)\}\dfrac{h^{2q}}{\Gamma(2q+1) + \cdots}
\end{cases}
\tag{6-30}
$$

根据第 4 章的分析，截取前 7 项分析分数阶 Lorenz-Stenflo 系统，则系统的数值解表示为

$$
\begin{bmatrix} x_{m+1} \\ y_{m+1} \\ z_{m+1} \\ v_{m+1} \end{bmatrix} =
\begin{bmatrix}
C_{10} & C_{11} & C_{12} & C_{13} & C_{14} & C_{15} & C_{16} \\
C_{20} & C_{21} & C_{22} & C_{23} & C_{24} & C_{25} & C_{26} \\
C_{30} & C_{31} & C_{32} & C_{33} & C_{34} & C_{35} & C_{36} \\
C_{40} & C_{41} & C_{42} & C_{43} & C_{44} & C_{45} & C_{46}
\end{bmatrix}
$$

$$
\times \begin{bmatrix} 1 & \dfrac{h^q}{\Gamma(q+1)} & \dfrac{h^{2q}}{\Gamma(2q+1)} & \dfrac{h^{3q}}{\Gamma(3q+1)} & \dfrac{h^{4q}}{\Gamma(4q+1)} \end{bmatrix}
$$

$$
\begin{bmatrix} \dfrac{h^{5q}}{\Gamma(5q+1)} & \dfrac{h^{6q}}{\Gamma(6q+1)} \end{bmatrix}^{\mathrm{T}}
\tag{6-31}
$$

其中，

$$
\begin{cases}
C_{10} = x_m \\
C_{20} = y_m \\
C_{30} = z_m \\
C_{40} = v_m
\end{cases}
\tag{6-32}
$$

$$
\begin{cases}
C_{11} = \sigma(C_{20} - C_{10}) + sC_{40} \\
C_{21} = rC_{10} - C_{20} - C_{10}C_{30} \\
C_{31} = -bC_{30} + C_{10}C_{20} \\
C_{41} = -C_{10} - \sigma C_{40}
\end{cases}
\tag{6-33}
$$

$$\begin{cases} C_{12} = \sigma(C_{21} - C_{11}) + sC_{41} \\ C_{22} = rC_{11} - C_{21} - C_{11}C_{30} - C_{10}C_{31} \\ C_{32} = -bC_{31} + C_{11}C_{20} + C_{10}C_{21} \\ C_{42} = -C_{11} - \sigma C_{41} \end{cases} \tag{6-34}$$

$$\begin{cases} C_{13} = \sigma(C_{22} - C_{12}) + sC_{42} \\ C_{23} = rC_{12} - C_{22} - C_{12}C_{30} - C_{11}C_{31}\dfrac{\Gamma(2q+1)}{\Gamma^2(q+1)} - C_{10}C_{32} \\ C_{33} = -bC_{32} + C_{12}C_{20} + C_{11}C_{21}\dfrac{\Gamma(2q+1)}{\Gamma^2(q+1)} + C_{10}C_{22} \\ C_{43} = -C_{12} - \sigma C_{42} \end{cases} \tag{6-35}$$

$$\begin{cases} C_{14} = \sigma(C_{23} - C_{13}) + sC_{43} \\ C_{24} = rC_{13} - C_{23} - C_{13}C_{30} - (C_{12}C_{31} + C_{11}C_{32}) \\ \qquad \times \dfrac{\Gamma(3q+1)}{\Gamma(q+1)\Gamma(2q+1)} - C_{10}C_{33} \\ C_{34} = -bC_{33} + C_{13}C_{20} + (C_{12}C_{21} + C_{11}C_{22}) \\ \qquad \times \dfrac{\Gamma(3q+1)}{\Gamma(q+1)\Gamma(2q+1)} + C_{10}C_{23} \\ C_{44} = -C_{13} - \sigma C_{43} \end{cases} \tag{6-36}$$

$$\begin{cases} C_{15} = \sigma(C_{24} - C_{14}) + sC_{44} \\ C_{25} = rC_{14} - C_{24} - C_{14}C_{30} - (C_{13}C_{31} + C_{11}C_{33})\dfrac{\Gamma(4q+1)}{\Gamma(q+1)\Gamma(3q+1)} \\ \qquad -C_{12}C_{32}\dfrac{\Gamma(4q+1)}{\Gamma^2(2q+1)} - C_{10}C_{34} \\ C_{35} = -bC_{34} + C_{14}C_{20} + (C_{13}C_{21} + C_{11}C_{23})\dfrac{\Gamma(4q+1)}{\Gamma(q+1)\Gamma(3q+1)} \\ \qquad +C_{12}C_{22}\dfrac{\Gamma(4q+1)}{\Gamma^2(2q+1)} + C_{10}C_{24} \\ C_{45} = -C_{14} - \sigma C_{44} \end{cases} \tag{6-37}$$

$$\begin{cases} C_{16} = \sigma(C_{25} - C_{15}) + sC_{45} \\ C_{26} = rC_{15} - C_{25} - C_{15}C_{30} - (C_{14}C_{31} + C_{11}C_{34})\dfrac{\Gamma(5q+1)}{\Gamma(q+1)\Gamma(4q+1)} \\ \qquad -(C_{13}C_{32} + C_{12}C_{33})\dfrac{\Gamma(5q+1)}{\Gamma(2q+1)\Gamma(3q+1)} - C_{10}C_{35} \\ C_{36} = -bC_{35} + C_{15}C_{20} + (C_{14}C_{21} + C_{11}C_{24})\dfrac{\Gamma(5q+1)}{\Gamma(q+1)\Gamma(4q+1)} \\ \qquad +(C_{13}C_{22} + C_{12}C_{23})\dfrac{\Gamma(5q+1)}{\Gamma(2q+1)\Gamma(3q+1)} + C_{10}C_{25} \\ C_{46} = -C_{15} - \sigma C_{45} \end{cases} \tag{6-38}$$

根据式 (6-29)~ 式 (6-38)，设 $\sigma = 1.0$, $s = 1.5$, $b = 0.7$, $r = 26$, $q = 0.7$, $h = 0.001$，得到分数阶 Lorenz-Stenflo 系统的吸引子相图如图 6-22 所示。可见，分数阶 Lorenz-Stenflo 系统与整数阶 Lorenz-Stenflo 系统的吸引子相似。

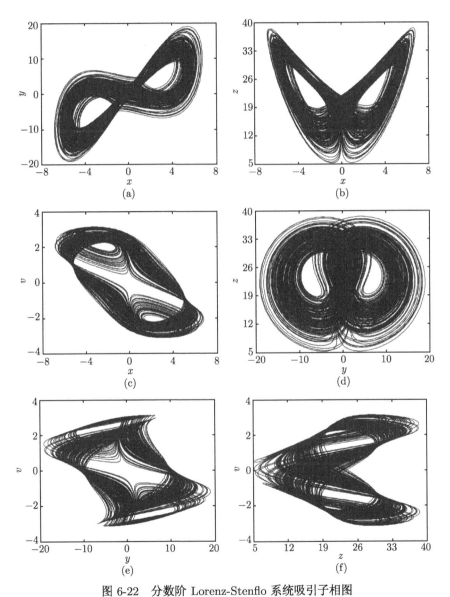

图 6-22　分数阶 Lorenz-Stenflo 系统吸引子相图

(a) x-y 平面；(b) x-z 平面；(c) x-v 平面；(d) y-z 平面；(e) y-v 平面；(f) z-v 平面

2. 分数阶 Lorenz-Stenflo 系统的动力学特性分析与比较

下面，分四种情况分析分数阶 Lorenz-Stenflo 系统的动力学特性。

(1) 当 $\sigma = 1.0$, $s = 1.5$, $b = 0.7$, $r = 26$, $q = 1$ 时，系统是混沌的[12]。研究 $q \in [0.3, 1]$，分析步长为 0.001 时的情况。初始状态 $[x_0, y_0, z_0, v_0] = [2.5652, 6.4129, 23.5000, -2.5652]$，迭代次数 $m = 2 \times 10^4$，得到的 Lyapunov 指数谱如图 6-23(a) 所示。显然，系统出现混沌的最小阶数为 $q = 0.396$ 时的 1.584，并且此处的最大 Lyapunov 指数最大。当 $q \in [0.396, 1]$ 时，随着 q 的增加，最大 Lyapunov 指数逐渐减小，但均保持正值，即 q 越小，系统越复杂。此结果与图 6-23 (b) 对应的分岔图结果是一致的。

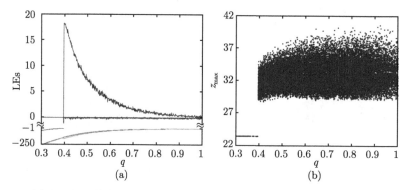

图 6-23 分数阶 Lorenz-Stenflo 系统的 Lyapunov 指数谱和分岔图

(a) Lyapunov 指数谱；(b) 分岔图

采用 "0-1 测试" 证明上述混沌存在的最小阶数，结果如图 6-24 所示。图 6-24 说明 $h = 0.001$，$q = 0.396$ 时系统为混沌态，而 $q = 0.395$ 时系统为非混沌态。说明图 6-23 的结果是正确的。

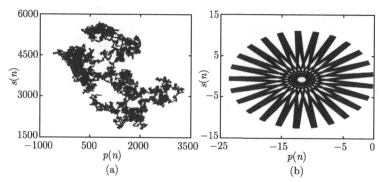

图 6-24 Lorenz-Stenflo 系统的 p-s 平面

(a) $q = 0.396$; (b) $q = 0.395$

(2) 当 $\sigma = 10$，$s = 30$，$b = 8/3$，$r = 340$，$q = 1$ 时，系统为周期态 [14,15]。下面研究对应的分数阶情况。在与上述相同的条件下，得到系统的 Lyapunov 指数谱和分岔图，如图 6-25 所示。图 6-25(a) 和 (b) 中，$q = 0.617$ 时系统进入混沌状态，而且对应的最大 Lyapunov 指数最大。随着 q 的增加，最大 Lyapunov 指数逐渐减小，系统通过反向倍周期分岔退化为周期态，直到 $q = 0.753$ 时，系统通过切分岔再次进入混沌态。从 q 由 1 逐渐减小的方向观察，系统通过倍周期分岔进入混沌状态，分岔位置在 $q = 0.824$。为了更详细地观察系统的动力学特性，将 $q \in [0.65, 0.70]$ 范围进行放大，q 的分析步长从 0.001 缩小到 0.0001，对应的 Lyapunov 指数谱和分岔图如图 6-25(c) 和 (d) 所示。图中表明系统存在许多周期窗口，如 $q \in [0.6517, 0.6522]$，$q \in [0.6788, 0.6801]$ 和 $q \in [0.6885, 0.6889]$ 等。另外，图 6-25 中的 Lyapunov 指数谱和分岔图均对应一致，说明 Lyapunov 指数谱分析与分岔图分析得到的结果相同。

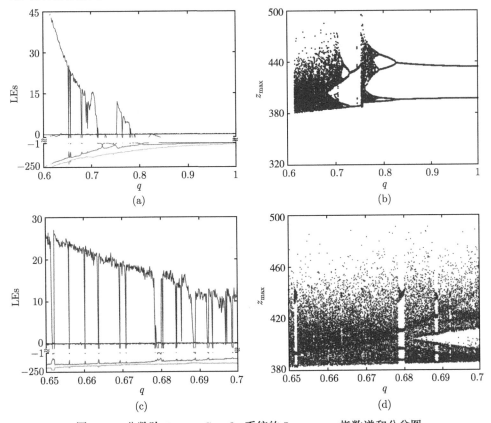

图 6-25 分数阶 Lorenz-Stenflo 系统的 Lyapunov 指数谱和分岔图

(a) $q \in [0.6, 1]$ 时的 Lyapunov 指数谱；(b) $q \in [0.6, 1]$ 时的分岔图；(c) $q \in [0.65, 0.7]$ 时的 Lyapunov 指数谱；(d) $q \in [0.65, 0.7]$ 时的分岔图

(3) 讨论当 $\sigma = 10$, $b = 8/3$, $s = 30$, q 分别等于 1 和 0.8 时, 系统随 r 变化的分岔图。图 6-26(a) 为 $q = 1$ 时, 采用 Adomian 分解算法求解系统得到的分岔图, 从 r 减小的方向出现的第一个鞍节点分岔位于 $r \approx 430$ 处, 第一个倍周期分岔位于 $r \approx 315$。上述结果与文献 [14] 一致。图 6-26(b) 为 $q = 0.8$ 时的分岔图, 对比可知 $q = 1$ 与 $q = 0.8$ 对应的分岔图的结构是相似的。不同之处在于, $q = 0.8$ 时第一个鞍节点分岔和第一个倍周期分岔分别出现在 $r \approx 489$ 和 $r \approx 352$ 处。结果说明 q 较低时第一个后向鞍节点分岔和第一个后向倍周期分岔出现在 r 较高的位置。

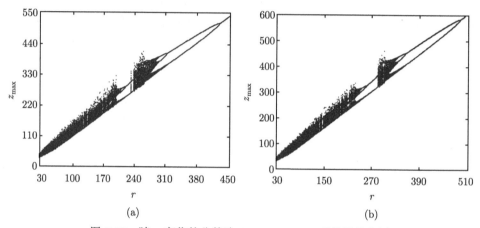

图 6-26　随 r 变化的分数阶 Lorenz-Stenflo 系统的分岔图

(a) $q = 1$; (b) $q = 0.8$

(4) 同样, 固定 $\sigma = 10$, $b = 8/3$, $r = 340$, s 变化时, 不同的 q 对应的分岔图。图 6-27 为 $q = 1$ 和 $q = 0.9$ 时对应的分数阶 Lorenz-Stenflo 系统的分岔图, 比较可知, 二者的分岔图结构也是类似的, 但是, q 较小者出现第一个分叉时对应的 s 值更小。

分析比较可得, 分数阶 Lorenz-Stenflo 系统与整数阶 Lorenz-Stenflo 系统具有不同的动力学特性。当 $\sigma = 1.0$, $s = 1.5$, $b = 0.7$, $r = 26$, 整数阶 Lorenz-Stenflo 系统为混沌时, 对应的分数阶 Lorenz-Stenflo 系统具有更大的最大 Lyapunov 指数, 并且 q 越小, 最大 Lyapunov 指数越大, 即系统动力学特性越复杂; $\sigma = 10$, $s = 30$, $b = 8/3$, $r = 340$ 时, 整数阶 Lorenz-Stenflo 系统为周期态时, 对应的分数阶 Lorenz-Stenflo 系统随着 q 的不同, 出现混沌态、周期态、倍周期分岔、切分岔等丰富的动力学特性; $\sigma = 10$, $b = 8/3$, $s = 30$ 和 $\sigma = 10$, $b = 8/3$, $r = 340$ 时, 分别考察 r 和 s 变化的分岔图, 虽然不同 q 值对应的分岔结构类似, 但分岔位置却发生了变化。

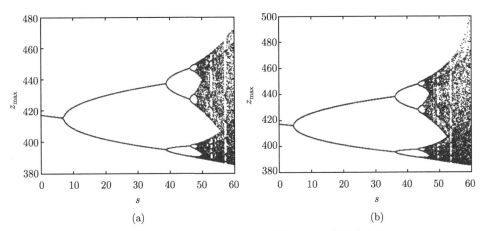

图 6-27 分数阶 Lorenz-Stenflo 系统随 s 变化的分岔图

(a) $q = 1$; (b) $q = 0.9$

6.2.6 分数阶简化 Lorenz 超混沌系统

在 Lorenz 系统基础上，文献 [16] 提出了单参数简化 Lorenz 系统，其数学模型如下：

$$\begin{cases} \dot{x} = 10(y - x) \\ \dot{y} = (24 - 4c)x - xz + cy \\ \dot{z} = xy - 8z/3 \end{cases} \tag{6-39}$$

其中，c 为系统参数。当 $c \in [-1.59, 7.75]$ 时，系统处于混沌态。文献 [17] 在该系统关于 y 的一阶微分方程中引入了一个线性状态反馈控制器 u，得到简化 Lorenz 超混沌系统，其系统方程为

$$\begin{cases} \dot{x} = 10(y - x) \\ \dot{y} = (24 - 4c)x - xz + cy + u \\ \dot{z} = xy - 8z/3 \\ \dot{u'} = -kx \end{cases} \tag{6-40}$$

其中，x，y，z 和 u 为系统状态变量；c 和 k 为系统参数。当 $c = -1$，$k = 5$ 时，系统的 Lyapunov 指数谱为 $\mathrm{LE}_i\ (i = 1, 2, 3, 4) = [0.4259, 0.3001, 0, -14.3926]$。可见系统此时具有两个正的 Lyapunov 指数，即系统为超混沌系统。采用分数阶微分算子代替系统 (6-40) 中的整数阶微分算子，得到分数阶简化 Lorenz 超混沌系统，其系统模型为

$$\begin{cases} D_{t_0}^q x = 10(y - x) \\ D_{t_0}^q y = (24 - 4c)x - xz + cy + u \\ D_{t_0}^q z = xy - 8z/3 \\ D_{t_0}^q u = -kx \end{cases} \tag{6-41}$$

采用 Adomian 分解算法, 分数阶简化 Lorenz 超混沌系统的数值解为

$$\begin{cases} x_{n+1} = \sum_{j=0}^{6} c_1^j h^{jq} \big/ \Gamma(jq + 1) \\ y_{n+1} = \sum_{j=0}^{6} c_2^j h^{jq} \big/ \Gamma(jq + 1) \\ z_{n+1} = \sum_{j=0}^{6} c_3^j h^{jq} \big/ \Gamma(jq + 1) \\ u_{n+1} = \sum_{j=0}^{6} c_4^j h^{jq} \big/ \Gamma(jq + 1) \end{cases} \tag{6-42}$$

其中, 中间变量 c_i^j $(i = 1, 2, 3, 4, j = 1, 2, \cdots, 6)$ 的计算方式为

$$c_1^0 = x_m, \quad c_2^0 = y_m, \quad c_3^0 = z_m, \quad c_4^0 = u_m \tag{6-43}$$

$$\begin{cases} c_1^1 = 10(c_2^0 - c_1^0) \\ c_2^1 = (24 - 4c)c_1^0 - c_1^0 c_3^0 + c \cdot c_2^0 + c_4^0 \\ c_3^1 = c_1^0 c_2^0 - 8c_3^0/3 \\ c_4^1 = -kc_1^0 \end{cases} \tag{6-44}$$

$$\begin{cases} c_1^2 = 10(c_2^1 - c_1^1) \\ c_2^2 = (24 - 4c)c_1^1 - c_1^0 c_3^1 - c_1^1 c_3^0 + c \cdot c_2^1 + c_4^1 \\ c_3^2 = c_1^1 c_2^0 + c_1^0 c_2^1 - 8c_3^1/3 \\ c_4^2 = -kc_1^1 \end{cases} \tag{6-45}$$

$$\begin{cases} c_1^3 = 10(c_2^0 - c_1^0) \\ c_2^3 = (24 - 4c)c_1^2 - c_1^0 c_3^2 - c_1^1 c_3^1 \dfrac{\Gamma(2q + 1)}{\Gamma^2(q + 1)} \\ \qquad - c_1^2 c_3^0 + c \cdot c_2^2 + c_4^2 \\ c_3^3 = c_1^0 c_2^2 + c_1^1 c_2^1 \dfrac{\Gamma(2q + 1)}{\Gamma^2(q + 1)} + c_1^2 c_2^0 - 8c_3^2/3 \\ c_4^3 = -kc_1^2 \end{cases} \tag{6-46}$$

$$\begin{cases} c_1^4 = 10(c_2^3 - c_1^3) \\ c_2^4 = (24 - 4c)c_1^3 - (c_1^2 c_3^1 + c_1^1 c_3^2)\dfrac{\Gamma(3q+1)}{\Gamma(q+1)\Gamma(2q+1)} \\ \qquad - c_1^3 c_3^0 - c_1^0 c_3^3 + c \cdot c_2^3 + c_4^3 \\ c_3^4 = c_1^0 c_2^3 + (c_1^2 c_2^1 + c_1^1 c_2^2)\dfrac{\Gamma(3q+1)}{\Gamma(q+1)\Gamma(2q+1)} \\ \qquad + c_1^3 c_2^0 + 8c_3^3/3 \\ c_4^4 = -kc_1^3 \end{cases} \tag{6-47}$$

$$\begin{cases} c_1^5 = 10(c_2^4 - c_1^4) \\ c_2^5 = (24 - 4c)c_1^4 - c_1^0 c_3^4 - (c_1^3 c_3^1 + c_1^1 c_3^3)\dfrac{\Gamma(4q+1)}{\Gamma(q+1)\Gamma(3q+1)} \\ \qquad - c_1^2 c_3^2 \dfrac{\Gamma(4q+1)}{\Gamma^2(2q+1)} - c_1^4 c_3^0 + c \cdot c_2^4 + c_4^4 \\ c_3^5 = c_1^0 c_2^4 + (c_1^3 c_2^1 + c_1^1 c_2^3)\dfrac{\Gamma(4q+1)}{\Gamma(q+1)\Gamma(3q+1)} \\ \qquad + c_1^2 c_2^2 \dfrac{\Gamma(4q+1)}{\Gamma^2(2q+1)} + c_1^4 c_2^0 - 8c_3^4/3 \\ c_4^5 = -kc_1^4 \end{cases} \tag{6-48}$$

$$\begin{cases} c_1^6 = 10(c_2^5 - c_1^5) \\ c_2^6 = (24 - 4c)c_1^5 - c_1^0 c_3^5 - (c_1^1 c_3^4 + c_1^4 c_3^1)\dfrac{\Gamma(5q+1)}{\Gamma(q+1)\Gamma(4q+1)} \\ \qquad - (c_1^2 c_3^3 + c_1^3 c_3^2)\dfrac{\Gamma(5q+1)}{\Gamma(2q+1)\Gamma(3q+1)} - c_1^5 c_3^0 + c \cdot c_2^5 + c_4^5 \\ c_3^6 = c_1^0 c_2^5 + (c_1^1 c_2^4 + c_1^4 c_2^1)\dfrac{\Gamma(5q+1)}{\Gamma(q+1)\Gamma(4q+1)} \\ \qquad + (c_1^2 c_2^3 + c_1^3 c_2^2)\dfrac{\Gamma(5q+1)}{\Gamma(2q+1)\Gamma(3q+1)} + c_1^5 c_2^0 - 8c_3^5/3 \\ c_4^6 = -kc_1^5 \end{cases} \tag{6-49}$$

根据式 (6-42)~ 式 (6-49)，采用 Matlab 编程即可得到分数阶简化 Lorenz 超混沌系统的数值解。由式 (6-41) 可知，该系统有阶数 q 和 c、k 三个参数，下面将分析系统阶数 q、参数 c 和 k 变化时的动力学特性。

(1) 固定 $c = -1$, $k = 5$，阶数 q 变化的动力学特性。

分数阶阶数 q 的变化范围为 $[0.6, 1.0]$，变化步长为 0.001。分数阶简化 Lorenz 超混沌系统随阶数 q 变化的 Lyapunov 指数谱和分岔图结果如图 6-28 所示。可见，当 $q \in [0.68, 0.748)$ 时，系统最大 Lyapunov 指数为 0，即系统处于周期态。当 $q = 0.748$ 时，根据图 6-28(b)，系统出现内部危机分岔，并由周期状态进入混沌态，直到 $q = 1$。由图 6-28(a)，当 $q > 0.748$ 时，系统具有两个正的 Lyapunov 指数，处于超混沌态,其两个正的 Lyapunov 指数随阶数 q 增加呈减小的趋势,表明系统复杂性随阶数 q 的增加呈减小的趋势。$q = 0.747$ 和 $q = 0.748$ 时的吸引子相图分别如图 6-29(a) 和 (b) 所示,可见,当 $q = 0.747$ 时,系统为周期系统,而当 $q = 0.748$ 时,系统为超混沌系统,即 $c = -1$,$k = 5$,$h = 0.01$ 时,分数阶简化 Lorenz 超混沌系统产生混沌的最小阶数为 2.992。

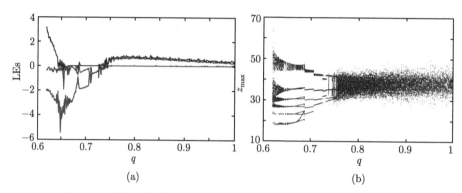

图 6-28　分数阶简化超混沌 Lorenz 系统随阶数 q 变化动力学特性

(a) Lyapunov 指数谱;(b) 分岔图

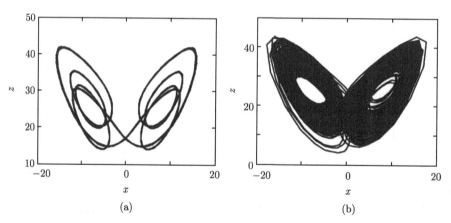

图 6-29　分数阶简化超混沌 Lorenz 系统吸引子相图

(a) $q = 0.747$; (b) $q = 0.748$

(2) 固定 $q = 0.97$,$c = -1$,参数 k 变化的动力学特性。

参数 k 的变化范围为 0.1 到 50,步长为 0.1,其 Lyapunov 指数谱和分岔图如图 6-30 所示。由图 6-30(a) 可知,当 $k \in (0.1, 22.1]$ 时,系统具有两个正的 Lyapunov 指数,为超混沌系统,当 $k \in (1.9, 17.4]$ 时,系统处于混沌态,而当 k 取其他值时,系统为周期系统。由图 6-30(b) 分岔图结果可知,随着 k 的减小,系统经历周期分岔后，在 $k = 22.1$ 处进入混沌。Lyapunov 指数谱结果与分岔图结果一致。当 k 取不同值，且系统处于不同状态时的吸引子相图如图 6-31 所示，其中图 6-31(a) 为超混沌吸引子，图 6-31(b) 为混沌吸引子，显然图 6-31(c) 为周期吸引子。由此可见，随着 k 的增加，系统表现出丰富的动力学特性。

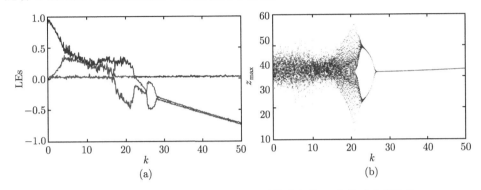

图 6-30　分数阶简化超混沌 Lorenz 系统随参数 k 变化动力学特性

(a) Lyapunov 指数谱；(b) 分岔图

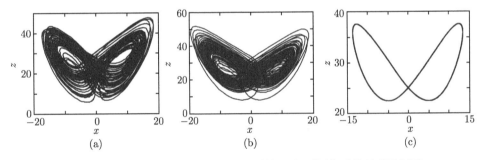

图 6-31　分数阶简化超混沌 Lorenz 系统 k 取不同值时的吸引子相图

(a) $k = 1$; (b) $k = 20$; (c) $k = 40$

(3) 固定 $q = 0.97$，$k = 5$，阶数 c 变化的动力学特性。

参数 c 的变化范围为 $[-6, 5]$，其中步长 Δc 为 0.01。随参数 c 变化的 Lyapunov 指数谱如图 6-32(a) 所示，相应的分岔图如图 6-32(b) 所示。由图 6-32(a) 可知，当 $c \in (-4.0, 3.4)$ 时，系统基本处于混沌状态，其中超混沌区间为 $(-4.2, 1.5)$，而当 c 取其他值时，系统则处于周期态。由图 6-32(b) 可知，随着 c 的增加和减小，系统进入混沌的方式并不一样，当 c 从 -6 开始增加时，系统在 $c = -4.2$ 处经由切分岔进入混沌态，而当 c 从 5 开始减小时，系统由单周期态进入多周期态，最后在 $c = 3.4$ 处进入混沌态。当 c 取不同值时，分数阶简化 Lorenz 超混沌系统的吸引子相图如图 6-33 所示，周期吸引子的取值为 $c = -6$ 和 5，超混沌吸引子 ($c = -1$) 为双翅膀, 而混沌吸引子 $(c = 2)$ 翅膀为非对称吸引子。

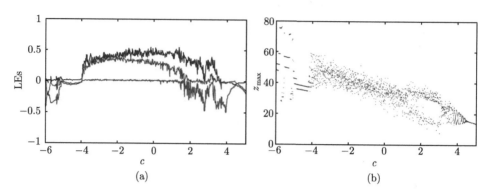

(a)　　　　　　　　　　　　　　(b)

图 6-32　分数阶简化超混沌 Lorenz 系统随参数 c 变化动力学特性

(a) Lyapunov 指数谱; (b) 分岔图

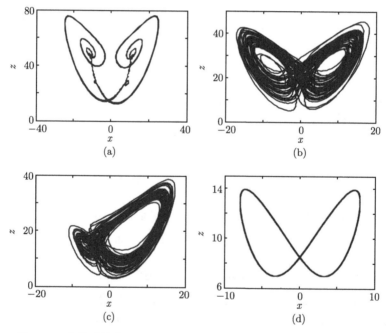

图 6-33　分数阶简化 Lorenz 超混沌系统 k 取不同值时的吸引子相图

(a) $c = -6$; (b) $c = -1$; (c) $c = 2$; (d) $c = 5$

(4) 阶数 q 取不同值时的混沌图。

混沌图是在参数空间内反映系统复杂动力学特性的有效分析方法。分数阶简化 Lorenz 超混沌系统的 $c\text{-}k$ 混沌图如图 6-34 所示。其计算方法是将 $c\text{-}k$ 平面划分

为 101×101 个点,计算每一点的 Lyapunov 指数谱,如果该组参数下系统为超混沌态,则在参数平面上画一个红点,如果该组参数下系统为混沌态,则在参数平面画一个蓝点,如果该组参数系统为拟周期态,则在参数平面上画一个绿点,而对于周期态和收敛态则用白色点表示。图 6-34 中,c 的取值范围为 $[-25,5]$,k 的取值范围为 $[0,50]$,图 6-34(a)、(b) 和 (c) 的 q 的取值分别为 $q=0.87$、$q=0.95$ 和 $q=1.0$。由图 6-34 可知,当 $c\in[-5,5]$ 和 $k\in[0,40]$ 时,混沌和超混沌状态基本占了这个部分参数空间的一半。对比图 6-34(a)、(b) 和 (c) 可知,当 q 取不同值时,系统基于最大 Lyapunov 指数的混沌图显示的系统状态范围是类似的,但是随着 q 的减小,混沌和超混沌区间具有缩小的趋势。如图 6-34 所示,相较于固定参数法,只变化一个参数的分岔图或 Lyapunov 指数谱图,混沌图提供了更多的关于系统状态的信息,为分数阶混沌系统的实际应用提供了一个更好的参数选取依据。

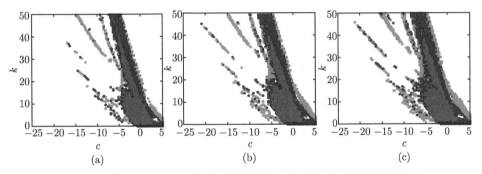

图 6-34 基于 Lyapunov 指数谱的混沌图 (扫描封底二维码可看彩图)

(a) $q=0.87$; (b) $q=0.95$; (c) $q=1.0$

从前面的分析可知,采用不同算法,得到系统产生混沌的最小阶数是不同的,可见采用不同算法求解时,系统的动力学特性也会不一样。采用预估–校正算法分析分数阶简化 Lorenz 超混沌系统随阶数 q、参数 c 和 k 变化的动力学特性,其结果分别如图 6-35、图 6-36 和图 6-37 所示。预估–校正算法迭代式每一次都必须用到所有历史数据,利用其计算系统 Lyapunov 指数谱具有困难,所以这里主要分析分岔图结果和相应的最大 Lyapunov 指数谱。最大 Lyapunov 指数谱采用 Wolf 算法[15] 计算得到。

图 6-35 对应于图 6-28。由图 6-35 可知,当 $q\in[0.96,0.9644]$ 时,系统为周期态,而当 $q>0.9644$ 时,系统处于混沌态,在 $q=0.9644$ 处,系统产生内部危机分岔。其对应的最大 Lyapunov 指数谱结果与分岔图结果具有良好的一致性。对比 Adomian 分解算法结果 (图 6-28),预估–校正算法结果的最小阶数更大,即产生混沌的范围更小。

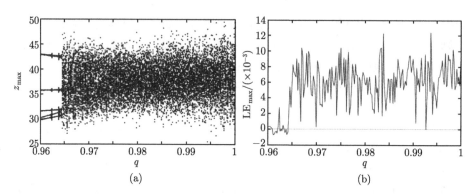

图 6-35　分数阶简化 Lorenz 超混沌系统随 q 变化的动力学特性 (预估-校正算法)

(a) 分岔图；(b) 最大 Lyapunov 指数

图 6-36 对应于图 6-30。在图 6-36(a) 中，系统参数 k 的变化范围为 $[2, 34]$，为了便于观测，以及更清楚地观察系统的演化过程，将含有周期窗口的区间 $[3, 5]$ 的分岔图进行放大处理，其结果如图 6-36(b) 所示。相较于图 6-30，采用预估-校正算法求解时，系统存在较多的周期窗口。由图 6-36 可以得到系统的周期窗口为 $k \in [2, 3.5] \cup [3.81, 4.35] \cup [11.09, 15.48] \cup [28.6, 34]$，当 k 取其他值时，系统为混沌态。同样，当只观测图 6-30(b) 中 $k \in [2, 34]$ 区间时，采用 Adomian 分解算法求解系统混沌区间连续，即采用 Adomian 分解算法求解时，系统的参数区间更大，也就意味着实际应用时，系统具有更大的密钥空间。

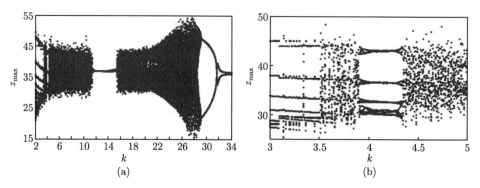

图 6-36　分数阶简化 Lorenz 超混沌系统 k 变化分岔图 (预估-校正算法)

(a) $k \in [2, 34]$ 时系统分岔图；(b) $k \in [3, 5]$ 时系统分岔

图 6-37 对应于图 6-32。图 6-37(a) 中，系统参数 c 的变化范围为 $[-3, 5]$，相应的最大 Lyapunov 指数谱如图 6-37(b) 所示。其产生混沌的区间主要为 $c \in [-1.72, 3.47] \cup [3.66, 3.70]$，而当 c 取其他值时，系统为周期态。由图 6-37(a) 可知，当 c 由 5 开始减小时，系统经过倍周期分岔由周期态进入混沌态，而在 $c = -1.72$

处，系统经过内部危机分岔进入混沌态。与上面两种情况类似，采用 Adomian 分解算法求解系统时，系统的混沌范围更广。

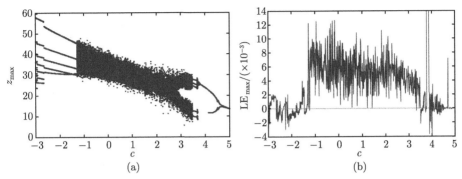

图 6-37　分数阶简化 Lorenz 超混沌系统 c 变化动力学特性 (预估-校正算法)

(a) 分岔图；(b) 最大 Lyapunov 指数

对比上述三组图可知，采用 Adomian 分解算法和预估-校正算法求解分数阶混沌系统时，得到的分岔图在形状上具有相似性，但变化细节已经不同。另外，采用 Adomian 分解算法，系统处于混沌态的参数范围更广，在实际应用中，具有更大的密钥空间。

参 考 文 献

[1] Wolf A, Swift J B, Swinney H L, et al. Determining Lyapunov exponents from a time series [J]. Physica D Nonlinear Phenomena, 1985, 16(3): 285-317.

[2] Caponetto R, Fazzino S. An application of Adomian decomposition for analysis of fractional-order chaotic systems [J]. International Journal of Bifurcation and Chaos, 2013, 23(3): 1350050.

[3] Bremen H F V, Udwadia F E, Proskurowski W. An efficient QR based method for the computation of Lyapunov exponents [J]. Physica D, 1997, 101(2): 1-16.

[4] 贾红艳, 陈增强, 薛薇. 分数阶 Lorenz 系统的分析及电路实现 [J]. 物理学报, 2013, 62(14): 140503.

[5] Gottwald G A, Melbourne I. A new test for chaos in deterministic systems[J]. Proceedings of the Royal Society A: Mathematical, Physical and Engineering Sciences, 2004, 460(2042): 603-611.

[6] Gottwald G A, Melbourne I. Testing for chaos in deterministic systems with noise[J]. Physica D Nonlinear Phenomena, 2004, 212(212): 100-110.

[7] Sun K H, Liu X, Zhu C X. The 0-1 test algorithm for chaos and its applications[J]. Chinese Physics B, 2010, 19(11): 110510.

[8]　Sun K H, Wang X, Sprott J C. Bifurcations and chaos in fractional-order simplified Lorenz system[J]. International Journal of Bifurcation and Chaos, 2010, 20(4): 1209-1219.

[9]　Gao T G, Chen G R, Chen Z Q, et al. The generation and circuit implementation of a new hyper-chaos based upon Lorenz system [J]. Physics Letters A, 2007, 361(1): 78-86.

[10]　Rössler O E. An equation for continuous chaos[J]. Physics Letters A, 1976, 57(5): 397-398.

[11]　Li C G, Chen G R. Chaos and hyperchaos in the fractional-order Rössler equations[J]. Physica A: Statistical Mechanics and its Applications, 2004, 341(1-4): 55-61.

[12]　Stenflo L. Generalized Lorenz equations for acoustic-gravity waves in the atmosphere[J]. Physica Scripta, 1996, 53(53): 83-84.

[13]　Mukherjee P, Banerjee S. Projective and hybrid projective synchronization for the Lorenz-Stenflo system with estimation of unknown parameters[J]. Physica Scripta, 2010, 45(82): 9-11.

[14]　Yu M Y. Some chaotic aspects of the Lorenz-Stenflo equations[J]. Physica Scripta, 1999, 82(82): 10-11.

[15]　Pal S, Sahoo B, Poria S. Multistable behaviour of coupled Lorenz-Stenflo systems[J]. Physica Scripta, 2014, 89(4): 39-50.

[16]　Sun K H, Sprott J C. Dynamics of a simplified Lorenz system [J]. International Journal of Bifurcation and Chaos, 2009, 19(4): 1357-1366.

[17]　Sun K H, Liu X, Zhu C X. Dynamics of a strengthened chaotic system and its circuit implementation [J]. Chinese Journal of Electronics, 2014, 23(2): 353-356.

第 7 章　分数阶混沌系统的复杂度分析

非线性时间序列复杂度分析是当前非线性研究领域的热点，非线性时间序列包括心电信号 (ECG)[1]、脑电信号 (EEG)[2]、肌电信号 [3] 和交通流量信号 [4] 等实测信号和由混沌系统产生的时间序列信号。其中混沌系统时间序列在扩频通信以及信息加密领域具有广泛的应用价值。

本章中混沌系统复杂性研究是混沌系统动力学研究的重要方面，包括相图观测、Lyapunov 指数、分维特性、频谱结构等。在实际应用中，凡是涉及混沌动力学研究的都可认为是对混沌动力学复杂性的研究；混沌系统复杂度是采用相关算法衡量混沌序列接近随机序列的程度的，序列越接近随机序列，复杂度值越大，相应的安全性也就越高。本质上，混沌系统的复杂度属于混沌动力学特性研究范畴。

混沌系统的复杂度主要包括行为复杂度和结构复杂度两方面。行为复杂度是指序列与随机序列的相似程度，也是混沌系统复杂度研究的主要方向，提出的测量算法也比较多，其中不乏经典算法，且目前大部分算法都是建立在 Komologrov 复杂度算法和 Shannon 熵的基础上。结构复杂度指的是序列频率成分的复杂性，此种方法主要是分析信号在各个频率上的能量分布，利用 Shannon 熵的概念可知，能量分布越均衡，熵值越大，信号越接近噪声信号，其复杂度也越大。目前，混沌序列结构复杂度研究尚处于研究初期，文献报道比较少，具有较大的研究空间。本章的行为复杂度测量算法主要研究排列熵 (permutation entropy, PE) 及其改进算法，而结构复杂度测量算法主要研究谱熵和 C_0 复杂度测量算法。

7.1　行为复杂度算法

最近，由于 PE 算法计算速度更快，且计算精度高，Fan 等 [5] 与 Li 等 [6] 设计了多尺度排列熵 (multiscale permutation entropy, MPE) 算法，并用其分析时间序列的复杂度。但是 Wu 等 [7] 的研究表明，这类多尺度算法在测度短时间序列复杂度时，在较高尺度下并不能很好地描述系统复杂性。另外，实际混沌系统大多是多维系统，即系统能同时产生多个时间序列，PE 算法只能描述其中一个时间序列的复杂度，并不能同时分析多个时间序列的复杂度。为了分析系统相空间复杂性，人们提出了多变量样本熵 (multivariate sample entropy, MvSampEn) 算法 [8]，多变量近邻样本熵 (multivariate neighborhood sample entropy, MN-SampEn) 算法 [9]，以及多变量模糊熵 (multivariate fuzzy entropy, MvFuzzyEn) 算法 [10]。但是这些算法计算量比较大, 耗时较多。因此本章将对多尺度粗粒化技术进行改进, 设计改进的 MPE 算法 (modified MPE, MMPE), 分析分数阶混沌系统的多尺度复杂度, 同时设计多变量排列熵 (multivariate permutation entropy, MvPE) 算法, 用于测度分数阶混沌系统的相空间复杂度。

7.1.1 多变量排列熵算法研究

PE 算法只能测量单一序列的复杂度, 而实际系统多数属于多维系统, 系统能一次产生多个时间序列, 这里在 PE 算法基础上提出了 MvPE 算法, 用于测度多变量系统的复杂度。

1. PE 算法 [11]

对于给定的时间序列 $\{x(n), n=1, 2, \cdots, N\}$ 和嵌入维数 d, 重构序列可定义为

$$\boldsymbol{X}(i) = \{x(i), x(i+1), \cdots, x(i+d-1)\} \tag{7-1}$$

其中, $i = 1, 2, \cdots, N-d+1$。对重构向量 $\boldsymbol{X}(i)$ 进行升序排序 $\pi = (r_0, r_1, \cdots, r_{d-1})$, 排序后的重构向量的值表示为

$$x_{i+r_0} \leqslant x_{i+r_1} \leqslant \cdots \leqslant x_{i+r_{d-1}} \tag{7-2}$$

显然, 对于嵌入维 d 存在 $d!$ 种排列模式 π。以 $d = 3$ 为例, 如图 7-1 所示, 有 6 种排列模式: $\{\pi_1, x_1 \leqslant x_2 \leqslant x_3\}$, $\{\pi_2, x_1 \leqslant x_3 \leqslant x_2\}$, $\{\pi_3, x_2 \leqslant x_1 \leqslant x_3\}$, $\{\pi_4, x_3 \leqslant x_1 \leqslant x_2\}$, $\{\pi_5, x_2 \leqslant x_3 \leqslant x_1\}$ 和 $\{\pi_6, x_3 \leqslant x_2 \leqslant x_1\}$。令 $\pi_j = j$, $j = 1, 2, \cdots, d!$, 如果 $\boldsymbol{X}(i)$ 的模式为 π_j, 且令 $s(i) = j$, 则可得到一个排列模式序列 $\{s(i), i = 1, 2, \cdots, N-d+1\}$。根据得到的排列模式序列 $\{s(i), i = 1, 2, \cdots, N-d+1\}$, Bandt-Pompe 概率分布可以定义为

$$p(\pi_j) = \frac{\#\{s \mid i \leqslant N-d+1; s=j\}}{N-d+1} \tag{7-3}$$

其中, 符号 # 表示模式的数目。根据 Shannon 熵的定义和由式 (7-3) 得到的概率分布, 归一化的 PE 可定义为

$$\mathrm{PE}(x,d) = S[p]/S_{\max} = \left[-\sum_{j=1}^{d!} p(\pi_j)\ln p(\pi_j)\right] \Big/ S_{\max} \tag{7-4}$$

其中, $S_{\max} = S[P_e] = \ln(d!)$, $P_e = \{1/d!, \cdots, 1/d!\}$ 表示随机情况下, 各模式排列概率均匀分布时得到的最大熵值。显然, PE 值越大, 时间序列的复杂度越大。嵌入维 d 的取值范围一般为 $\{3, \cdots, 7\}$ [11]。

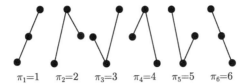

$$\pi_1=1 \quad \pi_2=2 \quad \pi_3=3 \quad \pi_4=4 \quad \pi_5=5 \quad \pi_6=6$$

图 7-1 $d = 3$ 时重构向量的 6 种排列模式 (π^6)

2. MvPE 算法

对于给定的多个时间序列，记为 $\{x_j(n),\, n = 1, 2, 3, \cdots, N,\, j = 1, 2, \cdots, d\}$，其中 d 为系统的维数或者选定的时间序列数目，由于其变化幅值不一致，需要对其进行归一化处理。归一化函数为

$$x_j(n) = \frac{x_j(n) - \min(x_j(n))}{\max(x_j(n)) - \min(x_j(n))} \tag{7-5}$$

与 PE 算法不同，MvPE 算法向量由全部 d 组序列进行定义，其定义式为

$$\boldsymbol{X}(n) = \{x_1(n), x_2(n), \cdots, x_d(n)\} \tag{7-6}$$

可见，系统产生的 d 组数据都参与了复杂度的计算，图 7-2 进一步描述了 PE 算法和 MvPE 算法在获取重构向量上的不同。可见，两种测度算法的重构序列获取方法以及对象是不相同的，PE 算法针对单一序列，每一个重构向量可以看作是长度为 d 的小窗口往后移动所得，而 MvPE 算法针对多个时间序列，重构向量由每一刻所有时间序列的值构成。与 PE 算法相似，对于 $\{\boldsymbol{X}(n),\, n = 1, 2, \cdots, N\}$，可以计算其相应的模式序列 $\{s(n), n = 1, 2, \cdots, N\}$。这样，模式的概率分布 $p(\pi)$ 可定义为

$$p(\pi_j) = \frac{1}{N} \# \{s \,|\, i \leqslant N; s = j\} \tag{7-7}$$

因此，MvPE 定义为

$$\mathrm{MvPE}(\boldsymbol{x}) = S[p]/S_{\max} = \left[-\sum_{j=1}^{M} p(\pi_j) \ln p(\pi_j) \right] \Big/ S_{\max} \tag{7-8}$$

其中，M 为重构向量排列模式种类数。

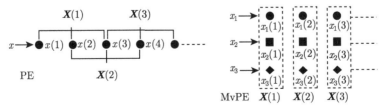

图 7-2 PE 算法和 MvPE 算法获取重构向量 $\boldsymbol{X}(n)$ 的原理

当 $d=3$ 时，序列只有 6 种可能的排列模式，总是不能较好地描述序列复杂度[12]，所以在此基础上对每一种模式定义了三种子模式，其具体结果如图 7-3 所示，此时 $M=18$。这样每一种就能得到序列更多的信息，以更精确地测量复杂度。图 7-3 中，Bot_n 和 Top_n 的值的计算式分别为

$$\begin{cases} \mathrm{Bot}_n = \dfrac{2}{3}\min\left(\boldsymbol{X}(n)\right) + \dfrac{1}{3}\max\left(\boldsymbol{X}(n)\right) \\ \mathrm{Top}_n = \dfrac{1}{3}\min\left(\boldsymbol{X}(n)\right) + \dfrac{2}{3}\max\left(\boldsymbol{X}(n)\right) \end{cases} \tag{7-9}$$

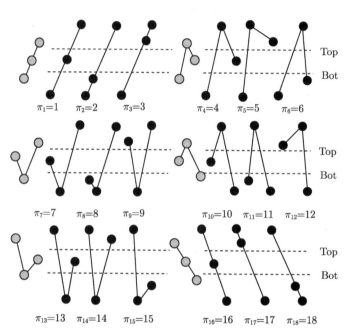

图 7-3　子模式下 $d=3$ 时重构向量的 18 种排列模式 (π^{18})

PE 算法和 MvPE 算法在测度复杂的非线性时间序列时，能得到比较准确的测度值，反映了序列的复杂特性。与 PE 算法不同的是 MvPE 算法更侧重于描述多个变量之间的复杂关系，对于混沌系统，可认为其描述的是相空间的复杂度，即吸引子的复杂度。这两种算法在描述周期序列的复杂度时，存在一定的问题，本章后续的测度结果也会显示这些问题的存在。下面将分析 PE 算法和 MvPE 算法在分析周期序列时不能得到理想结果的原因。

定理 7.1　当被测周期时间序列的周期为 T 时，模式序列 $s(n)$ 的周期小于等于 T；当被测的 d 个时间序列的周期分别为 $T_1,T_2,\cdots,T_d$ 时，模式序列 $s(n)$ 的周期小于等于 $T_1,T_2,\cdots,T_d$ 的最小公倍数。

证明 根据式 (7-1) 和图 7-2，重构向量序列可同时表示为

$$\begin{cases} \boldsymbol{X}(1) = [x(1), x(2), \cdots, x(d)] \\ \boldsymbol{X}(2) = [x(2), x(3), \cdots, x(d+1)] \\ \qquad\qquad\vdots \\ \boldsymbol{X}(T) = [x(T), x(T+1), \cdots, x(T+d-1)] \\ \boldsymbol{X}(T+1) = [x(T+1), x(T+2), \cdots, x(T+d)] \\ \boldsymbol{X}(T+2) = [x(T+2), x(T+3), \cdots, x(T+d+1)] \\ \qquad\qquad\vdots \end{cases} \tag{7-10}$$

显然，因为序列 $\{x(n),\ n=1,\ 2,\ 3,\ \cdots,\ N\}$ 是周期的，其重构序列也具有周期性。根据上述重构序列得到的模式序列 $s(n)$ 也是周期的，且其周期为 T，如果在一个周期内，模式序列具有周期性，则模式序列的周期小于 T。令 T_{LCM} 为 T_1，T_2，$\cdots$，T_d 的最小公倍数，因为 T_1，T_2，$\cdots$，T_d 都为正整数，那么存在一组正整数 $\{\kappa_1,\ \kappa_2,\ \cdots,\ \kappa_d\}$ 使得 $T_{\mathrm{LCM}} = \kappa_1 T_1 = \kappa_2 T_2 = \cdots = \kappa_d T_d$ 成立。根据式 (7-6) 和图 7-2，MvPE 算法的重构序列又可表示为

$$\begin{cases} \boldsymbol{X}(1) = [x_1(1), x_2(1), \cdots, x_d(1)] \\ \boldsymbol{X}(2) = [x_1(2), x_2(2), \cdots, x_d(2)] \\ \qquad\qquad\vdots \\ \boldsymbol{X}(T_{\mathrm{LCM}}) = [x_1(\kappa_1 T_1), x_2(\kappa_2 T_2), \cdots, x_d(\kappa_d T_d)] \\ \boldsymbol{X}(T_{\mathrm{LCM}}+1) = [x_1(\kappa_1 T_1+1), x_2(\kappa_2 T_2+1), \cdots, x_d(\kappa_d T_d+1)] \\ \boldsymbol{X}(T_{\mathrm{LCM}}+2) = [x_1(\kappa_1 T_1+2), x_2(\kappa_2 T_2+2), \cdots, x_d(\kappa_d T_d+2)] \\ \qquad\qquad\vdots \end{cases} \tag{7-11}$$

所以，模式序列 $s(n)$ 的周期为 T_{LCM}。如果在单周期内模式序列也是周期的，那么模式序列 T_{LCM} 的周期将小于 T_{LCM}，即定理 7.1 得证。

可见，PE 算法和 MvPE 熵算法并不能很好地描述周期序列的复杂度。以 PE 算法为例，假设存在一个周期序列 $\{1, 2, 3, 4, 5, 1, 2, 3, 4, 5, 1, 2, \cdots\}$。当 $d=3$ 时，可以得到模式序列为 $\{1, 1, 1, 4, 5, 1, 1, 1, 4, 5, 1, \cdots\}$，显然其同样为周期序列，根据式 (7-3)，Bandt-Pompe 概率分布为 $P = [0.6, 0.2, 0.2]$。类似地，当 $d=4$ 时，Bandt-Pompe 概率分布为 $P = [0.4, 0.2, 0.2, 0.2]$，而当 $d \geqslant 5$ 时，Bandt-Pompe 概率分布为 $P = [0.2, 0.2, 0.2, 0.2, 0.2]$。显然，对于 $d \geqslant 5$ 情况，其测度值达到最大值 1，表明序列此时为完全随机的，不符合实际情况。对于 MvPE 算法，当其测度多个周期序列时，可以得到类似的结果。

3. MvPE 算法特性分析

超混沌 Hénon 映射方程为 [13]

$$\begin{cases} x_{n+1} = a - y_n^2 - bz_n \\ y_{n+1} = x_n \\ z_{n+1} = y_n \end{cases} \tag{7-12}$$

其中, a 和 b 为系统参数。固定参数 $a = 1.42$, 参数 b 从 -0.2 变化到 0.2, b 的步长为 0.001。系统 Lyapunov 指数谱图如图 7-4 所示。当 $b \in [-0.2, -0.183) \cup (-0.139, -0.039) \cup (-0.027, 0.0148)$ 时, 系统处于超混沌态, 当 $b \in [0.0148, 0.2]$ 时, 系统处于混沌态, 而当 $b \in [-0.183, -0.139]$ 时, 系统为周期系统。可见随着参数 b 变化, 系统表现出丰富的动力学特性。

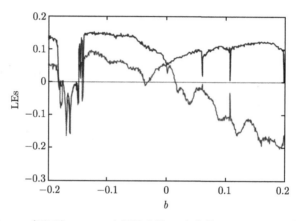

图 7-4　超混沌 Hénon 映射随参数 b 变化的 Lyapunov 指数谱

采用 PE 算法和 MvPE 算法分析系统 x 序列随参数 b 变化的复杂度, 序列的长度为 10^5。由图 7-5(a) 可见, 采用 PE 算法分析复杂度, 当 $d = 5$ 时, 复杂度曲线与最大 Lyapunov 指数吻合性更好。采用 MvPE 算法测度系统复杂度时, 由于系统为三维系统, 复杂度测度采用两种排列模式 (π^6 和 π^{18}), 由图 7-5(b) 可知, 当采用 π^{18} 时, 多变量复杂度测度结果更为准确, 且比 $d = 5$ 时的 PE 算法结果更优。对比图 7-4 和图 7-5 可知, 复杂度结果并不一定能区分混沌态和超混沌态, 当系统处于混沌态或超混沌态时, 复杂度比较高。

序列采样间隔 τ 对 PE 算法和 MvPE 算法的测度值的影响是不同的。这里以分数阶 Lorenz 系统为例, 设阶数 $q = 0.96$, 参数 $d = 25$, 仿真时间步长值为 $h = 0.01$。对于产生的序列, 采样间隔 τ 意味着每 τ 个数字取一个值构成新的序列。如图 7-6 所示, MvPE 算法的各模式概率分布不随采样间隔 τ 的增加而改变, 即其测度值也保持不变, 而对于 PE 算法, 随着采样间隔 τ 的增加, 其 Bandt-Pompe 概率分布越来越均匀，测度值也越来越大。可见 MvPE 测度值基本不受采样间隔 τ 的影响，而 PE 算法受采样间隔的影响较大。文献 [14] 的研究表明，对于 PE 算法，当采样间隔 τ 增加到一定程度后，测度值将保持不变。对于 PE 算法和 MvPE 算法，应选用尽可能长的序列进行计算，如 10^5。由图 7-5(a) 可知，对于 PE 算法，当嵌入维 $d = 5$ 时，能更准确地分析复杂度，所以，不做特殊说明时，本章 PE 算法的嵌入维 $d = 5$，采用 MvPE 算法分析三维系统时，将选用子模式下的排列方式进行模式概率统计。

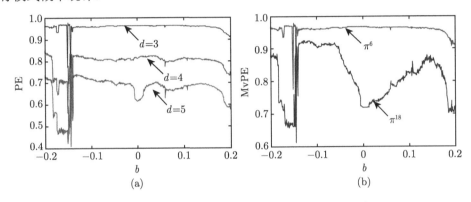

图 7-5　超混沌 Hénon 映射随参数 b 变化的复杂度

(a) PE 算法结果；(b) MvPE 算法结果

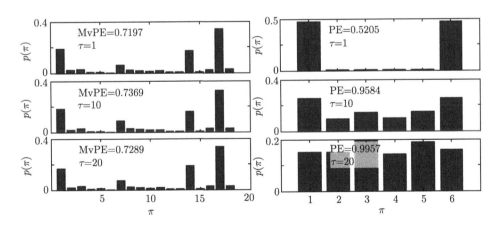

图 7-6　采样间隔 τ 对 PE 算法和 MvPE 算法分析结果的影响

下面研究不同程度噪声对 PE 和 MvPE 测度值的影响。同样分析分数阶 Lorenz 系统产生的混沌序列，其参数值与前面一致。噪声信号 $\tilde{\eta}_1$、$\tilde{\eta}_2$ 和 $\tilde{\eta}_3$ 分别加至混沌信号 x_1、x_2 和 x_3，其中噪声信号由归一化噪声信号 (η_i) 结合混沌序列 (x_i) 的振

幅得到，其计算式为

$$\tilde{\eta}_i = P_{\text{noise}} \cdot (\max(x_i) - \min(x_i)) \cdot (\eta_i - \text{mean}(\eta_i)) \tag{7-13}$$

其中，P_{noise} 为比例因子，取值范围为 $[0, 1]$。受噪声信号污染的混沌信号可定义为

$$\tilde{x}_i = x_i + \tilde{\eta}_i \tag{7-14}$$

分数阶 Lorenz 系统受不同程度噪声信号污染后的复杂度结果如图 7-7 所示。可见，对于 PE 算法，当噪声信号比例达到混沌信号振幅的 30% 时，测度值非常接近 1，即此时 PE 算法已经失效。而对于 MvPE 算法，随着噪声信号的比例增加，测度值呈缓慢增加的趋势，其受噪声的影响相对较小。原因在于 MvPE 算法测度的是相空间复杂性，当噪声的幅度不足以影响不同序列间的相对关系时，其对测度值的影响也就不大。对于 PE 算法，适当的噪声有助于其更好地测度复杂度，但是当噪声振幅继续增加后，算法就会失效 [11]。

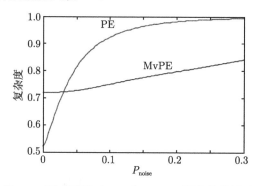

图 7-7 噪声信号对 PE 和 MvPE 测度值的影响

根据上述分析可知，相比于 PE 算法，MvPE 算法具有如下优势或特点：

(1) MvPE 算法具有更好的噪声鲁棒性，其测度值受噪声影响更小；

(2) MvPE 测度的是多个时间序列的复杂度，反映的是系统相空间的复杂程度；

(3) 对于三维系统，采用子模式下的排列模式，MvPE 算法能得到更多的时间序列的信息，以更好地测度系统复杂度。

相较于 MvFuzzyEn 算法和 MvSampEn 算法，MvPE 算法具有更为快速的计算速度，更适合在线检测多变量系统的复杂度。

7.1.2 分数阶混沌系统的复杂度分析

1. 多变量复杂度随阶数 q 变化的特性

采用 MvPE 算法测度分数阶 Lorenz 系统 ($D_{t_0}^q x_1 = 10(x_2 - x_1)$, $D_{t_0}^q x_2 = c x_1 - x_1 x_3 + d x_2$, $D_{t_0}^q x_3 = x_1 x_2 - b x_2$, $a = 40$, $b = 3$, $c = 10$)、分数阶 Lorenz 超混沌系

统 $(D_{t_0}^q x = 10(y-x), D_{t_0}^q y = 28x - xz + y - u, D_{t_0}^q z = xy - 8z/3, D_{t_0}^q u = Ryz)$，以及分数阶简化 Lorenz 超混沌系统 $(D_{t_0}^q x = 10y - x, D_{t_0}^q z = xy - 8z/3, D_{t_0}^q y = (24-4c)x - xz + cy + u, D_{t_0}^q u = -kx)$ 的复杂度，其中序列长度 $N = 10^5$，时间步长值 $h = 0.01$，分数阶 Lorenz 系统参数 $d = 25$，分数阶 Lorenz 超混沌系统的参数 $R = 0.21$，分数阶简化 Lorenz 超混沌系统参数为 $c = -1$，$k = 5$。各系统随阶数 q 变化的 MvPE 复杂度测度结果如图 7-8 所示。

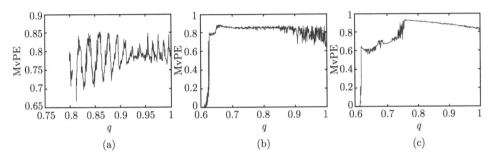

图 7-8　分数阶混沌系统随阶数 q 变化时的 MvPE 复杂度

(a) 分数阶 Lorenz 系统；(b) 分数阶 Lorenz 超混沌系统；(c) 分数阶简化 Lorenz 超混沌系统

由图 7-8(a) 可知，分数阶 Lorenz 系统随阶数 q 变化时的 MvPE 复杂度值呈波动状态，波动范围在 0.65~0.85。根据图 6-3，分数阶 Lorenz 系统随阶数 q 变化时，主要为混沌态，由此可见，分数阶 Lorenz 系统随阶数 q 变化时系统相空间复杂度变化值相对不大。由图 7-8(b) 和 (c) 可知，分数阶 Lorenz 超混沌系统与分数阶简化 Lorenz 超混沌系统随阶数 q 变化时的 MvPE 测度值与对应的 Lyapunov 指数谱结果相符合，但其中分数阶 Lorenz 超混沌系统随阶数变化时的 MvPE 值保持基本不变的状态，而分数阶简化 Lorenz 超混沌系统多变量复杂度随阶数 q 增加呈减小的趋势。总之，各系统多变量复杂度随阶数 q 变化时基本保持不变，表明分数阶情况下，系统的吸引子复杂度并没有变得更为复杂。事实上，文献 [15] 表明，大多数分数阶混沌系统，在分数阶情况下，相较于对应的整数阶系统，并没有更复杂的吸引子出现。

2. 多变量复杂度随参数变化的特性

采用 MvPE 算法分析分数阶 Lorenz 系统、分数阶 Lorenz 超混沌系统以及分数阶简化 Lorenz 超混沌系统随参数变化的复杂度，其结果如图 7-9 所示，其中序列长度 $N = 10^5$，时间步长值 $h = 0.01$，分数阶 Lorenz 系统的阶数 $q = 0.96$，分数阶 Lorenz 超混沌系统的阶数 $q = 0.96$，分数阶简化 Lorenz 超混沌系统阶数为 $q = 0.97$。

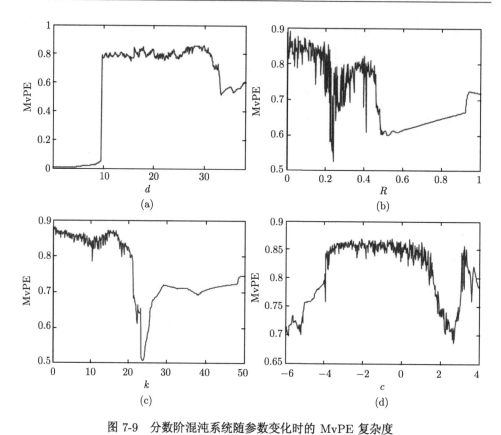

图 7-9   分数阶混沌系统随参数变化时的 MvPE 复杂度

(a) 分数阶 Lorenz 系统 d 变化; (b) 分数阶 Lorenz 超混沌系统 R 变化; (c) 分数阶简化 Lorenz 超混沌系统 k 变化; (d) 分数阶简化 Lorenz 超混沌系统 c 变化

图 7-9 (a) 中, 分数阶 Lorenz 系统的参数 d 的变化范围为 $[0, 38]$, 参数变化步长值为 0.076。对比如图 6-5 所示的系统动力学分析结果, MvPE 复杂度与其基本符合, 即当系统处于混沌态时的复杂度测度值明显高于系统处于周期态的复杂度测度值, 但是 MvPE 算法没有找出系统中几个较小的周期窗口。混沌态时, MvPE 复杂度基本保持不变, 可见, 混沌态时系统的吸引子结果并没有变得更为复杂。图 7-9(b) 中, 分数阶 Lorenz 超混沌系统参数 R 的变化范围为 $0 \sim 1$, 变化步长值为 0.002。可见, 当 $R < 0.5$ 时, 分数阶 Lorenz 超混沌系统多变量复杂度随 R 的增加呈先减小后增加的趋势, 这一点与相应的动力学特性分析结果相对应; 当 $R > 0.5$ 时, 系统处于周期态, MvPE 复杂度变化模式相对简单, 测度值较混沌态更小。图 7-9 (c) 和 (d) 中, 分数阶简化 Lorenz 超混沌系统参数 k 和 c 的变化区间分别为 $[0, 50]$ 和 $[-6, 4]$, 步长值分别为 0.1 和 0.02。由图 7-9 (c) 可见, 系统在 $k \in (0, 22]$ 时的多变量复杂度与对应的最大 Lyapunov 指数谱符合, 之后复杂度降低, 系

统处于非混沌态。图 7-9 (d) 中，系统的高复杂度区域主要集中在 $c \in (-4, 3)$。可见三个分数阶混沌系统都具有较好的复杂性能，MvPE 复杂度曲线与动力学特性具有较好的一致性。

3. 分数阶混沌系统多变量复杂度混沌图

分数阶 Lorenz 系统、分数阶 Lorenz 超混沌系统以及分数阶简化 Lorenz 超混沌系统基于 MvPE 复杂度的混沌图如图 7-10 所示。图 7-10 中，纵坐标为阶数 q，横坐标为系统参数 (d、R 和 c)，其绘制方法为：将参数和阶数平面划分为 101×101 个点，计算每一点上的 MvPE 复杂度，并采用等高线图形式进行表示。相比于参数固定法分析系统复杂度，绘制混沌图计算量更大，但是能得到更多关于系统复杂度的信息，能更好地从宏观上把握系统复杂度。分数阶 Lorenz 系统 q-d 平面多变量复杂度如图 7-10(a) 所示，可见高复杂度区域主要集中在 $d \in (10, 30)$，随着 q 值和 d 值的增加，混沌区域面积逐渐减小。如图 7-10(b)，分数阶 Lorenz 超混沌系统 q-R 平面的高复杂度区域主要在 $R \in (0, 0.4)$，在 q 取 0.8 左右的值时，系统具有更宽的高复杂度区域，之后，随着 q 值的增加，高复杂度区域逐渐缩小。如图 7-10(c)，分数阶简化 Lorenz 超混沌系统在参数平面的中间，且随着 q 值的增加，高复杂度区域呈减小的趋势。多变量复杂度混沌图为系统参数选择提供了一种有效依据。

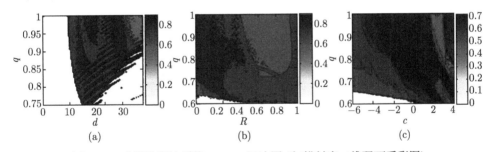

图 7-10　分数阶混沌系统 MvPE 混沌图 (扫描封底二维码可看彩图)

(a) 分数阶 Lorenz 系统 q-d 平面；(b) 分数阶 Lorenz 超混沌系统 q-R 平面；(c) 分数阶简化 Lorenz 超混沌系统 q-c 平面

7.1.3　改进的多尺度排列熵算法研究

事实上，现有的多尺度粗粒化过程仍然存在不足之处。首先是粗粒化过程不可逆，即无法将粗粒化序列还原为原序列。其次，随着尺度因子的增加，多尺度粗粒化序列丢失的关于序列变化的细节信息会越多。这里我们对粗粒化过程进行改进，并提出 MMPE 算法。MMPE 算法描述如下。

第 1 步　粗粒化过程。对于给定的一维离散时间序列 $\{x(i): i = 1, 2, \cdots, N\}$，通过采样，可得到如下重构的 "粗粒化" 序列：

$$Y^s(i,j) = x_{i+(j-1)s} \tag{7-15}$$

其中，$i = 1, 2, \cdots, s$; $1 \leqslant j \leqslant [N/s]$。显然，当 $s = 1$ 时，序列 Y^s 为原序列$\{x(i): i = 1, 2, \cdots, N\}$，当 $s > 1$ 时，可得到 s 个粗粒化序列。

第 2 步　MMPE 复杂度。MMPE 复杂度定义为

$$\mathrm{MMPE}(x, s, d) = \frac{1}{s} \sum_{i=1}^{s} \mathrm{PE}(Y^s(i, :), d) \tag{7-16}$$

显然，MMPE 复杂度为 s 个粗粒化序列排列熵的平均值。

MPE 算法能得到不同尺度下 s 个复杂度测度值，在实际分析系统复杂度时往往需要一个给定的值。所以定义 MMPE 算法均值为

$$E_{\mathrm{MMPE}} = \frac{1}{S_{\max}} \sum_{s=1}^{S_{\max}} \mathrm{MMPE}(x, s, d) \tag{7-17}$$

其中，$S_{\max}$ 为尺度因子的最大值。此定义同样适用于 MPE 算法

$$E_{\mathrm{MPE}} = \frac{1}{S_{\max}} \sum_{s=1}^{S_{\max}} \mathrm{MPE}(x, s, d) \tag{7-18}$$

MPE 和 MMPE 的不同主要体现在如下两个方面。

(1) 粗粒化方法不同，但两者之间存在联系，即

$$y^s(j) = \frac{1}{s} \sum_{i=1}^{s} Y^s(i, j) \tag{7-19}$$

MMPE 的粗粒化过程是可逆的，即由粗粒化序列可以还原得到原序列，而 MPE 粗粒化过程为非可逆过程。

(2) MMPE 测度值为 s 个序列的 PE 值的平均值，其结果较 MPE 更稳定。

为了对比 MMPE 和 MPE 在测度混沌序列的多尺度复杂度时的不同效果，本章进行了如下实验。Logistic 映射时间序列和分数阶 Lorenz 系统时间序列的 MPE 与 MMPE 测度结果如图 7-11 所示，其中序列的长度为 $N = 10^4$，$d = 5$，Logistic 映射方程为 $\mu(n+1) = 4\mu(n)(1 - \mu(n))$，分数阶 Lorenz 系统参数为 $q = 1$，$a = 10$，$b = 8/3$，$c = 28$。由图 7-11 可见，随着尺度因子的增加，MMPE 测度值更为稳定。Logistic 映射多尺度复杂度基本保持不变，而分数阶 Lorenz 系统多尺度复杂度先增加，然后保持稳定。MPE 算法和 MMPE 算法应用于分数阶 Lorenz 系统不同阶数下的复杂度测量结果如图 7-12 所示，其中系统阶数分别为 $q = 0.95$ 和 $q =$

0.90。由图可见，当阶数 $q = 0.90$ 时，系统复杂度更高，与之前 Lyapunov 指数谱分析结果一致。根据图 7-12 (b) 和 (d) 可知，MMPE 算法在较高尺度因子下测度值更准确。因此，设计的 MMPE 算法具有较 MPE 算法更好的性能。

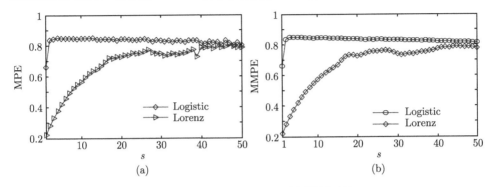

图 7-11 MMPE 和 MPE 分析效果对比

(a) MPE 算法结果；(b) MMPE 算法结果

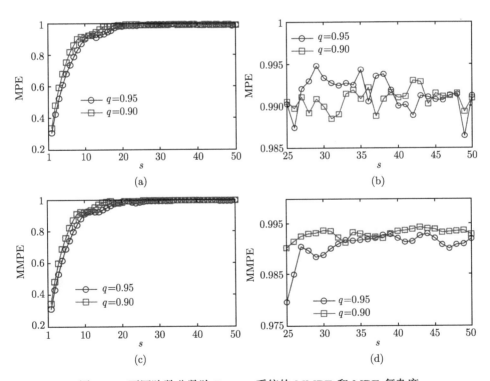

图 7-12 不同阶数分数阶 Lorenz 系统的 MMPE 和 MPE 复杂度

(a) MPE 算法结果；(b) 尺度因子较大时的 MPE 算法结果；(c) MMPE 算法结果；(d) 尺度因子较大时的 MMPE 算法结果

7.1.4　分数阶混沌系统的改进、多尺度排列熵复杂度分析

1. MMPE 复杂度随阶数 q 变化的特性

采用 MMPE 算法计算分数阶 Lorenz 系统、分数阶 Lorenz 超混沌系统以及分数阶简化 Lorenz 超混沌系统的复杂度，其系统参数与 6.2 节相同，计算 MMPE 时，PE 算法的嵌入维 $d = 5$。三个分数阶混沌系统随阶数 q 变化的 MMPE 测度结果如图 7-13 所示。由图可知，分数阶混沌系统的 MMPE 复杂度随阶数增加呈减小的趋势。图 7-13(a) 中，MMPE 测度结果与分数阶 Lorenz 系统的最大 Lyapunov 指数变化趋势相符合，表明阶数 q 取小值的情况下系统具有更高的复杂度，且 MMPE 能够检测出系统的周期窗口。图 7-13(b) 中，当阶数 q 大于 0.66 时，系统复杂度较周期状态更大，且复杂度曲线变化趋势从整体来看与系统的最大 Lyapunov 指数谱相一致。在图 7-13(c) 中，系统在周期状态下的复杂度更小，当系统阶数靠近 0.6 时，系统复杂度接近零，而 Lyapunov 指数谱呈急速上升趋势，对应于分岔图结果，系统此时处于多周期状态，即相比于系统的 Lyapunov 指数谱结果，复杂度能从其他角度更好地描述系统复杂度。

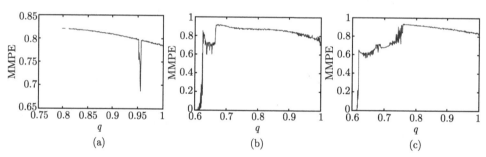

图 7-13　分数阶混沌系统随阶数 q 变化时的 MMPE 复杂度

(a) 分数阶 Lorenz 系统；(b) 分数阶 Lorenz 超混沌系统；(c) 分数阶简化 Lorenz 超混沌系统

2. MMPE 随参数变化的特性

采用 MMPE 算法分析分数阶 Lorenz 系统、分数阶 Lorenz 超混沌系统以及分数阶简化 Lorenz 超混沌系统随参数变化的复杂度，其结果如图 7-14 所示。

由图 7-14 可知，系统随参数变化时复杂度变化规律与对应系统动力学特性具有较好的一致性。相比于 MvPE 测度结果，MMPE 测度结果能更好地反映系统的动力学特性，图 7-14 (a) 中，复杂度曲线凹陷处表明系统此时处于周期状态，图 7-14 (b) 中，在 $k = 0.3$ 处，观测到一个复杂度测度相对较小的窗口，而实际上系统此时处于周期状态。图 7-14 (c) 和 (d) 为分数阶简化 Lorenz 超混沌系统随参数变化的 MMPE 结果，可见当系统处于混沌态时复杂度更高。总之，MMPE 算

法能有效地分析系统动力学特性, 但不同状态之间的 MMPE 复杂度变化趋势没有 Lyapunov 指数谱或分岔图的明显。

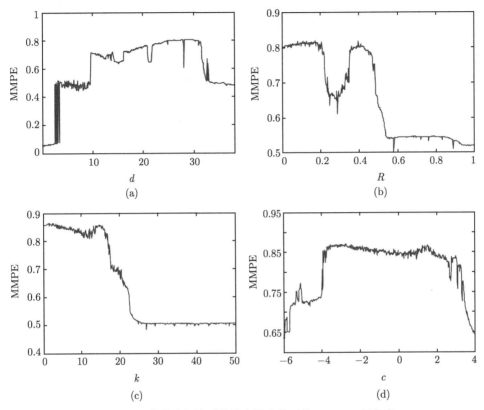

图 7-14 分数阶混沌系统随参数变化时的 MMPE 复杂度

(a) 分数阶 Lorenz 系统 d 变化; (b) 分数阶 Lorenz 超混沌系统 R 变化; (c) 分数阶简化 Lorenz 超混沌系统 k 变化; (d) 分数阶简化 Lorenz 超混沌系统 c 变化

3. 分数阶混沌系统 MMPE 混沌图

基于 MMPE 的分数阶 Lorenz 系统、分数阶 Lorenz 超混沌系统以及分数阶简化 Lorenz 超混沌系统的混沌图如图 7-15 所示。高复杂度区域即混沌区域, 与图 7-10 类似。分数阶 Lorenz 系统主要集中在 $d \in (10, 30)$, 当 q 取值较小和 d 值在 20~30 时, 系统的 MMPE 复杂度更高; 分数阶 Lorenz 超混沌系统的混沌区域主要在 $R < 0.5$ 区域, 高复杂度区域较图 7-15 (b) 中的更清晰; 分数阶简化 Lorenz 超混沌的混沌区域主要在参数平面的右边, 阶数 q 和参数 c 的取值越大, 混沌区域越宽。

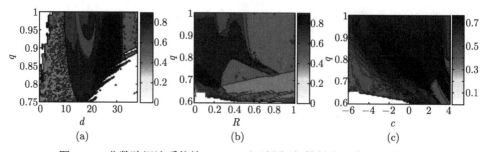

图 7-15　分数阶混沌系统族 MMPE 混沌图 (扫描封底二维码可看彩图)

(a) 分数阶 Lorenz 系统 q-d 平面；(b) 分数阶 Lorenz 超混沌系统 q-R 平面；(c) 分数阶简化 Lorenz

超混沌系统 q-c 平面

7.2　结构复杂度算法

7.2.1　谱熵与 C_0 复杂度

谱熵 (spectral entropy, SE)[16] 是采用傅里叶变换，通过傅里叶变换域内的能量分布，结合 Shannon 熵得出相应的谱熵值；C_0 复杂度主要计算原理是将序列分解成规则和不规则成分，其测度值为序列中非规则成分所占的比例 [17]。谱熵算法与 C_0 算法描述如下。

谱熵复杂度计算算法：

第 1 步　去直流。对长度为 N 的混沌伪随机序列 $\{x(n), n=0,1,2,\cdots,N-1\}$ 采用下式去掉直流部分，使得频谱能更有效地体现信号能量信息

$$x(n) = x(n) - \bar{x} \tag{7-20}$$

其中，$\bar{x} = \dfrac{1}{N}\sum\limits_{n=0}^{N-1} x(n)$。

第 2 步　傅里叶变换。对序列 $x(n)$ 进行离散傅里叶变换

$$X(k) = \sum_{n=0}^{N-1} x(n)\mathrm{e}^{-\mathrm{j}\frac{2\pi}{N}nk} = \sum_{n=0}^{N-1} x(n)W_N^{nk} \tag{7-21}$$

其中，$k=0,1,2,\cdots,N-1$。

第 3 步　计算谱熵。对于变换后的 $X(k)$ 序列，取前面一半进行计算，依据 Paserval 定理，计算某一个频率点的功率谱值为

$$p(k) = \frac{1}{N}|X(k)|^2 \tag{7-22}$$

其中，$k=0,1,2,\cdots,\dfrac{N}{2}-1$，则序列的总功率定义为

$$p_{\text{tot}} = \frac{1}{N}\sum_{n=0}^{N/2-1}|X(k)|^2 \tag{7-23}$$

则序列的相对功率谱概率 P_k 为

$$P_k = \frac{p(k)}{p_{\text{tot}}} = \frac{\dfrac{1}{N}|X(k)|^2}{\dfrac{1}{N}\displaystyle\sum_{k=0}^{N/2-1}|X(k)|^2} = \frac{|X(k)|^2}{\displaystyle\sum_{k=0}^{N/2-1}|X(k)|^2} \tag{7-24}$$

显然，$\displaystyle\sum_{n=0}^{N/2-1} P_k = 1$。利用相对功率谱密度 P_k，结合 Shannon 熵概念，求得信号的谱熵

$$\mathrm{SE} = -\sum_{k=0}^{N/2-1} P_k \ln P_k \tag{7-25}$$

其中，若 P_k 为 0，则定义 $P_k \ln P_k$ 为 0。

第 4 步　计算归一化的谱熵。可以证明，谱熵的大小收敛于 $\ln(N/2)$，为了便于对比分析，将谱熵归一化，得到归一化的谱熵为

$$\mathrm{SE}(N) = \frac{1}{\ln(N/2)}\sum_{k=0}^{N/2} P_k \ln P_k \tag{7-26}$$

可见，当序列功率谱分布越不均衡时，序列频谱结构越简单，信号中具有明显的振荡规律，得到的谱熵测度值越小，即复杂度越小，否则复杂度越大。

C_0 **复杂度计算算法：**

第 1 步　首先去掉非规则部分，设 $\{X(k), k=0, 1, 2, \cdots, N-1\}$ 的均方值为

$$G_N = \frac{1}{N}\sum_{k=0}^{N-1}|X(k)|^2 \tag{7-27}$$

引入参数 r，保留超过均方值 r 倍的频谱，而将其余部分置为零[17]，即

$$\tilde{X}(k) = \begin{cases} X(k), & |X(k)|^2 > \xi G_N \\ 0, & |X(k)|^2 \leqslant \xi G_N \end{cases} \tag{7-28}$$

第 2 步　傅里叶逆变换。对 $\tilde{X}(k)$ 作傅里叶逆变换有

$$\tilde{x}(n) = \frac{1}{N}\sum_{k=0}^{N-1}\tilde{X}(k)\mathrm{e}^{\mathrm{j}\frac{2\pi}{N}nk} = \frac{1}{N}\sum_{k=0}^{N-1}\tilde{X}(k)W_N^{-nk} \tag{7-29}$$

其中，$n = 0, 1, \cdots, N-1$。

第 3 步　计算 C_0 复杂度。定义 C_0 复杂度为[17]

$$C_0(r, N) = \sum_{n=0}^{N-1} |x(n) - \tilde{x}(n)|^2 \Bigg/ \sum_{n=0}^{N-1} |x(n)|^2 \tag{7-30}$$

基于离散傅里叶变换 (FFT) 变换的 C_0 复杂度算法:

将信号变换域规则部分去掉,留下非规则部分,序列中非规则部分能量所占比例越大,即对应时域信号越接近随机序列,复杂度越大,且 C_0 复杂度算法具有许多优良性质[18,19]。时间序列长度 N 对结构复杂度的影响如图 7-16 所示,可见,当序列长度大于 2×10^4 时,测度稳定。后续分析分数阶混沌系统复杂度时若不做特殊说明,序列长度值取为 $N = 10^5$。

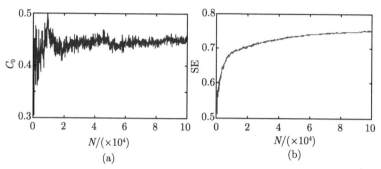

图 7-16　时间序列长度 N 对结构复杂度的影响

(a) C_0 复杂度;(b) 谱熵复杂度

7.2.2　分数阶混沌系统结构复杂度分析

1. 结构复杂度随阶数 q 变化的特性

分数阶 Lorenz 系统、分数阶 Lorenz 超混沌系统及分数阶简化 Lorenz 超混沌系统随阶数 q 变化的 C_0 复杂度和谱熵复杂度测度结果如图 7-17 和图 7-18 所示。

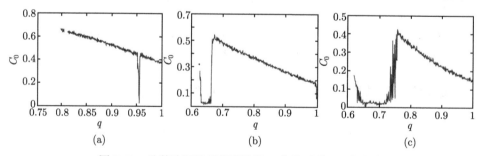

图 7-17　分数阶混沌系统随阶数 q 变化时的 C_0 复杂度

(a) 分数阶 Lorenz 系统;(b) 分数阶 Lorenz 超混沌系统;(c) 分数阶简化 Lorenz 超混沌系统

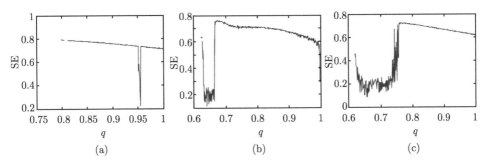

图 7-18　分数阶混沌系统随阶数 q 变化时的谱熵复杂度

(a) 分数阶 Lorenz 系统；(b) 分数阶 Lorenz 超混沌系统；(c) 分数阶简化 Lorenz 超混沌系统

两图分别采用 C_0 复杂度算法和谱熵复杂度算法进行计算。由图 7-17 和图 7-18 可见，基于两种算法，可以得到基本一致的结论。分数阶混沌系统的复杂度随阶数 q 的增加呈减小的趋势，其中 C_0 复杂度下降趋势更为明显。序列的频域结构复杂度表明，分数阶混沌系统具有较整数阶系统更高的复杂度，且更有利于实际应用。

2. 结构复杂度随参数变化的特性

分数阶 Lorenz 系统、分数阶 Lorenz 超混沌系统以及分数阶简化 Lorenz 超混沌系统随参数变化的 C_0 复杂度和谱熵复杂度测度结果分别如图 7-19 和图 7-20 所示。

由图可知，C_0 算法和谱熵算法变化趋势基本一致，都能很好地描述系统的复杂度，且对比相应系统的分岔图与 Lyapunov 指数谱结果可知，结构复杂度与动力学特性具有较好的一致性。分析分数阶 Lorenz 系统复杂度时，谱熵复杂度在系统处于收敛态时，测度值也比较大，算法的测度效果此时并不理想。相比于谱熵算法，C_0 算法测度效果更好，系统为周期态或收敛态时，C_0 复杂度趋于零，但是 C_0 算法测度值波动性更大。

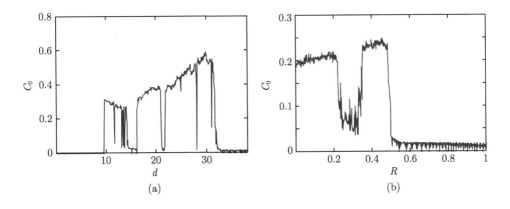

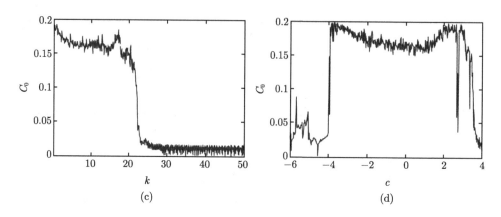

图 7-19 分数阶混沌系统随参数变化时的 C_0 复杂度

(a) 分数阶 Lorenz 系统 d 变化；(b) 分数阶 Lorenz 超混沌系统 R 变化；(c) 分数阶简化 Lorenz 超混沌系统 k 变化；(d) 分数阶简化 Lorenz 超混沌系统 c 变化

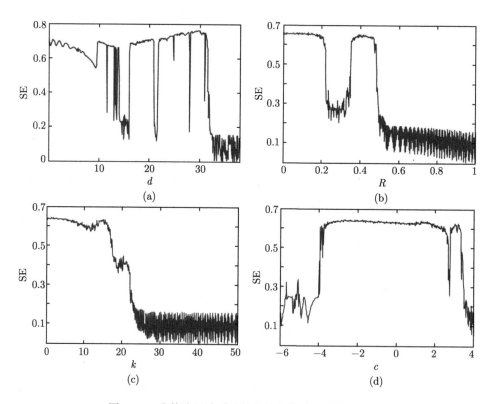

图 7-20 分数阶混沌系统随参数变化时的谱熵复杂度

(a) 分数阶 Lorenz 系统 d 变化；(b) 分数阶 Lorenz 超混沌系统 R 变化；(c) 分数阶简化 Lorenz 超混沌系统 k 变化；(d) 分数阶简化 Lorenz 超混沌系统 c 变化

与 MvPE 算法和 MMPE 行为复杂度算法相比，C_0 算法和谱熵算法区分效果相对更好一些。

3. 分数阶混沌系统结构复杂度混沌图

基于 C_0 算法和谱熵算法的分数阶 Lorenz 系统、分数阶 Lorenz 超混沌系统以及分数阶简化 Lorenz 超混沌系统的混沌图分别如图 7-21 和图 7-22 所示。系统参数设置以及测度的序列与前面一致。由图可知，在参数平面中，系统混沌区域和周期区域与行为复杂度算法混沌图结果类似，由于结构复杂度算法结果与 Lyapunov 指数谱结果一致性更好，基于结构复杂度的混沌图，高复杂度区域与低复杂度区域边界更为明显，对比 C_0 算法和谱熵算法，C_0 算法效果则更佳。

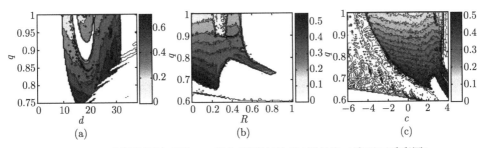

图 7-21　分数阶混沌系统 C_0 复杂度混沌图 (扫描封底二维码可看彩图)

(a) 分数阶 Lorenz 系统 q-d 平面；(b) 分数阶 Lorenz 超混沌系统 q-R 平面；(c) 分数阶简化 Lorenz 超混沌系统 q-c 平面

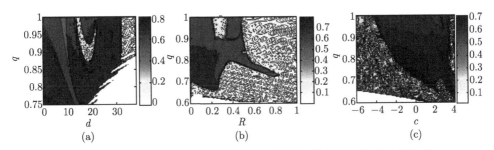

图 7-22　分数阶混沌系统谱熵复杂度混沌图 (扫描封底二维码可看彩图)

(a) 分数阶 Lorenz 系统 q-d 平面；(b) 分数阶 Lorenz 超混沌系统 q-R 平面；(c) 分数阶简化 Lorenz 超混沌系统 q-c 平面

参 考 文 献

[1]　Villazana S, Seijas C, Caralli A. Lempel-Ziv complexity and Shannon entropy-based support vector clustering of ECG signals [J]. Revista Ingeniería UC, 2015, 22(1): 7-15.

[2]   Raghu S, Sriraam N, Kumar G P. Effect of wavelet packet log energy entropy on elec-troencephalogram (EEG) signals [J]. International Journal of Biomedical & Clinical Engineering, 2015, 44(1): 32-43.

[3]   Topcu C, Akgul A, Bedeloglu M, et al. Entropy analysis of surface EMG for classifi-cation of face movements [C] // Signal Processing and Communications Applications Conference (SIU), 2015 23th International Congress IEEE, 2015: 1-4.

[4]   向郑涛, 陈宇峰, 李昱瑾, 等. 基于多尺度熵的交通流复杂性分析 [J]. 物理学报, 2014, 63(3): 038903-1-038903-9.

[5]   Fan C L, Jin N D, Chen X T, et al. Multi-scale permutation entropy: a complexity measure for discriminating two-phase flow dynamics [J]. Chinese Physics Letter, 2013, 30(9): 090501.

[6]   Li D, Li X L, Liang Z H, et al. Multiscale permutation entropy analysis of EEG record-ings during sevoflurane anesthesia[J]. Journal of Neural Engineering, 2010, 7(4): 14.1-14.14.

[7]   Wu S D, Wu C W, Lee K Y, et al. Modified multiscale entropy for short-term time series analysis[J]. Physica A: Statistical Mechanics and its Applications, 2013, 392(392): 5865-5873.

[8]   Ahmed M U, Mandic D P. Multivariate multiscale entropy: a tool for complexity analysis of multichannel data [J]. Physical Review E, 2011, 84(6): 3067-3076.

[9]   Richman J S. Multivariate neighborhood sample entropy: a method for data reduction and prediction of complex data [J]. Methods in Enzymology, 2011, 487: 397-408.

[10]   李鹏, 刘澄玉, 李丽萍, 等. 多尺度多变量模糊熵分析 [J]. 物理学报, 2013, 62(12): 120512.

[11]   Bant C, Pompe B. Permutation entropy: a natural complexity measure for time series [J]. Physical Review Letters, 2002, 88(17): 1741-1743.

[12]   孙克辉, 贺少波, 盛利元. 基于强度统计算法的混沌序列复杂度分析 [J]. 物理学报, 2011, 60(2): 020505.

[13]   Baier G, Klein M. Maximum hyperchaos in generalized Hénon maps [J]. Physics Letters A, 1990, 151(6): 281-284.

[14]   Micco L D, Fernández J G, Larrondo H A, et al. Sampling period, statistical complexity, and chaotic attractors[J]. Physica A: Statistical Mechanics and its Applications, 2012, 391(8): 2564-2575.

[15]   Letellier C, Aguirre L A. Dynamical analysis of fractional-order Rössler and modified Lorenz systems [J]. Physics Letters A, 2013, 377(28): 1707-1719.

[16]   Staniczenko, Phillip P A, Lee C F. Rapidly detecting disorder in rhythmic biological signals: a spectral entropy measure to identify cardiac arrhythmias [J]. Physical Review E, 2009, 79(1): 011915.

[17]   Shen E H, Cai Z J, Gu F J. Mathematical foundation of a new complexity measure [J]. Applied Mathematics and Mechanics, 2005, 26(9): 1188-1196.

[18] Sweilam N H, Assiri T A. Non-standard Crank-Nicholson method for solving the variable order fractional cable equation [J]. Applied Mathematics and Information Sciences, 2015, 9(2): 943-951.

[19] Charef A, Sun H H, Tsan Y Y, et al. Fractal system as represented by singularity function [J]. IEEE Transactions on Automatic Control, 1992, 37(9): 1465-1470.

第8章　分数阶混沌系统的电路设计与实现

分数阶混沌系统的电路实现是分数阶混沌系统应用研究的基础,其电路实现可分为模拟电路实现和数字电路实现。分数阶混沌系统的模拟电路实现是以时域–频域近似算法为基础的,一般直接采用 Ahmad 等 [1] 计算的近似分数阶算子,采用等效电路的形式实现。而分数阶混沌系统的数字电路实现,主要是基于 Adomian 分解算法。本章分别采用模拟电路、DSP 和 FPGA 实现前面分析过的部分分数阶混沌系统。首先,基于时域–频域近似算法,采用模拟电路设计,并实现了 $q=0.965$ 时的分数阶简化 Lorenz 混沌系统,通过电路仿真,验证了该算法下系统存在混沌的最小阶数。其次,研究了分数阶混沌系统的数字电路实现方法,给出了数字电路实现的思路和步骤,并完成了 DSP 和 FPGA 实验验证。最后,对分数阶混沌系统的电路实现方法进行比较。

8.1　分数阶混沌系统的模拟电路研究

分数阶混沌系统的模拟电路实现是以时域–频域近似求解算法为基础的 [2],关键在于分数阶积分运算等效电路的设计。根据分数阶微积分的拉普拉斯变换 [3],先将时域方程转换到频域,频域阶数为 q 的分数阶积分算子采用传递函数 $H(s)=1/s^q$ 描述,再用整数阶算子来逼近 $H(s)=1/s^q$,这里,采用串联型电路单元、树形电路单元或混合型电路单元设计阶数为 q 的分数阶积分算子的等效电路。

比较分数阶混沌系统和整数阶混沌系统的方程可以发现,二者主要是微分算子的不同,分数阶混沌系统采用的是分数阶微分算子,而整数阶混沌系统采用的是整数阶微分算子。所以,分数阶混沌系统的电路设计与对应的整数阶混沌系统的电路设计有很多相似之处,主要区别在于积分电路。图 8-1(a) 和 (b) 所示分别为整数阶系统和分数阶系统的积分电路。

分别以 0.965 和 0.945 阶为例,根据时域–频域近似算法,采用模拟电路实现阶数步长为 0.001 的分数阶简化 Lorenz 混沌系统。首先,取近似误差为 $y=1\text{dB}$,$w_{\max}=100\text{rad/s}$,$P_T=0.01$,根据第 2 章的时域–频域转换法,可得阶数为 $q=0.965$ 和 $q=0.945$ 的积分算子在频域中的整数阶近似式,分别为

$$H(s) = \frac{1}{s^{0.965}} \approx \frac{1.5455(s+8.1088)(s+7408.4)}{(s+0.0113)(s+10.294)(s+9404.9)} \tag{8-1}$$

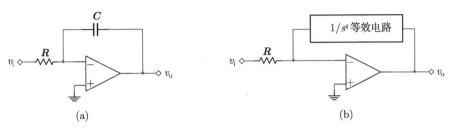

图 8-1 积分电路图

(a) 整数阶系统; (b) 分数阶系统

$$H(s) = \frac{1}{s^{0.945}} \approx \frac{1.8213(s+0.7432)(s+62.387)(s+5237.2)}{(s+0.0113)(s+0.9482)(s+79.6002)(s+6682.1)} \tag{8-2}$$

当 $q=0.965$ 时，根据式 (8-1) 中零极点的个数，设计与 $H(s)=1/s^{0.965}$ 等效的树形电路单元，如图 8-2(a) 所示。

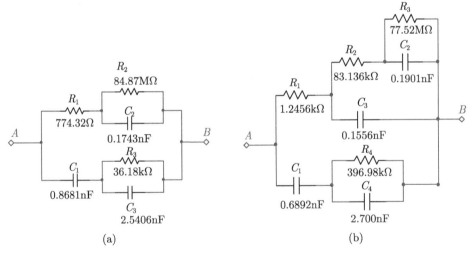

图 8-2 $1/s^q$ 的等效单元电路

(a) $q=0.965$; (b) $q=0.945$

图 8-2(a) 中 A 与 B 之间的传递函数表示为

$$
\begin{aligned}
& H(s) \\
&= \left[R_1 + \left(R_2 \Big/\!\!\Big/ \frac{1}{sC_2}\right)\right] \Big/\!\!\Big/ \left[\frac{1}{sC_1} + \left(R_3 \Big/\!\!\Big/ \frac{1}{sC_3}\right)\right] \\
&= \frac{1}{C_0}\left(\left(\frac{C_0}{C_1} + \frac{C_0}{C_3}\right)\left(s + \frac{R_1+R_2}{R_1C_2R_2}\right)\left(s + \frac{1}{C_1R_3 + C_3R_3}\right)\right)
\end{aligned}
$$

$$\Bigg/ \left(s^3 + \left(\frac{R_1 + R_2}{R_1 C_2 R_2} + \frac{1}{C_3 R_3} + \frac{C_1 + C_3}{C_1 R_1 C_3}\right) s^2 \right.$$

$$\left. + \left(\frac{R_1 + R_2}{R_1 C_2 R_2 C_3 R_3} + \frac{1}{C_1 R_1 C_3 R_3} + \frac{C_1 + C_3}{C_1 R_1 C_2 R_2 C_3}\right) s^2 + \frac{1}{C_1 R_1 C_2 R_2 C_3 R_3}\right) \tag{8-3}$$

其中，"//" 表示并联关系；C_0 为单位参数，设 C_0=1nF。将式 (8-3) 与式 (8-1) 比较，可得 $1/s^{0.965}$ 的等效电路中的各元件参数值为 $R_1 = 774.32\Omega$, $R_2 = 84.87\text{M}\Omega$, $R_3 = 36.18\text{k}\Omega$, $C_1 = 0.8681\text{nF}$, $C_2 = 0.1743\text{nF}$, $C_3 = 2.5406\text{nF}$。同理得到 $1/s^{0.945}$ 的等效电路及元器件，参数如图 8-2(b) 所示。

基于分数阶简化 Lorenz 系统的微分方程，采用模块化设计方法，设计了其模拟电路。根据分数阶系统的拉普拉斯变换，将整数阶的积分电路分别用 0.965 阶和 0.945 阶等效单元电路代替，得到分数阶简化 Lorenz 系统的模拟电路，如图 8-3 所示。取 c=5，使用 Multisim 软件仿真得到的相应吸引子相图如图 8-4 所示。

通过模拟电路仿真实验可见，基于该算法求解分数阶简化 Lorenz 系统，取 q 的步长为 0.001，当 c=5 时，系统存在混沌的最小阶数为 q=0.930，而文献 [4] 中在同样条件下只实现了 q=0.95 的分数阶简化 Lorenz 系统，并非最小阶数。下面给出同样是 y=1dB，$w_{\max}$ =100rad/s，P_T=0.01 时，q=0.929 和 q=0.930 的分数阶微积分算子在频域近似的整数阶系统函数，如式 (8-4) 和式 (8-5) 所示。通过电路仿真得到 0.929 阶和 0.930 阶分数阶简化 Lorenz 系统的吸引子相图，如图 8-5 所示。前面采用 Adomian 分解算法求解分析 c=5 时系统存在混沌的最小阶数为 q=0.595，可见，两种算法得到的结果不同。

$$H(s) = \frac{1}{s^{0.929}} \approx \frac{1.7169(s + 0.2899)(s + 9.5140)(s + 312.2185)}{(s + 0.0113)(s + 0.3715)(s + 12.1901)(s + 400.0381)} \tag{8-4}$$

$$H(s) = \frac{1}{s^{0.930}} \approx \frac{1.3453(s + 10.43)(s + 0.3036)}{(s + 13.36)(s + 0.3889)(s + 0.01132)} \tag{8-5}$$

由图 8-2 可见，图中电阻阻值和电容值在实际中很难找到，即使使用多个电阻或电容组合也很难完全匹配，只能定做或尽量选用近似的电阻和电容代替，所以根据图 8-3 实现分数阶简化 Lorenz 系统的模拟电路，最初就产生了偏差。

图 8-6 为选择与图 8-2(a) 中近似的电阻和电容实现的 0.965 阶分数阶简化 Lorenz 系统。通过示波器观察的对应吸引子如图 8-7 所示，与仿真结果类似，表现为混沌态。通过上述分析可见，模拟电路实现的分数阶混沌系统中有些因素难以控制，实现的结果与理论仿真的结果可能存在偏差，调整参数不方便，实现方法欠灵活，这些因素直接影响分数阶混沌系统的实际应用。

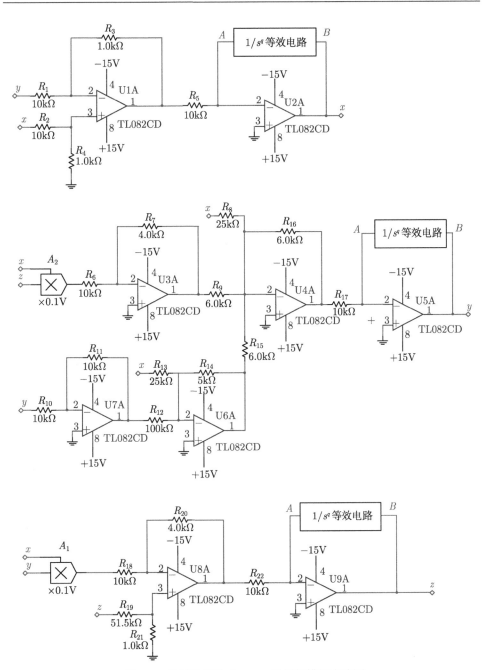

图 8-3　分数阶简化 Lorenz 系统的模拟电路图

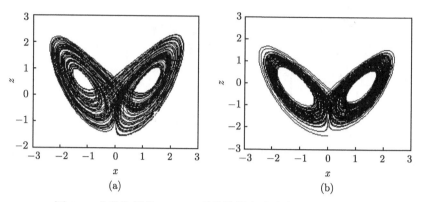

图 8-4　分数阶简化 Lorenz 系统模拟电路仿真的吸引子相图

(a) q=0.965; (b) q=0.945

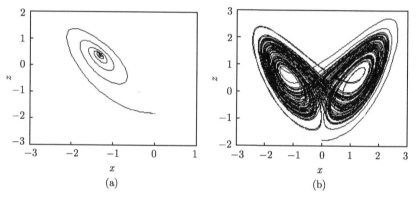

图 8-5　分数阶简化 Lorenz 系统模拟电路仿真的吸引子相图

(a) q=0.929; (b) q=0.930

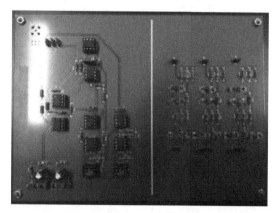

图 8-6　分数阶简化 Lorenz 系统的模拟电路

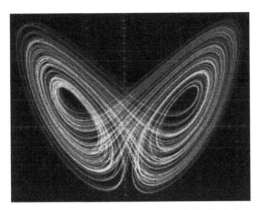

图 8-7 分数阶简化 Lorenz 系统的吸引子

8.2 分数阶混沌系统 DSP 设计与实现

8.2.1 分数阶简化 Lorenz 系统的求解算法研究

DSP 处理器具有强大的性能和低廉的价格,在工程实践中应用广泛,由于硬件资源的不同,采用 DSP 实现分数阶混沌系统时,需要考虑计算式的复杂程度,一般在保证系统基本特性的前提下,尽可能简化计算。

根据 Adomian 分解算法 [5] 求解分数阶简化 Lorenz 系统,其数值解为

$$
\begin{cases}
x_{m+1} = x_m + 10(y_m - x_m)\dfrac{h^q}{\Gamma(q+1)} + 10[(24-4c)x_m \\
\qquad + cy_m - 10(y_m - x_m)]\dfrac{h^{2q}}{\Gamma(2q+1)} + \cdots \\
y_{m+1} = y_m + [(24-4c)x_m + cy_m - x_m z_m]\dfrac{h^q}{\Gamma(q+1)} + \{10(24-4c)(y_m - x_m) \\
\qquad + c[(24-4c)x_m + cy_m - x_m z_m] + \cdots\}\dfrac{h^{2q}}{\Gamma(2q+1)} + \cdots \\
z_{m+1} = z_m + \left(x_m y_m - \dfrac{8}{3}z_m\right)\dfrac{h^q}{\Gamma(q+1)} + \left\{\left(-\dfrac{8}{3}\right)\left[\left(-\dfrac{8}{3}\right)z_m \right.\right. \\
\qquad \left.\left. + x_m y_m\right] + 10y_m(y_m - x_m) + \cdots\right\}\dfrac{h^{2q}}{\Gamma(2q+1)} + \cdots
\end{cases}
\tag{8-6}
$$

其中,h 为迭代步长。

式 (8-6) 为基于 Adomian 分解算法的无穷级数形式,由于 Adomian 分解算法具有良好的收敛性 [6-11],所以采用计算机对系统进行求解与分析时,对其进行适当截取即可。分别截取不同项数的 Adomian 多项式,设截取的项数为 S,当

h=0.01，S 分别取 3、4、5 时对应的最大 Lyapunov 指数图如图 8-8 所示。

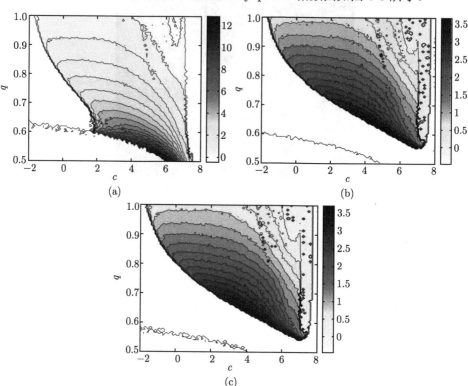

(a)

(b)

(c)

图 8-8　不同项数时分数阶简化 Lorenz 系统的最大 Lyapunov 指数图

(扫描封底二维码可看彩图)

(a) S=3; (b) S=4; (c) S=5

可见，当 S=3 时，对应的最大 Lyapunov 指数图相对于 S=4 时发生了明显的改变，主要原因是不适当的项数截取影响了计算精度。而 S=4 和 S=5 对应的 Lyapunov 指数图基本相似，无论是混沌区域的分布，还是对应位置处的最大 Lyapunov 指数值都很相近。图 8-8 表明，由于 Adomian 分解算法的快速收敛性，对于分数阶简化 Lorenz 系统，截取 Adomian 多项式的前 4 项即可反映系统的动力学特性。

在实际应用中，截取 Adomian 多项式的前 4 项即可满足应用需求，其对应的离散迭代式为

$$
\begin{bmatrix} x_{m+1} \\ y_{m+1} \\ z_{m+1} \end{bmatrix} = \begin{bmatrix} C_{10} & C_{11} & C_{12} & C_{13} \\ C_{20} & C_{21} & C_{22} & C_{23} \\ C_{30} & C_{31} & C_{32} & C_{33} \end{bmatrix} \begin{bmatrix} 1 & \dfrac{h^q}{\Gamma(q+1)} & \dfrac{h^{2q}}{\Gamma(2q+1)} & \dfrac{h^{3q}}{\Gamma(3q+1)} \end{bmatrix}^{\mathrm{T}}
$$

(8-7)

其中,

$$
\begin{cases}
C_{10} = x_m \\
C_{20} = y_m \\
C_{30} = z_m
\end{cases} \tag{8-8}
$$

$$
\begin{cases}
C_{11} = 10(C_{20} - C_{10}) \\
C_{21} = (24 - 4c)C_{10} + cC_{20} - C_{10}C_{30} \\
C_{31} = -\dfrac{8}{3}C_{30} + C_{10}C_{20}
\end{cases} \tag{8-9}
$$

$$
\begin{cases}
C_{12} = 10(C_{21} - C_{11}) \\
C_{22} = (24 - 4c)C_{11} + cC_{21} - C_{11}C_{30} - C_{10}C_{31} \\
C_{32} = -\dfrac{8}{3}C_{31} + C_{11}C_{20} + C_{10}C_{21}
\end{cases} \tag{8-10}
$$

$$
\begin{cases}
C_{13} = 10(C_{22} - C_{12}) \\
C_{23} = (24 - 4c)C_{12} + cC_{22} - C_{12}C_{30} - C_{11}C_{31}\dfrac{\Gamma(2q+1)}{\Gamma^2(q+1)} - C_{10}C_{32} \\
C_{33} = -\dfrac{8}{3}C_{32} + C_{12}C_{20} + C_{11}C_{21}\dfrac{\Gamma(2q+1)}{\Gamma^2(q+1)} + C_{10}C_{22}
\end{cases} \tag{8-11}
$$

另外,为了简化计算,在式 (8-7)~式 (8-11) 中,分别定义 $g_1 = h^q/\Gamma(q+1)$, $g_2 = h^{2q}/\Gamma(2q+1)$, $g_3 = h^{3q}/\Gamma(3q+1)$ 和 $g_4 = \Gamma(2q+1)/\Gamma^2(q+1)$,则 g_1, g_2, g_3 和 g_4 是 h 和 q 的函数。在迭代计算中,确定 h 和 q 后,g_1, g_2, g_3 和 g_4 则为常数,不需要每次迭代都重新计算,这样大大减少了 DSP 的计算量。

8.2.2 分数阶混沌系统的硬件电路设计

为了在 DSP 平台上实现分数阶简化 Lorenz 混沌系统,并对实现结果进行观察和测试,采用模块化设计方法,设计的系统硬件框图如图 8-9 所示。

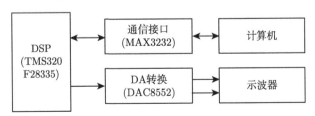

图 8-9 分数阶简化 Lorenz 系统的 DSP 实现硬件框图

图中 TMS320F28335 是 TI 公司的一款具有代表性的 32 位浮点 DSP 处理器 [12],最高时钟频率可达到 150MHz,具有较高的性价比、强大的数字信号处理能力和较为完善的事件管理能力,使其非常适合在数字信号处理领域应用。本章采用 DSP 最小系统开发板，外接 30MHz 晶体振荡器。

为了能通过示波器观测到混沌吸引子，系统将 DSP 产生的混沌序列转换成模拟信号。采用的 DA 转换器是 TI 公司的 DAC8552，其内部结构如图 8-10 所示。DAC8552 是具有 16 位转换精度的双通道电压输出型 DA 转换器。合理的硬件结构和控制输出方式可以保证 $V_{OUT}A$ 和 $V_{OUT}B$ 同时完成 DA 转换，并同步输出转换后的模拟信号，更有利于观察混沌系统的吸引子。DAC8552 的转换速度可达 10μs，与 DSP 中常见的 SPI(serial peripheral interface) 接口连接，如图 8-11 所示。

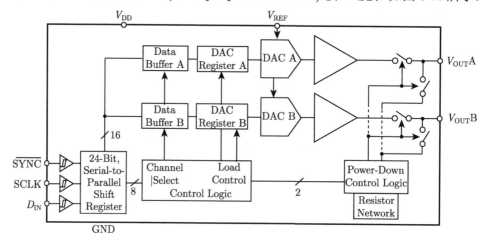

图 8-10　DAC8552 内部结构图

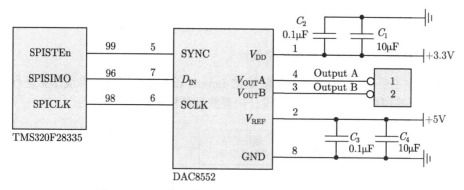

图 8-11　TMS320F28335 与 DAC8552 连接的电路图

软件设计编程时，对 DAC8552 的操作控制字如图 8-12 所示。DB15~DB0 为需要被转换的 16 位数字量；PD0=0，且 PD1=0 表示正常操作；Buffer Select 为 0 表示此次操作数据输入到 A 通道，为 1 则输入 B 通道；LDA(B)=0，A(B) 通道不输出模拟量，LDA(B)=1，则 A(B) 通道输出模拟量，LDA 和 LDB 同时为 1，表示两通道同步输出模拟量。

第一步写入A数据缓冲器的24位数

Res	Res	LDB	LDA	DC	Buffer Select	PD1	PD0	DB15	⋯	DB1	DB0
0	0	0	0	×	0	0	0	D15	⋯	D1	D0

第二步写入B数据缓冲器的24位数

Res	Res	LDB	LDA	DC	Buffer Select	PD1	PD0	DB15	⋯	DB1	DB0
0	0	1	1	×	1	0	0	D15	⋯	D1	D0

图 8-12　DAC8552 的操作控制字

通过 SCI(serial communication interface) 接口实现计算机与 DSP 之间的交互。设定 q, h, 参数 c 和系统的初值后, 通过 SCI 接口发送给 DSP。同样, DSP 运算后得到的混沌序列通过 SCI 接口发送给计算机, 这样, 可以在计算机上对产生的混沌序列进行采集和分析。计算机与 TMS320F28335 的接口连接如图 8-13 所示, 其中, MAX3232 是 MAXIM 公司的 RS232 收发器。

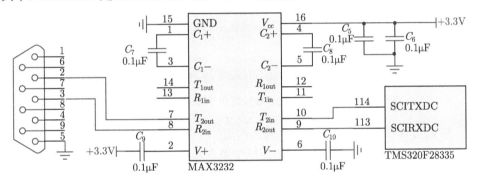

图 8-13　TMS320F28335 与计算机接口电路

分数阶混沌系统的 DSP 实验平台如图 8-14 所示。

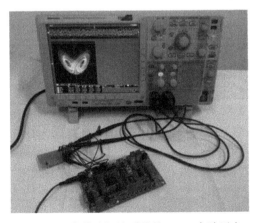

图 8-14　分数阶混沌系统的 DSP 实验平台

8.2.3　分数阶混沌系统的软件设计

采用分模块设计方法,设计基于 DSP 平台的分数阶简化 Lorenz 系统软件[13,14],其流程图如图 8-15 所示。

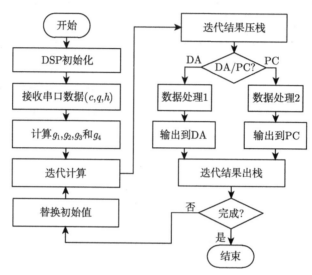

图 8-15　DSP 平台实现分数阶简化 Lorenz 系统软件的流程图

根据仿真可知,由迭代式计算得到的混沌序列中经常存在负数,而 DAC8552 只能接受 $[0, 2^{16} - 1]$ 内的正整数。所以如果在示波器上观察混沌吸引子,需要经过图 8-15 中的 "数据处理 1",包括三个步骤:① 将得到的所有混沌序列加上一个恰当的正整数 A,确保混沌序列都变为正值,并且不改变各个序列之间的相对值;② 再把每个序列放大 B 倍;③ 采用四舍五入,保留序列的整数部分,而且保证该整数在 $[0, 2^{16} - 1]$ 内。需要注意的是,由于 q 和 c 不同,吸引子的大小也会有差异,所以实现不同的 q 和 c 的分数阶简化 Lorenz 系统时,A 和 B 值可能是不同的,需要根据具体吸引子的情况进行调整。由于 SCI 通信传输数据以字节为单位,所以将混沌序列传输到计算机时,"数据处理 2" 将混沌序列转换为 ASCII 码。另外,采用压栈和出栈操作,对 DSP 迭代计算中得到的混沌序列进行保护,使迭代运算免受数据处理的影响。

设 h=0.01,初始值 (x_0, y_0, z_0)=(0.1, 0.2, 0.3),A=15,B=1400,实现不同 q 和 c 时的分数阶简化 Lorenz 系统,通过示波器观察的吸引子如图 8-16 所示。图中也给出同样条件下,通过 Matlab 仿真得到的混沌吸引子相图。图 8-16(a) 和 (c) 为不同 q 和 c 时对应的混沌状态,图 8-16(e) 为周期状态。对比发现 DSP 实现分数阶简化 Lorenz 系统的结果与仿真结果一致。

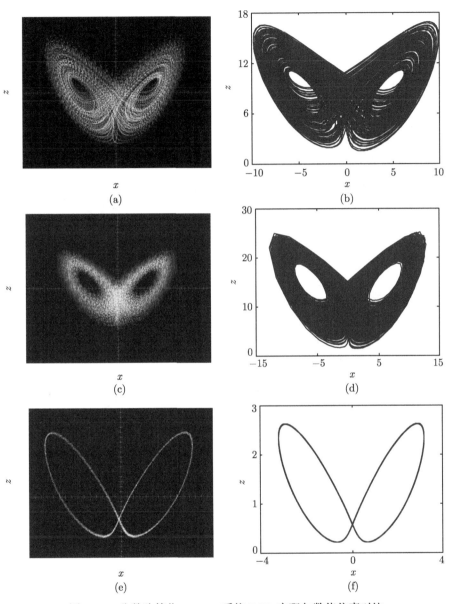

图 8-16 分数阶简化 Lorenz 系统 DSP 实现与数值仿真对比

(a) DSP 实现的吸引子，$q=0.9$，$c=5$；(b) 仿真实现的吸引子相图，$q=0.9$，$c=5$；
(c) DSP 实现的吸引子，$q=0.7$，$c=3$；(d) 仿真实现的吸引子相图，$q=0.7$，$c=3$；
(e) DSP 实现的吸引子，$q=0.65$，$c=7.5$；(f) 仿真实现的吸引子相图，$q=0.65$，$c=7.5$

采用同样的硬件平台，基于第 6 章求解分数阶 Rössler 系统和分数阶 Lorenz-Stenflo 系统的迭代式，也实现了这两种分数阶混沌系统。图 8-17 为 $a=0.55$，$b=2$，

$c=4$，$h=0.01$，不同 q 时分数阶 Rössler 系统的吸引子。图 8-18 为 $q=0.8$，$h=0.001$ 时，σ, s, b, r 不同时分数阶 Lorenz-Stenflo 系统的吸引子。实现结果与相应的计算机仿真结果对比表明，在 DSP 平台上成功实现了这两种分数阶混沌系统。

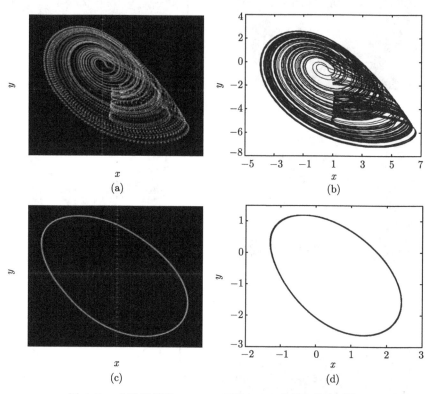

图 8-17　分数阶简化 Rössler 系统 DSP 实现与仿真对比

(a) DSP 实现，$q=0.7$；(b) 计算机仿真，$q=0.7$；(c) DSP 实现，$q=0.3$；(d) 计算机仿真，$q=0.3$

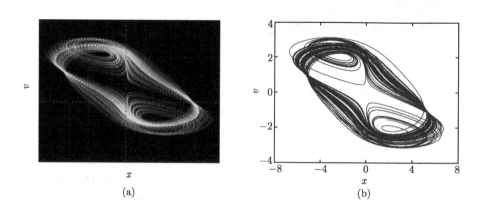

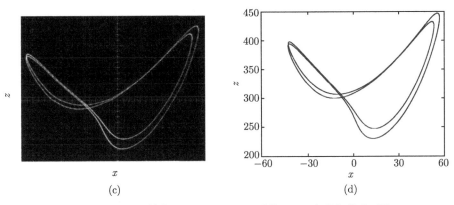

图 8-18　分数阶简化 Lorenz-Stenflo 系统 DSP 实现与仿真对比

(a) DSP 实现, $\sigma=1.0$, $s=1.5$, $b=0.7$, $r=26$; (b) 计算机仿真, $\sigma=1.0$, $s=1.5$, $b=0.7$, $r=26$;

(c) DSP 实现, $\sigma=10$, $s=30$, $b=8/3$, $r=340$; (d) 计算机仿真, $\sigma=10$, $s=30$, $b=8/3$, $r=340$

8.3　分数阶混沌系统 FPGA 设计与实现

8.3.1　电路结构的设计与优化

当前基于 FPGA 的系统设计日益受到重视, 其应用也越来越广泛[15]。采用自顶向下的方法, 设计基于 FPGA 的分数阶简化 Lorenz 系统, 在顶层按功能划分模块, 并规划各模块之间的关系和协调工作方式, 在底层使用 Verilog 硬件描述语言实现各模块的功能, 设计的原理框图如图 8-19 所示。

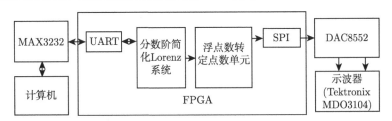

图 8-19　基于 FPGA 实现分数阶简化 Lorenz 系统框图

首先, 定义 $g_1 = h^q/\Gamma(q+1)$, $g_2 = h^{2q}/\Gamma(2q+1)$, $g_3 = h^{3q}/\Gamma(3q+1)$, $g_4 = \Gamma(2q+1)/\Gamma^2(q+1)$, 确定 q 和 h 后, 计算 g_1, g_2, g_3, g_4; 然后和参数 c 及初始值 (x_0, y_0, z_0) 一起通过串口发送到 FPGA。在 FPGA 中, 分数阶简化 Lorenz 系统经迭代产生的混沌序列也可通过串口发送到计算机, 以便对结果进一步分析和测试。为了通过示波器观察混沌吸引子, 需要将产生的混沌序列转换成定点数, 再通过 SPI 接口输入到 D/A 转换单元。

　　FPGA 的顶层设计原理如图 8-20 所示，分数阶混沌信号发生器根据式 (8-7)～式 (8-11) 迭代计算输出一组分数阶混沌序列；浮点/定点转换单元 (floating-fixed convertion) 将每次产生的分数阶混沌序列转换为定点数；串口 (UART) 负责与计算机通信；SPI 接口把需要转换的数字量输出到 DA 转换器。各模块之间通过状态控制信号协调工作，clk, rst 信号保证各子模块及整个系统的时钟和复位信号同步，clko 和 fg 为状态控制信号，data[255...0] 包括 8 个 32 位浮点数 (初始值 x_0, y_0, z_0, 参数 c 和 g_1, g_2, g_3, g_4)。当串口从计算机接收到 data[255...0] 后，clkout 使 cc=0，然后分数阶混沌发生器 (fractional-order chaotic oscillator) 读取 data[255...0]，并开始迭代计算。迭代计算过程中，当分数阶混沌发生器完成一次迭代后，将得到的混沌序列通过 data[255...0] 反向通过串口发送到计算机。同时，通过分数阶混沌发生器的 clko 使浮点/定点转换单元的 fg=0，从而开始浮点/定点转换，将生成的 32 位浮点数 floatx[31...0], floaty[31...0], floatz[31...0] 转换为适合 DAC8552 输入的 16 位定点数 fix[15...0], fiy[15...0], fiz[15...0]。转换完成后，浮点/定点转换单元的 clko 再使 SPI 接口单元的 fg=0，然后数据输出到 DAC8552，在示波器上观察混沌吸引子。同时 SPI 接口的 clko=0，启动分数阶混沌发生器进行下次迭代计算。

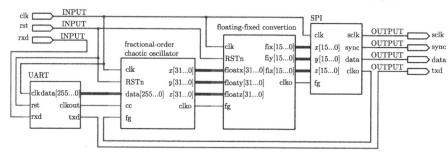

图 8-20　FPGA 的顶层设计原理图

8.3.2　分数阶简化 Lorenz 系统混沌信号发生器的设计

　　在图 8-20 中，分数阶混沌信号发生器是系统的核心。其内部结构如图 8-21 所示。分数阶混沌发生器由三部分组成：浮点数乘法器 (floating-point multiplier)，浮点数加法器 (floating-point adder) 和分数阶混沌运算控制器 (controller)。根据迭代式中计算的过程，分数阶混沌运算控制器的工作流程如图 8-22 所示。clkj, clkc, clko 和 fg 都是控制信号。clkj=0 用来选择浮点数加法器对两个输入数据 $A[31...0]$ 和 $B[31...0]$ 做浮点数加法运算，clkc=0 则选择浮点数乘法器对两个输入数据 $A[31...0]$ 和 $B[31...0]$ 进行浮点数乘法运算。运算单元完成计算后，通过各自的 clko 使 fgs=0 或 fgs1=0，从而通知控制器从运算单元中读取计算结果 Result[31...0]。根据迭代方程的计算情况，直到本次迭代结束，得到分数阶混沌序列 $x[31...0]$, $y[31...0]$, $z[31...0]$，同时它们也作为下次迭代的初始值。

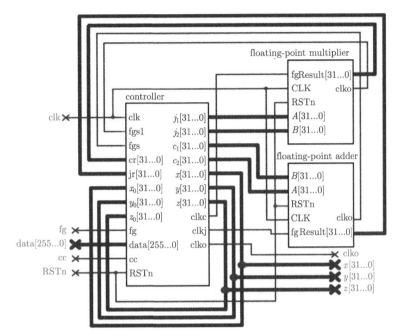

图 8-21　分数阶混沌发生器的内部设计原理图

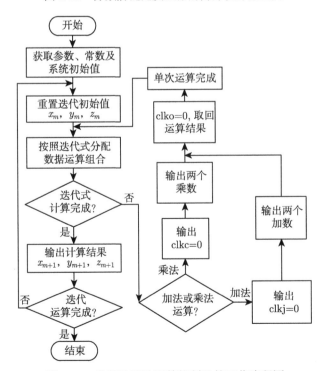

图 8-22　分数阶混沌运算控制器的工作流程图

8.3.3　浮点数运算器的设计

由于 FPGA 不同于 DSP, 内部并没有集成浮点数运算单元, 需要在程序中采用 IEEE754 标准定义浮点数, 并设计浮点数运算单元。表 8-1 为 IEEE754 规定的浮点数表示方式 [16]。

表 8-1　IEEE754 规定的浮点数表示方式

浮点数	宽度	符号 Sign(S)	阶码 EXponent(E)	尾数 Mantissa(M)	指数偏差量 (B)
单精度	32 位	[31]	[30...23]	[22...0]	127
双精度	64 位	[63]	[62...52]	[51...0]	1023
延伸双精度	80 位	[79]	[78...64]	[63...0]	16383

表 8-1 中的三种浮点数格式的设计原理相同, 为了简便, 本章采用 32 位单精度浮点数格式进行实验, 则浮点数与其对应的数值关系为

$$A = (-1)^S \times (1.0 + M) \times 2^{E-127} \tag{8-12}$$

其中, S=0 时为正数, S=1 时为负数; 阶码 E 为 8 位的二进制数, 即表示 0~255。所以表示的数值范围为 $2^{-127} \sim 2^{128}$。式 (8-12) 中的 M 为尾数, 占用 23 位, 其值为

$$M = M_0 \times 2^{-1} + M_1 \times 2^{-2} + M_2 \times 2^{-3} + \cdots + M_{22} \times 2^{-23} \tag{8-13}$$

假设浮点数 x, y 分别为

$$x = (-1)^{S_x} \times (1.0 + M_x) \times 2^{E_x-127} \tag{8-14}$$

$$y = (-1)^{S_y} \times (1.0 + M_y) \times 2^{E_y-127} \tag{8-15}$$

则浮点数加法表示为

$$x + y = \left[(-1)^{S_x} \times (1.0 + M_x) + (-1)^{S_y} \times (1.0 + M_y) \times 2^{E_y-E_x}\right] \times 2^{E_x-127} \tag{8-16}$$

而浮点数乘法表示为

$$xy = (-1)^{S_x+S_y} \times \left[(1.0 + M_x) \times (1.0 + M_y)\right] \times 2^{E_x+E_y-127} \tag{8-17}$$

FPGA 实现浮点数运算的流程图如图 8-23 和图 8-24 所示。

对于浮点数加法, 根据式 (8-16), 其计算步骤如下: 比较两个相加数阶码的大小, 如果不相等, 则需要阶码对齐, 即阶码小的需要向阶码大的调整, 使 $E_x = E_y$, 假设在此过程中为了阶码对齐, 将阶码小的加 N, 则需要进行尾数调整, 即将阶码小的尾数 (包含隐藏位) 向右移 N 位; 尾数 (包含隐藏位) 求和后, 如果结果隐

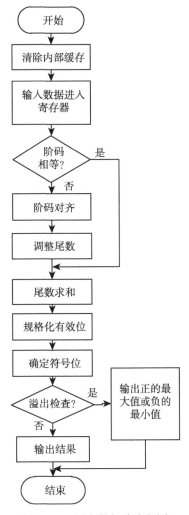

图 8-23 浮点数加法流程图

藏位为 10, 则需要将尾数 (连同隐藏位) 向右移一位, 同时阶码加 1; 确定结果的符号位 S_z, 如果 $S_x = S_y$, 则 $S_z = S_x = S_y$, 否则 S_z 等于阶码大的符号位, 当二者阶码也相等时, 则等于尾数大的符号位; 对结果进行溢出检查就是判断如果 $00000000 < E_z < 11111111$, 则表示结果没有溢出, 否则有溢出; 最后, 去掉隐藏位即为结果。

对于浮点数乘法, 根据式 (8-17), 其计算步骤为: 确定两数相乘后的符号位为 $S_z = S_x + S_y$; 临时阶码为 $E_z = E_x + E_y - 127$; 将两个尾数 (连同隐藏位) 相乘, 得到临时尾数 $M_z = M_x \times M_y$; 如果临时尾数的隐藏位不为 (01), 则需要对临时尾数进行处理, 处理方法是通过将 M_z(连同隐藏位) 右移使隐藏位为 (01), 然后取

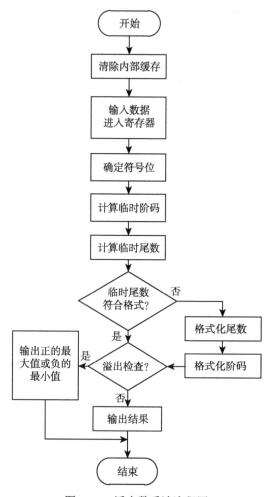

图 8-24 浮点数乘法流程图

M_z 移位后的高 23 位作为最后结果的尾码,然后,通过 E_z+1 格式化阶码;最后,同样对结果进行溢出检查,如果没有溢出,则去掉隐藏位到相乘结果。

8.3.4 实验结果与分析

为了使混沌序列值的数据格式适合 DAC8552 的数据长度,将计算得到的混沌序列值映射到 $[0, 2^{16}-1]$ 内的正整数,设计思路和方法与 DSP 中的方法相同。系统中的接口设计属于 FPGA 的片上系统 SoC(system on chip) 的设计范畴,可以参阅相关技术资料 [17,18]。另外,与计算机串口及 DAC8552 连接的接口与 DSP 类似,此处不再赘述。最后得到 FPGA 实现的分数阶简化 Lorenz 系统平台如图 8-25 所示。

图 8-25 FPGA 实现的分数阶简化 Lorenz 系统平台

令 $h=0.01$，初始值 $(x_0, y_0, z_0)=(0.1, 0.2, 0.3)$，使用 Altera Cyclone 系列的 FPGA 芯片 EP1C6Q240，实现分数阶简化 Lorenz 系统。通过示波器观测的吸引子以及将数据传输到计算机后绘制的吸引子相图分别如图 8-26 和图 8-27 所示。

图 8-26 FPGA 实现的分数阶简化 Lorenz 系统的吸引子 (示波器显示)

(a) $q=0.9$，$c=5$；(b) $q=0.8$，$c=7.5$

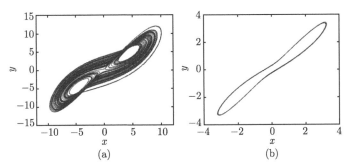

图 8-27 FPGA 实现的分数阶简化 Lorenz 系统的吸引子 (计算机仿真)

(a) $q=0.9$，$c=5$；(b) $q=0.8$，$c=7.5$

使用 Quartus II 对系统进行综合测试，得到占用 FPGA 资源情况的相关参数及所能达到的最大时钟频率如表 8-2 所示。

表 8-2　分数阶系统与整数阶系统在 FPGA 平台实现情况对比

混沌发生器	使用的寄存器数 (使用占比)	使用的逻辑器件数 (使用占比)	使用的 LAB* (使用占比)	最大时钟频率	每次迭代所需时钟周期数
Adomian 分解算法求解分数阶系统	1519 (12%)	6009 (50%)	653 (54%)	51.12MHz	900
RK4 求解整数阶系统	1782 (14%)	6057 (50%)	849 (70%)	51.06MHz	1006

* LAB, logic array block, 逻辑阵列块。

对于整数阶简化 Lorenz 系统，一般采用四阶 Runge-Kutta(RK4) 法求解。为了比较，在同等条件下，采用同样的结构，基于 RK4 使用 FPGA 实现整数阶简化 Lorenz 系统，综合测试后的各项参数也列在表 8-2 中。通过比较发现，基于 Adomian 分解算法求解的分数阶简化 Lorenz 系统占用较少的 FPGA 资源，并且速度更快。

参 考 文 献

[1] Ahmad W M, Sprott J C. Chaos in fractional-order autonomous nonlinear systems[J]. Chaos, Solitons and Fractals, 2003, 16(2): 339-351.

[2] Sun H H, Abdelwahab A A, Onaral B. Linear approximation of transfer function with a pole of fractional power[J]. IEEE Transactions on Automatic Control, 1984, 29(5): 441-444.

[3] 刘崇新. 分数阶混沌电路理论及应用 [M]. 西安: 西安交通大学出版社, 2011.

[4] 孙克辉, 杨静利, 丁家峰, 等. 单参数 Lorenz 混沌系统的电路设计与实现 [J]. 物理学报, 2010, 59(12): 8385-8392.

[5] Adomian G. A new approach to nonlinear partial differential equations [J]. Journal of Mathematical Analysis and Applications, 1984, 102(2): 420-434.

[6] Adomian G. On the convergence region for decomposition solutions[J]. Journal of Computational and Applied Mathematics, 1984, 11(3): 379-380.

[7] Cherruault Y. Convergence of Adomian's method[J]. Mathematical and Computer Modelling, 1990, 14(18): 31-38.

[8] Cherruault Y, Saccomandi G, Some B. New results for convergence of Adomian's method applied to integral equations[J]. Mathematical and Computer Modelling, 1992, 16(2): 85-93.

[9] Cherruault Y, Adomian G. Decomposition methods: a new proof of convergence[J]. Mathematical and Computer Modelling, 1993, 18(12): 103-106.

[10] Abbaoui K, Cherruault Y. Convergence of Adomian's method applied to nonlinear equations[J]. Mathematical and Computer Modelling, 1994, 20(9): 69-73.

[11] Cherruault Y, Adomian G, Abbaoui K, et al. Further remarks on convergence of decomposition method[J]. International Journal of Bio-Medical Computing, 1995, 38(1): 89-93.

[12] 刘陵顺, 高艳丽, 张树团, 等. TMS320F28335 DSP 原理及开发编程 [M]. 北京: 北京航空航天大学出版社, 2011.

[13] Wang H H, Sun K H, He S B. Characteristic analysis and DSP realization of fractional-order simplified Lorenz system based on Adomian decomposition method[J]. International Journal of Bifurcation and Chaos, 2015, 25(6): 1550085.

[14] Wang H H, Sun K H, He S B. Dynamic analysis and implementation of a digital signal processor of a fractional-order Lorenz-Stenflo system based on the Adomian decomposition method[J]. Physica Scripta, 2015, 90(1): 015206.

[15] 任文平, 申东娅, 何乐生, 等. 基于 FPGA 技术的工程应用与实践 [M]. 北京: 科学出版社, 2018.

[16] Kodali R K. FPGA implementation of IEEE-754 floating point karatsuba multiplier[C]// International Conference on Control, 2014.

[17] 褚振勇, 翁耘, 高楷娟. FPGA 设计及应用 [M]. 3 版. 西安: 西安电子科技大学出版社, 2012.

[18] 马玲, 彭敏. CPLD/FPGA 设计及应用 [M]. 武汉: 华中科技大学出版社, 2015.

第9章 分数阶混沌系统在保密通信中的应用

分数阶混沌系统丰富的动力学特性和数字电路的成功实现为其应用奠定了理论和硬件基础。本章主要阐述分数阶混沌系统的同步控制、基于 DSP 数字电路实现的伪随机序列发生器、图像加密应用。另外,将分数阶混沌系统作为扩频码应用于扩频通信系统,通过仿真测试不同信噪比 (SNR) 时系统的误码率 (BER) 情况,并与其他扩频码进行比较。

9.1 分数阶混沌系统的同步控制

分数阶混沌系统的同步定义如下。

定义 9.1 考虑如下两个非线性动力学系统 $D_{t_0}^q x = F_1(t,x)$, $D_{t_0}^q y = F_2(t,y) + U(t,x,y)$,其中 $x, y \in \mathbf{R}^n$ 为系统的状态变量,$F_1, F_2 : [\mathbf{R}_+ \times \mathbf{R}^n] \to \mathbf{R}^n$ 为非线性函数,$U : [\mathbf{R}_+ \times \mathbf{R}^n \times \mathbf{R}^n] \to \mathbf{R}^n$ 为混沌系统的同步控制器,$\mathbf{R}_+$ 为非负实数集。如果存在 $D(t_0) \subseteq \mathbf{R}^n$, $\forall x_0, y_0 \in D(t_0)$ 使得当 $t \to \infty$ 时,$\|x(t;t_0,x_0) - y(t;t_0,x_0)\| \to 0$ 成立,则两个非线性动力学系统达到同步。

分数阶混沌系统同步是其应用于混沌保密通信的基础。Adomian 分解算法有利于分数阶混沌系统的实际应用,本章主要研究基于 Adomian 分解算法的分数阶混沌系统同步算法 (包括网络同步) 及其同步性能。

9.1.1 分数阶混沌系统的耦合同步

考虑如下分数阶连续混沌系统:

$$D_{t_0}^q \boldsymbol{x}(t) = f(\boldsymbol{x}(t)) + C\boldsymbol{x}(t) \tag{9-1}$$

其耦合混沌系统为

$$D_{t_0}^q \boldsymbol{y}(t) = f(\boldsymbol{y}(t)) + C\boldsymbol{y}(t) + \rho(\boldsymbol{x}(t) - \boldsymbol{y}(t)) \tag{9-2}$$

在系统 (9-2) 中加入扰动项 $\rho(\boldsymbol{x}(t) - \boldsymbol{y}(t))$,并与驱动系统 (9-1) 进行耦合,其中 ρ 为耦合系数。若

$$\lim_{t \to \infty} \|y(t) - x(t)\| = 0 \tag{9-3}$$

则两系统达到耦合同步。下面以分数阶 Lorenz 超混沌系统为例，研究其同步问题。
分数阶 Lorenz 超混沌系统方程为

$$\begin{cases} D_{t_0}^q x_1 = 10(x_2 - x_1) \\ D_{t_0}^q x_2 = 28x_1 - x_1 x_3 + x_2 - x_4 \\ D_{t_0}^q x_3 = x_1 x_2 - 8x_3/3 \\ D_{t_0}^q x_4 = Rx_2 x_3 \end{cases} \tag{9-4}$$

根据式 (9-2)，其耦合系统为

$$\begin{cases} D_{t_0}^q y_1 = 10(y_2 - y_1) + \rho(x_1 - y_1) \\ D_{t_0}^q y_2 = 28y_1 - y_1 y_3 + y_2 - y_4 + \rho(x_2 - y_2) \\ D_{t_0}^q y_3 = y_1 y_2 - 8y_3/3 + \rho(x_3 - y_3) \\ D_{t_0}^q y_4 = Ry_2 y_3 + \rho(x_4 - y_4) \end{cases} \tag{9-5}$$

将系统 (9-4) 的参数及非线性项以矩阵形式表达，

$$\boldsymbol{C} = \begin{bmatrix} -10 & 10 & 0 & 0 \\ 28 & 1 & 0 & -1 \\ 0 & 0 & -8/3 & 0 \\ 0 & 0 & 0 & 0 \end{bmatrix}, \quad f(\boldsymbol{x}(t)) = \begin{bmatrix} 0 \\ -x_1 x_3 \\ x_1 x_2 \\ Rx_2 x_3 \end{bmatrix} \tag{9-6}$$

记误差变量为

$$\begin{cases} \boldsymbol{e} = \boldsymbol{y} - \boldsymbol{x} = [e_1, e_2, e_3, e_4]^{\mathrm{T}} \\ e_i = y_i - x_i, \quad i = 1, 2, 3, 4 \end{cases} \tag{9-7}$$

则系统 (9-4) 和系统 (9-5) 的误差系统可以表示为

$$D_{t_0}^q \boldsymbol{e}(t) = D_{t_0}^q \boldsymbol{y}(t) - D_{t_0}^q \boldsymbol{x}(t) = (\boldsymbol{C} - \boldsymbol{\rho})\boldsymbol{e}(t) + f(\boldsymbol{y}(t)) - f(\boldsymbol{x}(t)) \tag{9-8}$$

其中，

$$f(\boldsymbol{x}(t)) - f(\boldsymbol{y}(t)) = \begin{bmatrix} 0 \\ x_1 x_3 - y_1 y_3 \\ -x_1 x_2 + y_1 y_2 \\ -Rx_2 x_3 + Ry_2 y_3 \end{bmatrix} = \boldsymbol{B}\boldsymbol{e} \tag{9-9}$$

$$\boldsymbol{B} = \begin{bmatrix} 0 & 0 & 0 & 0 \\ -y_3 & 0 & -x_1 & 0 \\ x_2 & y_1 & 0 & 0 \\ 0 & Ry_3 & Rx_2 & 0 \end{bmatrix} \tag{9-10}$$

根据式 (9-3)，当 $t \to \infty$ 时，系统误差 $e_i \to 0$ $(i = 1, 2, 3, 4)$，系统 (9-4) 和系统 (9-5)
同步。

引理 9.1　当 $q \in (0, 1]$ 时，$D_{t_0}^q |x(t)| = \text{sgn}(x(t))D_{t_0}^q x(t)$。

证明　如果 $x(t) = 0$，则 $D_{t_0}^q |x(t)| = 0$。若 $x(t) > 0$，则有

$$D_{t_0}^q |x(t)| = \frac{1}{\Gamma(1-q)} \int_{t_0}^t \frac{\dot{y}(s)}{(t-s)^q} \mathrm{d}s = \frac{1}{\Gamma(1-q)} \int_{t_0}^t \frac{\dot{x}(s)}{(t-s)^q} \mathrm{d}s = D_{t_0}^q x(t) \quad (9\text{-}11)$$

若 $x(t) < 0$，则有

$$D_{t_0}^q |x(t)| = \frac{1}{\Gamma(1-q)} \int_{t_0}^t \frac{\dot{y}(s)}{(t-s)^q} \mathrm{d}s = -\frac{1}{\Gamma(1-q)} \int_{t_0}^t \frac{\dot{x}(s)}{(t-s)^q} \mathrm{d}s = -D_{t_0}^q x(t) \quad (9\text{-}12)$$

所以，引理 9.1 得证。

定理 9.1　当耦合强度 $\rho > \lambda_{\max}(\tilde{C}) + \psi\lambda_{\max}(\tilde{B})$ 时，系统 (9-4) 和系统 (9-5)
在全局范围内同步，其中 $\tilde{C} = 0.5(C + C^{\mathrm{T}})$，$\psi = \max\{|x_i|, i = 1, 2, 3, 4\}$，$\tilde{B} = 0.5(B_1 + B_1^{\mathrm{T}})$，$B_1 = \{[0, 0, 0, 0], [1, 0, 1, 0], [1, 1, 0, 0], [0, 1, 1, 0]\}$，$\lambda_{\max}(\cdot)$ 为最大特
征值。

证明　构建 Lyapunov 指数函数为

$$V = \|e\| \quad (9\text{-}13)$$

根据引理 9.1 可知

$$D_{t_0}^q V(t) = D_{t_0}^q \sum_{i=1}^4 |e_i| = \text{sgn}(e^{\mathrm{T}})D_{t_0}^q e \quad (9\text{-}14)$$

因为 $R \in [0, 1]$，可得

$$\text{sgn}(e^{\mathrm{T}})Be \leqslant \psi\text{sgn}(e^{\mathrm{T}})\tilde{B}e \leqslant \psi\lambda_{\max}(\tilde{B})\text{sgn}(e^{\mathrm{T}})e \quad (9\text{-}15)$$

即

$$\begin{aligned}
D_{t_0}^q V(t) &= \text{sgn}(e^{\mathrm{T}})(C + B - \rho)e \\
&\leqslant \text{sgn}(e^{\mathrm{T}})\frac{C + C^{\mathrm{T}}}{2}e + \psi\text{sgn}(e^{\mathrm{T}})\frac{B + B^{\mathrm{T}}}{2}e - \rho\text{sgn}(e^{\mathrm{T}})e \\
&\leqslant \text{sgn}(e^{\mathrm{T}})\lambda_{\max}(\tilde{C})e + \text{sgn}(e^{\mathrm{T}})\psi\lambda_{\max}(\tilde{B})e - \text{sgn}(e^{\mathrm{T}})\rho e \\
&= \text{sgn}(e^{\mathrm{T}})(\lambda_{\max}(\tilde{C})I + \psi\lambda_{\max}(\tilde{B})I - \rho)e \\
&= \text{sgn}(e^{\mathrm{T}})Pe
\end{aligned} \quad (9\text{-}16)$$

其中，

$$
\begin{cases}
\boldsymbol{\rho} = \mathrm{diag}(\rho,\rho,\rho,\rho) \\
\boldsymbol{P} = (\lambda_{\max}(\tilde{\boldsymbol{C}}) + \psi\lambda_{\max}(\tilde{\boldsymbol{B}}) - \rho)\boldsymbol{I}
\end{cases}
\tag{9-17}
$$

所以，当 $\rho > \lambda_{\max}(\tilde{\boldsymbol{C}}) + \psi\lambda_{\max}(\tilde{\boldsymbol{B}})$，$D_{t_0}^q V(t) < 0$ 时，误差系统分数阶导数为负值，即两系统在全局范围内达到同步，证毕。

注 9.1 定理 9.1 是分数阶 Lorenz 超混沌系统耦合同步的充分条件，即满足上述条件，系统肯定能实现同步，而当耦合强度 ρ 取更小的值时，系统也能达到同步，数值仿真结果验证了这一点。

注 9.2 根据文献 [1]，当前耦合同步系统的耦合强度的下限值并不能从理论上找到。值得指出的是，相较于其他同步控制器，耦合同步控制器简单易实现，具有实际应用价值。

如式 (9-4) 所示的分数阶 Lorenz 超混沌系统求解见第 6 章。采用 Adomian 分解算法，响应系统 (9-5) 的数值解可表示为

$$
\begin{cases}
y_{1,n+1} = \displaystyle\sum_{j=0}^{6} \xi_1^j h^{jq} / \Gamma(jq+1) \\
y_{2,n+1} = \displaystyle\sum_{j=0}^{6} \xi_2^j h^{jq} / \Gamma(jq+1) \\
y_{3,n+1} = \displaystyle\sum_{j=0}^{6} \xi_3^j h^{jq} / \Gamma(jq+1) \\
y_{4,n+1} = \displaystyle\sum_{j=0}^{6} \xi_4^j h^{jq} / \Gamma(jq+1)
\end{cases}
\tag{9-18}
$$

式 (9-18) 中的中间变量 $\xi_i^j (i=1,2,3,4; j=1,2,\cdots,6)$ 计算方式如下所示：

$$
\xi_1^0 = y_{1,n}, \quad \xi_2^0 = y_{2,n}, \quad \xi_3^0 = y_{3,n}, \quad \xi_4^0 = y_{4,n}
\tag{9-19}
$$

$$
\begin{cases}
\xi_1^1 = 10(\xi_2^0 - \xi_1^0) + \rho(c_1^0 - \xi_1^0) \\
\xi_2^1 = 28\xi_1^0 - \xi_1^0\xi_3^0 + \xi_2^0 - \xi_4^0 + \rho(c_2^0 - \xi_2^0) \\
\xi_3^1 = \xi_1^0\xi_2^0 - 8\xi_3^0/3 + \rho(c_3^0 - \xi_3^0) \\
\xi_4^1 = R\xi_2^0\xi_3^0 + \rho(c_4^0 - \xi_4^0)
\end{cases}
\tag{9-20}
$$

$$
\begin{cases}
\xi_1^2 = 10(\xi_2^1 - \xi_1^1) + \rho(c_1^1 - \xi_1^1) \\
\xi_2^2 = 28\xi_1^1 - \xi_1^0\xi_3^1 - \xi_1^1\xi_3^0 + \xi_2^1 - \xi_4^1 + \rho(c_2^1 - \xi_2^1) \\
\xi_3^2 = \xi_1^1\xi_2^0 + \xi_1^0\xi_2^1 - 8\xi_3^1/3 + \rho(c_3^1 - \xi_2^1) \\
\xi_4^2 = R\left(\xi_2^1\xi_3^0 + \xi_2^0\xi_3^1\right) + \rho(c_4^1 - \xi_2^1)
\end{cases}
\tag{9-21}
$$

$$
\begin{cases}
\xi_1^3 = 10(\xi_2^2 - \xi_1^2) + \rho(c_1^2 - \xi_1^2) \\
\xi_2^3 = 28\xi_1^2 - \xi_1^0\xi_3^2 - \xi_1^1\xi_3^1\dfrac{\Gamma(2q+1)}{\Gamma^2(q+1)} - \xi_1^2\xi_3^0 + \xi_2^2 - \xi_4^2 + \rho(c_2^2 - \xi_2^2) \\
\xi_3^3 = \xi_1^0\xi_2^2 + \xi_1^1\xi_2^1\dfrac{\Gamma(2q+1)}{\Gamma^2(q+1)} + \xi_1^2\xi_2^0 - 8\xi_3^2/3 + \rho(c_3^2 - \xi_3^2) \\
\xi_4^3 = R\left(\xi_2^0\xi_3^2 + \xi_2^1\xi_3^1\dfrac{\Gamma(2q+1)}{\Gamma^2(q+1)} + \xi_2^2\xi_3^0\right) + \rho(c_4^2 - \xi_4^2)
\end{cases}
\tag{9-22}
$$

$$
\begin{cases}
\xi_1^4 = 10(\xi_2^3 - \xi_1^3) + \rho(c_1^3 - \xi_1^3) \\
\xi_2^4 = 28\xi_1^3 - \xi_1^0\xi_3^3 - (\xi_1^2\xi_3^1 + \xi_1^1\xi_3^2)\dfrac{\Gamma(3q+1)}{\Gamma(q+1)\Gamma(2q+1)} - \xi_1^3\xi_3^0 + \xi_2^3 - \xi_4^3 + \rho(c_2^3 - \xi_2^3) \\
\xi_3^4 = \xi_1^0\xi_2^3 + (\xi_1^2\xi_2^1 + \xi_1^1\xi_2^2)\dfrac{\Gamma(3q+1)}{\Gamma(q+1)\Gamma(2q+1)} + \xi_1^3\xi_2^0 + 8\xi_3^3/3 + \rho(c_3^3 - \xi_3^3) \\
\xi_4^4 = R\left(\xi_2^0\xi_3^3 + (\xi_2^2\xi_3^1 + \xi_2^1\xi_3^2)\dfrac{\Gamma(3q+1)}{\Gamma(q+1)\Gamma(2q+1)} + \xi_2^3\xi_3^0\right) + \rho(c_4^3 - \xi_4^3)
\end{cases}
\tag{9-23}
$$

$$
\begin{cases}
\xi_1^5 = 10(\xi_2^4 - \xi_1^4) + \rho(c_1^4 - \xi_1^4) \\
\xi_2^5 = 28\xi_1^4 - \xi_1^0\xi_3^4 - (\xi_1^3\xi_3^1 + \xi_1^1\xi_3^3)\dfrac{\Gamma(4q+1)}{\Gamma(q+1)\Gamma(3q+1)} - \xi_1^2\xi_3^2\dfrac{\Gamma(4q+1)}{\Gamma^2(2q+1)} \\
\qquad - \xi_1^4\xi_3^0 + \xi_2^4 - \xi_4^4 + \rho(c_2^4 - \xi_2^4) \\
\xi_3^5 = \xi_1^0\xi_2^4 + (\xi_1^3\xi_2^1 + \xi_1^1\xi_2^3)\dfrac{\Gamma(4q+1)}{\Gamma(q+1)\Gamma(3q+1)} - 8\xi_3^4/3 + \xi_1^2\xi_2^2\dfrac{\Gamma(4q+1)}{\Gamma^2(2q+1)} \\
\qquad + \xi_1^4\xi_2^0 + \rho(c_3^4 - \xi_3^4) \\
\xi_4^5 = R\left[\xi_2^0\xi_3^4 + (\xi_2^3\xi_3^1 + \xi_2^1\xi_3^3)\dfrac{\Gamma(4q+1)}{\Gamma(q+1)\Gamma(3q+1)}\right. \\
\qquad \left. + \xi_2^2\xi_3^2\dfrac{\Gamma(4q+1)}{\Gamma^2(2q+1)} + \xi_2^4\xi_3^0\right] + \rho(c_4^4 - \xi_4^4)
\end{cases}
\tag{9-24}
$$

$$
\begin{cases}
\xi_1^6 = 10(\xi_2^5 - \xi_1^5) + \rho(c_1^5 - \xi_1^5) \\
\xi_2^6 = 28\xi_1^5 - \xi_1^0\xi_3^5 - (\xi_1^1\xi_3^4 + \xi_1^4\xi_3^1)\dfrac{\Gamma(5q+1)}{\Gamma(q+1)\Gamma(4q+1)} - \xi_1^5\xi_3^0 + \xi_2^5 \\
\qquad - (\xi_1^2\xi_3^3 + \xi_1^3\xi_3^2)\dfrac{\Gamma(5q+1)}{\Gamma(2q+1)\Gamma(3q+1)} - \xi_4^5 + \rho(c_2^5 - \xi_2^5) \\
\xi_3^6 = \xi_1^0\xi_2^5 + (\xi_1^1\xi_2^4 + \xi_1^4\xi_2^1)\dfrac{\Gamma(5q+1)}{\Gamma(q+1)\Gamma(4q+1)} - 8\xi_3^5/3 \\
\qquad + (\xi_1^2\xi_2^3 + \xi_1^3\xi_2^2)\dfrac{\Gamma(5q+1)}{\Gamma(2q+1)\Gamma(3q+1)} + \xi_1^5\xi_2^0 + \rho(c_3^5 - \xi_3^5) \\
\xi_4^6 = R\left[\xi_2^0\xi_3^5 + (\xi_2^1\xi_3^4 + \xi_2^4\xi_3^1)\dfrac{\Gamma(5q+1)}{\Gamma(q+1)\Gamma(4q+1)} + \xi_2^5\xi_3^0\right] \\
\qquad + (\xi_2^2\xi_3^3 + \xi_2^3\xi_3^2)\dfrac{\Gamma(5q+1)}{\Gamma(2q+1)\Gamma(3q+1)} + \rho(c_4^5 - \xi_4^5)
\end{cases}
\tag{9-25}
$$

采用上述数值解，即可对耦合系统进行求解。取参数 $R=0.2$，分数阶阶数 $q=0.96$，仿真的时间步长值为 $h=0.01$，驱动系统的初值为 $x_1(0)=1$，$x_2(0)=2$，$x_3(0)=3$，$x_4(0)=4$，耦合系统的初值为 $y_1(0)=5$，$y_2(0)=6$，$y_3(0)=7$，$y_4(0)=8$。令 $e_i=y_i-x_i$，则同步系统误差曲线如图 9-1 所示。可见，驱动系统 (9-4) 和耦合系统 (9-5) 在 $t\approx1.2\mathrm{s}$ 时实现了同步。

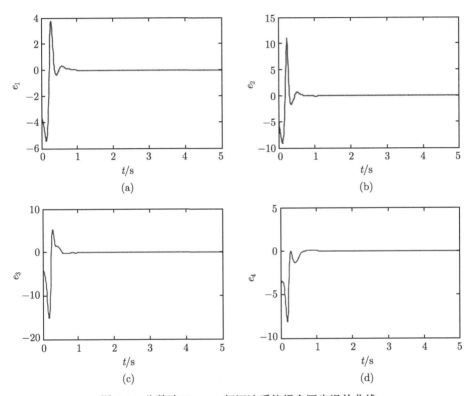

图 9-1 分数阶 Lorenz 超混沌系统耦合同步误差曲线

下面研究当阶数 q 和耦合强度 ρ 取不同值时，分数阶 Lorenz 超混沌系统同步建立的时间。图 9-2(a) 中，当分数阶阶数 q 分别取 $0.7,0.8,0.9$ 和 1.0 时，耦合同步建立时间随阶数 q 的增加逐渐减小。图 9-2(b) 中，当耦合强度 ρ 分别取 $2,4,6$ 和 8 时，同步建立时间逐渐缩短，可见在实际应用中应当选取相对较大的耦合强度以获取较短的同步建立时间。根据定理 9.1 可知，$\lambda_{\max}(\tilde{C})=24.284$，$\psi=81.555$，$\lambda_{\max}(\tilde{B})=1.618$，达到同步的理论耦合强度 ρ 为 156.24。事实上本章仿真采用的耦合强度值都小于该理论值，即注 9.1 得到验证。

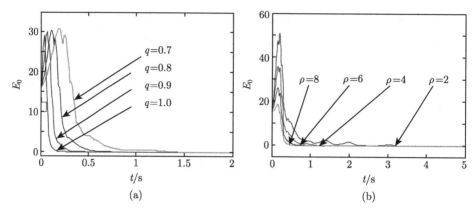

图 9-2　不同参数下分数阶 Lorenz 超混沌系统耦合同步误差曲线

(a) 分数阶阶数 q 变化；(b) 耦合强度 ρ 变化

9.1.2　分数阶混沌系统广义函数投影同步

当分数阶混沌系统实现投影同步时，两系统的状态变量按照一定的比例或函数关系进行演化，这是一种广义同步现象。

1. 分数阶混沌系统广义函数投影同步算法

考虑如下分数阶混沌系统：

$$D_{t_0}^q \boldsymbol{x} = f(\boldsymbol{x}) \tag{9-26}$$

其中，$\boldsymbol{x} \in \mathbf{R}^n$ 为系统状态变量；$f\colon \mathbf{R}^n \to \mathbf{R}^n$ 为非线性函数。响应系统方程定义为

$$D_{t_0}^q \boldsymbol{y} = f(\boldsymbol{y}) + \boldsymbol{U} \tag{9-27}$$

其中，$\boldsymbol{U}$ 为非线性控制器。定义误差系统为

$$e(t) = \boldsymbol{y} - \boldsymbol{\Phi}\boldsymbol{x} \tag{9-28}$$

其中，$\boldsymbol{\Phi}$ 为 $n \times n$ 常数矩阵。

定义 9.2　对于驱动系统 (9-26) 和响应系统 (9-27)，若存在比例因子矩阵 $\boldsymbol{\Phi}$ 使得 $\lim\limits_{t \to \infty} \|e(t)\| = 0$ 成立，则系统 (9-26) 和系统 (9-27) 实现了广义函数投影同步。

定理 9.2　当控制器设计为 $\boldsymbol{U}(t) = \boldsymbol{u}(t) + \boldsymbol{\Psi}(t)$，其中 $\boldsymbol{u}(t) = \boldsymbol{\Phi}f(\boldsymbol{x}) - f(\boldsymbol{y})$，$\boldsymbol{\Psi}(t) = -\boldsymbol{\kappa}e$，$\boldsymbol{\kappa} = [\kappa_1, \kappa_2, \cdots, \kappa_n]^{\mathrm{T}}$，$\kappa_i > 0 (i = 1, 2, \cdots, n)$，$n \geqslant 3$ 时，分数阶混沌系统 (9-26) 和 (9-27) 达到函数投影同步。

证明　系统 (9-26) 和系统 (9-27) 对应的误差系统的分数阶微积分形式为

$$D_{t_0}^q e = D_{t_0}^q \boldsymbol{y} - \boldsymbol{\Phi} D_{t_0}^q \boldsymbol{x} = f(\boldsymbol{y}) - \boldsymbol{\Phi}f(\boldsymbol{x}) + \boldsymbol{U} \tag{9-29}$$

这里，非线性控制器定义为

$$U(t) = u(t) + \Psi(t) \tag{9-30}$$

$$\begin{cases} u(t) = \Phi f(x) - f(y) \\ \Psi(t) = -\kappa e \end{cases} \tag{9-31}$$

将上式代入式 (9-29)，则误差系统的分数阶微积分又可定义为

$$D_{t_0}^q e = -\kappa e \tag{9-32}$$

当 $\kappa_i > 0 (i = 1, 2, \cdots, n)$ 时，该误差系统收敛，意味着两混沌系统变量之间存在函数投影同步，证毕。

接下来给出对应两分数阶混沌系统变量之间的关系矩阵，由式 (9-28) 可知，关系矩阵为常数矩阵，其定义为

$$\Phi = \begin{bmatrix} \alpha_{11} & \alpha_{12} & \cdots & \alpha_{1n} \\ \alpha_{21} & \alpha_{22} & \cdots & \alpha_{2n} \\ \vdots & \vdots & & \vdots \\ \alpha_{n1} & \alpha_{n2} & \cdots & \alpha_{nn} \end{bmatrix} \tag{9-33}$$

因此

$$\begin{cases} y_1 = \alpha_{11}x_1 + \alpha_{12}x_2 + \cdots + \alpha_{1n}x_n \\ y_2 = \alpha_{21}x_1 + \alpha_{22}x_2 + \cdots + \alpha_{2n}x_n \\ \vdots \\ y_n = \alpha_{n1}x_1 + \alpha_{n2}x_2 + \cdots + \alpha_{nn}x_n \end{cases} \tag{9-34}$$

其中，$y = [y_1, y_2, \cdots, y_n]$；$x = [x_1, x_2, \cdots, x_n]$。可见响应系统变量与驱动系统所有变量的加权和呈线性关系。投影同步的比例因子矩阵 Φ 可以灵活选取，具有不可预测性，增大了密钥空间。另外，响应系统的系统变量为驱动系统各变量的线性叠加，使得驱动系统吸引子与响应系统吸引子在形状上并不相似，且增加了序列的复杂性。可见，设计的广义函数投影同步方案有利于增强保密通信的安全性。

2. 分数阶简化 Lorenz 超混沌系统函数投影同步仿真

以分数阶简化 Lorenz 超混沌系统为例，研究分数阶混沌系统的函数投影同步特性，分数阶简化 Lorenz 超混沌驱动系统方程为

$$\begin{cases} D_{t_0}^q x_1 = 10(x_2 - x_1) \\ D_{t_0}^q x_2 = (24 - 4c)x_1 - x_1 x_3 + cx_2 + x_4 \\ D_{t_0}^q x_3 = x_1 x_2 - 8x_3/3 \\ D_{t_0}^q x_4 = -kx_1 \end{cases} \tag{9-35}$$

响应系统方程为

$$\begin{cases} D_{t_0}^q y_1 = 10(y_2 - y_1) + u_1 \\ D_{t_0}^q y_2 = (24 - 4c)y_1 - y_1 y_3 + cy_2 + y_4 + u_2 \\ D_{t_0}^q y_3 = y_1 y_2 - 8y_3/3 + u_3 \\ D_{t_0}^q y_4 = -ky_1 + u_4 \end{cases} \tag{9-36}$$

根据定理 9.2, 设计控制器 $(u_1,\ u_2,\ u_3,\ u_4)$ 为

$$\begin{aligned} u_1 = &-\kappa\left(y_1 - \alpha_{11}x_1 - \alpha_{12}x_2 - \alpha_{13}x_3 - \alpha_{14}x_4\right) - 10(y_2 - y_1) \\ &+ \alpha_{11}\left(10(x_2 - x_1)\right) + \alpha_{12}\left((24 - 4c)x_1 - x_1 x_3 + cx_2 + x_4\right) \\ &+ \alpha_{13}\left(x_1 x_2 - 8x_3/3\right) - \alpha_{14}kx_1 \end{aligned} \tag{9-37}$$

$$\begin{aligned} u_2 = &-\kappa(y_2 - \alpha_{21}x_1 - \alpha_{22}x_2 - \alpha_{23}x_3 - \alpha_{24}x_4) \\ &- (24 - 4c)y_1 + y_1 y_3 - cy_2 - y_4 + \alpha_{21}10(x_2 - x_1) \\ &+ \alpha_{22}((24 - 4c)x_1 - x_1 x_3 + cx_2 + x_4) \\ &+ \alpha_{23}(x_1 x_2 - 8x_3/3) - \alpha_{24}kx_1 \end{aligned} \tag{9-38}$$

$$\begin{aligned} u_3 = &-\kappa\left(y_3 - \alpha_{31}x_1 - \alpha_{32}x_2 - \alpha_{33}x_3 - \alpha_{34}x_4\right) - y_1 y_2 \\ &+ 8y_3/3 + \alpha_{31}\left(10(x_2 - x_1)\right) + \alpha_{32}((24 - 4c)x_1 \\ &- x_1 x_3 + cx_2 + x_4) + \alpha_{33}\left(x_1 x_2 - 8x_3/3\right) - \alpha_{34}kx_1 \end{aligned} \tag{9-39}$$

$$\begin{aligned} u_4 = &-\kappa\left(y_1 - \alpha_{41}x_1 - \alpha_{42}x_2 - \alpha_{43}x_3 - \alpha_{44}x_4\right) + ky_1 \\ &+ \alpha_{41}\left(10(x_2 - x_1)\right) + \alpha_{42}((24 - 4c)x_1 - x_1 x_3 \\ &+ cx_2 + x_4) + \alpha_{43}\left(x_1 x_2 - 8x_3/3\right) - \alpha_{44}kx_1 \end{aligned} \tag{9-40}$$

将式 (9-37)~式 (9-40) 代入式 (9-36), 得到响应系统为

$$\begin{cases} D_{t_0}^q y_1 = -\kappa\left(y_1 - \alpha_{11}x_1 - \alpha_{12}x_2 - \alpha_{13}x_3 - \alpha_{14}x_4\right) + \alpha_{11}\left(10(x_2 - x_1)\right) \\ \qquad + \alpha_{12}\left((24 - 4c)x_1 - x_1 x_3 + cx_2 + x_4\right) + \alpha_{13}\left(x_1 x_2 - 8x_3/3\right) - \alpha_{14}kx_1 \\ D_{t_0}^q y_2 = -\kappa\left(y_2 - \alpha_{21}x_1 - \alpha_{22}x_2 - \alpha_{23}x_3 - \alpha_{24}x_4\right) + \alpha_{21}\left(10(x_2 - x_1)\right) \\ \qquad + \alpha_{22}\left((24 - 4c)x_1 - x_1 x_3 + cx_2 + x_4\right) + \alpha_{23}\left(x_1 x_2 - 8x_3/3\right) - \alpha_{24}kx_1 \\ D_{t_0}^q y_3 = -\kappa\left(y_3 - \alpha_{31}x_1 - \alpha_{32}x_2 - \alpha_{33}x_3 - \alpha_{34}x_4\right) + \alpha_{31}\left(10(x_2 - x_1)\right) \\ \qquad + \alpha_{32}\left((24 - 4c)x_1 - x_1 x_3 + cx_2 + x_4\right) + \alpha_{33}\left(x_1 x_2 - 8x_3/3\right) - \alpha_{34}kx_1 \\ D_{t_0}^q y_4 = -\kappa\left(y_1 - \alpha_{41}x_1 - \alpha_{42}x_2 - \alpha_{43}x_3 - \alpha_{44}x_4\right) + \alpha_{41}\left(10(x_2 - x_1)\right) \\ \qquad + \alpha_{42}\left((24 - 4c)x_1 - x_1 x_3 + cx_2 + x_4\right) + \alpha_{43}\left(x_1 x_2 - 8x_3/3\right) - \alpha_{44}kx_1 \end{cases} \tag{9-41}$$

采用 Adomian 算法，求解响应系统可得

$$
\begin{cases}
y_1(m+1) = \displaystyle\sum_{j=0}^{5} \zeta_1^j h^{jq}/\Gamma(jq+1) \\[2mm]
y_2(m+1) = \displaystyle\sum_{j=0}^{5} \zeta_2^j h^{jq}/\Gamma(jq+1) \\[2mm]
y_3(m+1) = \displaystyle\sum_{j=0}^{5} \zeta_3^j h^{jq}/\Gamma(jq+1) \\[2mm]
y_4(m+1) = \displaystyle\sum_{j=0}^{5} \zeta_4^j h^{jq}/\Gamma(jq+1)
\end{cases}
\tag{9-42}
$$

其中，

$$
\zeta_1^0 = y_1(m), \quad \zeta_2^0 = y_2(m), \quad \zeta_3^0 = y_3(m), \quad \zeta_4^0 = y_4(m)
\tag{9-43}
$$

$$
\begin{cases}
\zeta_1^j = -\kappa\left(\zeta_1^{j-1} - \alpha_{11}c_1^{j-1} - \alpha_{12}c_2^{j-1} - \alpha_{13}c_3^{j-1} - \alpha_{14}c_4^{j-1}\right) \\
\qquad + \alpha_{11}c_1^j + \alpha_{12}c_2^j + \alpha_{13}c_3^j + \alpha_{14}c_4^j \\
\zeta_2^j = -\kappa\left(\zeta_2^{j-1} - \alpha_{21}c_1^{j-1} - \alpha_{22}c_2^{j-1} - \alpha_{23}c_3^{j-1} - \alpha_{24}c_4^{j-1}\right) \\
\qquad + \alpha_{21}c_1^j + \alpha_{22}c_2^j + \alpha_{23}c_3^j + \alpha_{24}c_4^j \\
\zeta_3^j = -\kappa\left(\zeta_3^{j-1} - \alpha_{31}c_1^{j-1} - \alpha_{32}c_2^{j-1} - \alpha_{33}c_3^{j-1} - \alpha_{34}c_4^{j-1}\right) \\
\qquad + \alpha_{31}c_1^j + \alpha_{32}c_2^j + \alpha_{33}c_3^j + \alpha_{34}c_4^j \\
\zeta_4^j = -\kappa\left(\zeta_4^{j-1} - \alpha_{41}c_1^{j-1} - \alpha_{42}c_2^{j-1} - \alpha_{43}c_3^{j-1} - \alpha_{44}c_4^{j-1}\right) \\
\qquad + \alpha_{41}c_1^j + \alpha_{42}c_2^j + \alpha_{43}c_3^j + \alpha_{44}c_4^j
\end{cases}
\tag{9-44}
$$

其中，$c_i^j(i=1,2,3,4,\ j=1,2,3,4,5)$ 来自驱动系统 (9-35)，其计算方法见 4.1 节。下面基于 Matlab 对分数阶简化 Lorenz 超混沌系统函数投影同步进行仿真实验。分数阶简化 Lorenz 超混沌系统参数为 $q=0.98$，$c=-2$，$k=5$，仿真时间步长 $h=0.01$。驱动系统初值为 $x_1(0)=0.1$，$x_2(0)=0.2$，$x_3(0)=0.3$，$x_4(0)=0.4$，响应系统的初值为 $y_1(0)=5$，$y_2(0)=6$，$y_3(0)=7$，$y_4(0)=8$。

令比例因子矩阵 $\boldsymbol{\Phi} = \alpha_{ij}\delta_{ij}$，其中 α_{ij} 为尺度因子，δ_{ij} 的取值为 0 或 1，即 $\boldsymbol{\Phi}$ 是非奇异矩阵，该矩阵的每行每列有且仅有一个非零元素值。当 $\boldsymbol{\Phi}$ 为对角矩阵时，响应系统变量与驱动系统变量一一对应，为广义函数投影同步，因为分数阶简化 Lorenz 超混沌系统维数为 4，即存在 $4!-1=23$ 种可能的广义错位函数投影同步方案。完全同步、投影同步、广义投影同步等都是广义错位函数投影同步的特例。以如下比例因子矩阵为例，研究分数阶简化 Lorenz 超混沌系统的广义错位函数投

影同步。

$$\boldsymbol{\Phi} = \begin{bmatrix} 0 & 0.5 & 0 & 0 \\ -0.5 & 0 & 0 & 0 \\ 0 & 0 & 0 & 1.5 \\ 0 & 0 & -1.5 & 0 \end{bmatrix} \tag{9-45}$$

所以，广义函数投影同步误差为

$$\begin{cases} e_1 = y_1 - 0.5x_2 \\ e_2 = y_2 + 0.5x_1 \\ e_3 = y_3 - 1.5x_4 \\ e_4 = y_4 + 1.5x_3 \end{cases} \tag{9-46}$$

分数阶简化 Lorenz 超混沌系统的广义错位函数投影同步仿真结果见图 9-3。

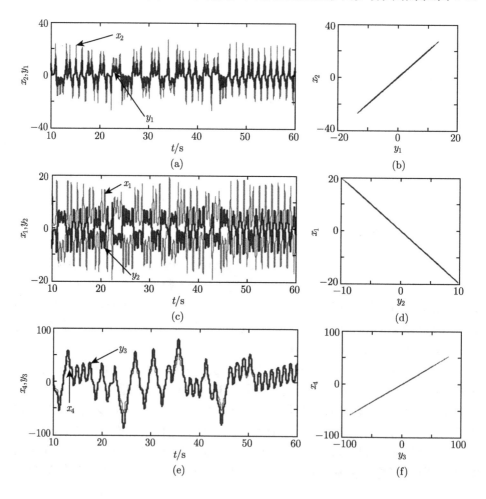

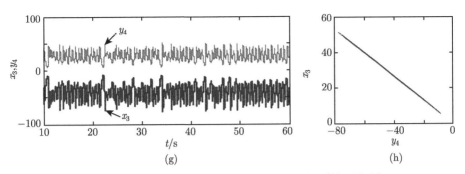

图 9-3　分数阶简化 Lorenz 超混沌系统错位函数投影同步

(a) 时间序列 y_1 和 x_2；(b) 李萨如图形 y_1-x_2；(c) 时间序列 y_2 和 x_1；(d) 李萨如图形 y_2-x_1；

(e) 时间序列 y_3 和 x_4；(f) 李萨如图形 y_3-x_4；(g) 时间序列 y_4 和 x_3；(h) 李萨如图形 y_4-x_3

由式 (9-46) 可知，变量 y_1, y_2, y_3, y_4 分别与 $0.5x_2, -0.5x_1, 1.5x_4, -1.5x_3$ 进行同步。时间序列对 (y_1, x_2)、(y_2, x_1)、(y_3, x_4) 和 (y_4, x_3) 曲线如图 9-3(a)、(c)、(e) 和 (g) 所示，对应的李萨如图形如图 9-3(b)、(d)、(f) 和 (h) 所示。可见，两系统实现了错位函数投影同步。

令比例因子矩阵 $\boldsymbol{\Phi}=[\alpha_{ij}]$，其中 α_{ij} 为常实数，可见，广义错位函数投影同步为此情况的特殊情况。特别地，令比例因子矩阵取值为

$$\boldsymbol{\Phi} = \begin{bmatrix} 0.1 & 0.2 & 0.3 & 0.4 \\ 0.25 & 0.25 & 0.25 & 0.25 \\ 0.1 & 0.4 & 0.4 & 0.1 \\ 0.3 & 0.2 & 0.2 & 0.3 \end{bmatrix} \tag{9-47}$$

因此，根据式 (9-28)，误差系统可以表示为

$$\begin{cases} e_1 = y_1 - 0.1x_1 - 0.2x_2 - 0.3x_3 - 0.4x_4 \\ e_2 = y_2 - 0.25x_1 - 0.25x_2 - 0.25x_3 - 0.25x_4 \\ e_3 = y_3 - 0.1x_1 - 0.4x_2 - 0.4x_3 - 0.1x_4 \\ e_4 = y_4 - 0.3x_1 - 0.2x_2 - 0.2x_3 - 0.3x_4 \end{cases} \tag{9-48}$$

采用 Adomian 求解算法，同步仿真结果如图 9-4 所示。时间序列 x_1 和 y_1 如图 9-4(a) 所示，可见两者之间看不出明显的关系。事实上，根据式 (9-48)，当 $t \to \infty$ 时，$y_1 = 0.1x_1 + 0.2x_2 + 0.3x_3 + 0.4x_4$，驱动系统变量 x_1 与响应系统变量 y_1 吸引子相图如图 9-4(b) 所示，而响应系统 y_1-y_2 吸引子相图如图 9-4(c) 所示，相比于分数阶简化 Lorenz 超混沌吸引子，响应系统吸引子相图在形状上与其没有任何相似性，即无法从响应系统吸引子相图对驱动系统类型进行推断。

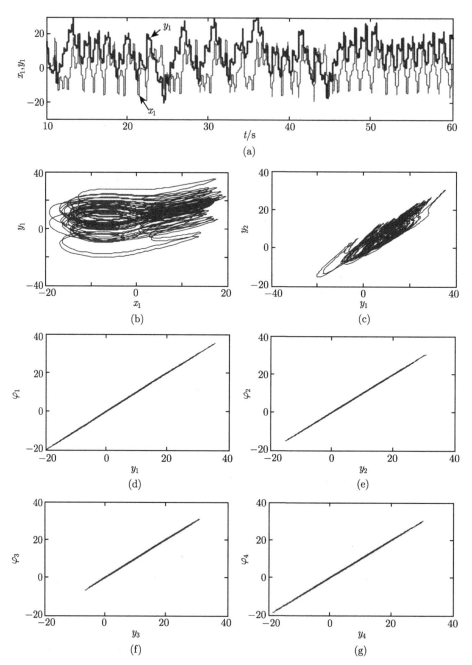

图 9-4　分数阶简化 Lorenz 超混沌系统广义线性比例函数投影同步仿真结果

(a) 时间序列 y_1 和 x_1；(b) 吸引子相图 x_1-y_1；(c) 吸引子相图 y_1-y_2；(d) 李萨如图形 y_1-φ_1；

(e) 李萨如图形 y_2-φ_2；(f) 李萨如图形 y_3-φ_3；(g) 李萨如图形 y_4-φ_4

定义

$$\begin{cases} \varphi_1 = 0.1x_1 + 0.2x_2 + 0.3x_3 + 0.4x_4 \\ \varphi_2 = 0.25x_1 + 0.25x_2 + 0.25x_3 + 0.25x_4 \\ \varphi_3 = 0.1x_1 + 0.4x_2 + 0.4x_3 + 0.1x_4 \\ \varphi_4 = 0.3x_1 + 0.2x_2 + 0.2x_3 + 0.3x_4 \end{cases} \qquad (9\text{-}49)$$

由图 9-4(d)、(e)、(f) 和 (g) 可知，y_1-φ_1，y_2-φ_2，y_3-φ_3 和 y_4-φ_4 之间的值是一致的。由此可见，驱动系统 (9-35) 和响应系统 (9-36) 实现了广义线性比例函数投影同步。

3. 分数阶简化 Lorenz 超混沌系统函数投影特性分析

首先，以上述广义线性比例函数投影同步为例，分析同步建立时间随系统阶数 q 和控制参数 $\boldsymbol{\kappa}=[\kappa_1, \kappa_2, \kappa_3, \kappa_4]^{\mathrm{T}}$ 的变化关系。由图 9-5 可知，系统同步建立时间随阶数 q 的增加而增加，这意味着在系统处于分数阶情况下，同步更容易建立。同步建立时间随控制参数 κ 增加的情况如图 9-5 所示，其中同步误差定义为

$$\text{Error} = \sum_{i=1}^{4} |y_i - \alpha_{i1}x_1 - \alpha_{i2}x_2 - \alpha_{i3}x_3 - \alpha_{i4}x_4| \qquad (9\text{-}50)$$

可见，随着控制参数 κ 的增加，同步建立时间逐渐减小，即实际应用时，应当选取相对较大的控制参数，以更容易实现同步。

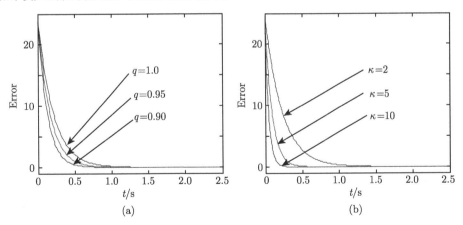

图 9-5 同步建立时间随参数变化情况

(a) 随阶数 q 变化的情况；(b) 随控制参数 κ 变化的情况

根据 Adomian 算法求解同步系统的特点，设计了如图 9-6 所示的保密通信方案。图 9-6 中，信道传送的信号为混沌系统的状态变量，在接收端，响应系统需要将驱动系统的中间变量另行计算一次，以供响应系统求解使用。特点在于：同步保

密通信方案与传统方案一致, 信道传输信息量较小, 但是驱动系统的计算量相对比较大。

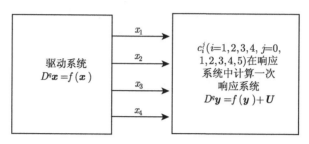

图 9-6　基于混沌变量的同步保密通信方案

9.1.3　分数阶混沌系统网络同步

随着复杂性科学以及因特网技术的迅速发展, 各种复杂网络已经出现在人类社会生活中, 如因特网、万维网 (WWW)、科学引文网、新陈代谢网、生物网络、社会网络等。将混沌系统构成的复杂网络应用于保密通信具有重要的研究意义, 其同步已经引起了广大研究者的关注。

1. 分数阶时延混沌系统环状网络同步算法

考虑一由 N 个分数阶时延混沌系统构成的环状双向耦合网络系统, 其定义为

$$
\begin{cases}
D_{t_0}^q \boldsymbol{x}_1(t) = L(\boldsymbol{x}_1, \boldsymbol{x}_1(t-\tau)) + N(\boldsymbol{x}_1(t), \boldsymbol{x}_1(t-\tau)) \\
\qquad + \rho(\boldsymbol{x}_N + \boldsymbol{x}_2 - 2\boldsymbol{x}_1) \\
D_{t_0}^q \boldsymbol{x}_2(t) = L(\boldsymbol{x}_2, \boldsymbol{x}_2(t-\tau)) + N(\boldsymbol{x}_2(t), \boldsymbol{x}_2(t-\tau)) \\
\qquad + \rho(\boldsymbol{x}_1 + \boldsymbol{x}_3 - 2\boldsymbol{x}_2) \\
\qquad\qquad\qquad \vdots \\
D_{t_0}^q \boldsymbol{x}_{N-1}(t) = L(\boldsymbol{x}_{N-1}, \boldsymbol{x}_{N-1}(t-\tau)) + N(\boldsymbol{x}_{N-1}(t), \boldsymbol{x}_{N-1}(t-\tau)) \\
\qquad + \rho(\boldsymbol{x}_{N-2} + \boldsymbol{x}_N - 2\boldsymbol{x}_{N-1}) \\
D_{t_0}^q \boldsymbol{x}_N(t) = L(\boldsymbol{x}_N, \boldsymbol{x}_N(t-\tau)) + N(\boldsymbol{x}_N(t), \boldsymbol{x}_N(t-\tau)) \\
\qquad + \rho(\boldsymbol{x}_{N-1} + \boldsymbol{x}_1 - 2\boldsymbol{x}_N)
\end{cases}
\tag{9-51}
$$

其中, $\boldsymbol{x}_1, \boldsymbol{x}_2, \cdots, \boldsymbol{x}_N \in \mathbf{R}^n$ 为各分数阶时延混沌系统的状态变量; ρ 为耦合系数。$L(\boldsymbol{x}_i, \boldsymbol{x}_i(t-\tau))$ 为第 i 个时延混沌系统的线性部分, $N(\boldsymbol{x}_i(t), \boldsymbol{x}_i(t-\tau))$ 为第 i 个时延混沌系统的非线性部分。环状网络结构是一种具有代表性的, 但又比较简单的网络结构, 另外, 耦合同步算法相较于其他算法更易于实际物理实现, 因此研究这种结构具有实际意义。其网络结构如图 9-7 所示, 可见, 信道中每一个节点为一个分数阶混沌系统, 且只与相邻两个系统进行信息交互。

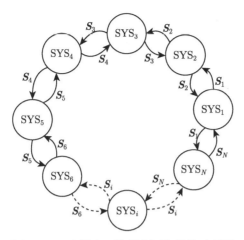

图 9-7 双向耦合环状耦合网络结构示意图

定义 9.3 定义误差 $\boldsymbol{e}_i = \boldsymbol{x}_i - \boldsymbol{x}_{i+1}(i=1,2,\cdots,N-1)$，当 $i=N$ 时，$\boldsymbol{e}_N = \boldsymbol{x}_N - \boldsymbol{x}_1$，当 $t \to \infty$ 时，对于每一个 $\|\boldsymbol{e}_i\| \to 0$，该网络实现同步，其中 $\|\boldsymbol{e}_i\| = \sum_{j=1}^{p} |e_{ij}| = \sum_{j=1}^{p} |x_{ij} - x_{(i+1)j}|$，$p$ 为系统的维数。

定义 9.3 表明，若混沌网络中每一个节点 (分数阶混沌系统) 的动力学行为具有一致性，则实现了分数阶混沌系统的网络同步。

定理 9.3 对于式 (9-51) 描述的环状双向耦合网络系统，当耦合系数 $\rho > 0$ 时，就能实现同步。

证明 根据定义 9.3，构建如下所示的 Lyapunov 函数：

$$V(t) = \sum_{i=1}^{N} \|\boldsymbol{e}_i\| \tag{9-52}$$

显然，$V(t)$ 为该网络的同步误差。引入分数阶微积分算子，得到

$$D_{t_0}^q V(t) = \sum_{i=1}^{N} D_{t_0}^q \|\boldsymbol{e}_i\| = \sum_{j=1}^{p} D_{t_0}^q |e_{1j}| + \sum_{j=1}^{p} D_{t_0}^q |e_{2j}| + \cdots + \sum_{j=1}^{p} D_{t_0}^q |e_{Nj}| \tag{9-53}$$

根据引理 9.1，有

$$D_{t_0}^q V(t) = \sum_{j=1}^{p} \mathrm{sgn}(e_{1j}) D_{t_0}^q e_{1j} + \sum_{j=1}^{p} \mathrm{sgn}(e_{1j}) D_{t_0}^q e_{2j} + \cdots + \sum_{j=1}^{p} \mathrm{sgn}(e_{1j}) D_{t_0}^q e_{Nj}$$

$$= \sum_{j=1}^{p} \mathrm{sgn}(e_{1j})[D_{t_0}^q x_{1j} - D_{t_0}^q x_{2j}] + \sum_{j=1}^{p} \mathrm{sgn}(e_{2j})[D_{t_0}^q x_{2j} - D_{t_0}^q x_{3j}]$$

$$+\cdots+\sum_{j=1}^{p}\mathrm{sgn}(e_{Nj})[D_{t_0}^q x_{Nj} - D_{t_0}^q x_{1j}]$$

$$\leqslant \sum_{j=1}^{p}[D_{t_0}^q x_{1j} - D_{t_0}^q x_{2j}] + \sum_{j=1}^{p}[D_{t_0}^q x_{2j} - D_{t_0}^q x_{3j}]$$

$$+\cdots+\sum_{j=1}^{p}[D_{t_0}^q x_{Nj} - D_{t_0}^q x_{1j}]$$

$$= 0 \tag{9-54}$$

当 $D_{t_0}^q V(t) = 0$ 时，意味着 $i=1, 2, \cdots, N$ 和 $j=1, 2, \cdots, p$，所有 $e_{ij} \geqslant 0$，即 $D_{t_0}^q x_{1i} \geqslant D_{t_0}^q x_{2i}, D_{t_0}^q x_{2i} \geqslant D_{t_0}^q x_{3i}, \cdots, D_{t_0}^q x_{(N-1)i} \geqslant D_{t_0}^q x_{Ni}, D_{t_0}^q x_{Ni} \geqslant D_{t_0}^q x_{1i}$。所以当且仅当 $D_{t_0}^q x_{1i} = D_{t_0}^q x_{2i} = \cdots = D_{t_0}^q x_{Ni}(i = 1, 2, \cdots, N)$ 都成立时，$D_{t_0}^q V(t) = 0$ 成立，否则 $D_{t_0}^q V(t) < 0$。这就意味着当 $t \to \infty$ 时，$V(t) \to 0$。因此，环状双向耦合网络系统实现了同步。

注 9.3   对于任意 $N > 3$，双向耦合环状网络都能实现同步。

注 9.4   根据实验，耦合强度 ρ 的值不能取太小，否则同步很难建立，实际上一般 $\rho \geqslant 1$。

注 9.5   双向耦合同步是耦合同步的一种，且相较于单向耦合，双向耦合更容易实现不同系统之间的同步。

2. 分数阶时延 Lorenz 混沌系统网络同步求解

分数阶 Lorenz 系统方程为

$$\begin{cases} D_{t_0}^q x_1 = a(x_2 - x_1) \\ D_{t_0}^q x_2 = cx_1 - x_1 x_3 + dx_2 \\ D_{t_0}^q x_3 = x_1 x_2 - bx_3 \end{cases} \tag{9-55}$$

其中，x_1, x_2, x_3 为系统状态变量；a, b, c 和 d 为系统参数。引入控制器 $u = (u_1, u_2, u_3)$ 到分数阶 Lorenz 系统，并得到如下系统：

$$\begin{cases} D_{t_0}^q x_1 = a(x_2 - x_1) + u_1 \\ D_{t_0}^q x_2 = cx_1 - x_1 x_3 + dx_2 + u_2 \\ D_{t_0}^q x_3 = x_1 x_2 - bx_3 + u_3 \end{cases} \tag{9-56}$$

当控制器分别为 $u_1 = \kappa x_1(t - \tau)$, $u_2 = 0$, $u_3 = 0$ 时，得到的分数阶时延 Lorenz 混沌系统为

$$\begin{cases} D_{t_0}^q x_1 = a(x_2 - x_1) + \kappa x_1(t - \tau) \\ D_{t_0}^q x_2 = cx_1 - x_1 x_3 + dx_2 \\ D_{t_0}^q x_3 = x_1 x_2 - bx_3 \end{cases} \tag{9-57}$$

其中，κ 为控制参数；τ 为时延。将该系统应用于双向耦合环状网络，即网络定义为

$$\begin{cases} D_{t_0}^q x_{i1} = a(x_{i2} - x_{i1}) + \kappa x_{i1}(t - \tau) + \rho(x_{(i-1)1} + x_{(i+1)1} - 2x_{i1}) \\ D_{t_0}^q x_{i2} = cx_{i1} - x_{i1}x_{i3} + dx_{i2} + \rho(x_{(i-1)2} + x_{(i+1)2} - 2x_{i2}) \\ D_{t_0}^q x_{i3} = x_{i1}x_{i2} - bx_{i3} + \rho(x_{(i-1)3} + x_{(i+1)3} - 2x_{i3}) \end{cases} \tag{9-58}$$

下面，基于 Adomian 求解算法研究分数阶时延网络系统的数值解。首先对时间进行网格划分 $\{t_n = nh, n = -m, -(m-1), \cdots, -1, 0, 1, 2, \cdots, N\}$，其中 $m = \lceil \tau/h \rceil$，N 为时间序列的长度值。采用时延 Adomian 分解算法对系统进行求解 [2]，其解可以表示为

$$\begin{cases} x_{1i}(n+1) = \sum_{j=0}^5 K_{i1}^j h^{jq}/\Gamma(jq+1) \\ x_{2i}(n+1) = \sum_{j=0}^5 K_{i2}^j h^{jq}/\Gamma(jq+1) \\ x_{3i}(n+1) = \sum_{j=0}^5 K_{i3}^j h^{jq}/\Gamma(jq+1) \end{cases} \tag{9-59}$$

中间变量 $K_{id}^j = 0 (i = 1,2,3, j = 0,1,2,3,4,5, d = 1,2,3)$ 的表达式为

$$K_{i1}^0 = x_{1i}(n), \quad K_{i2}^0 = x_{2i}(n), \quad K_{i3}^0 = x_{3i}(n) \tag{9-60}$$

$$\begin{cases} K_{i1}^1 = a(K_{i2}^0 - K_{i1}^0) + \kappa K_{i1\tau}^0 + \rho(K_{(i-1)1}^0 + K_{(i+1)1}^0 - 2K_{i1}^0) \\ K_{i2}^1 = cK_{i1}^0 - K_{i1}^0 K_{i3}^0 + dK_{i2}^0 + \rho(K_{(i-1)2}^0 + K_{(i+1)2}^0 - 2K_{i2}^0) \\ K_{i3}^1 = K_{i1}^0 K_{i2}^0 - bK_{i3}^0 + \rho(K_{(i-1)3}^0 + K_{(i+1)3}^0 - 2K_{i3}^0) \end{cases} \tag{9-61}$$

$$\begin{cases} K_{i1}^2 = a(K_{i2}^1 - K_{i1}^1) + \kappa K_{i1\tau}^1 + \rho(K_{(i-1)1}^1 + K_{(i+1)1}^1 - 2K_{i1}^1) \\ K_{i2}^2 = cK_{i1}^1 - K_{i1}^0 K_{i3}^1 - K_{i1}^1 K_{i3}^0 + dK_{i2}^1 + \rho(K_{(i-1)2}^1 + K_{(i+1)2}^1 - 2K_{i2}^1) \\ K_{i3}^2 = K_{i1}^1 K_{i2}^0 + K_{i1}^0 K_{i2}^1 - bK_{i3}^1 + \rho(K_{(i-1)3}^1 + K_{(i+1)3}^1 - 2K_{i3}^1) \end{cases} \tag{9-62}$$

$$\begin{cases} K_{i1}^3 = a(K_{i2}^0 - K_{i1}^0) + \kappa K_{i1\tau}^2 + \rho(K_{(i-1)1}^2 + K_{(i+1)1}^2 - 2K_{i1}^2) \\ K_{i2}^3 = cK_{i2}^2 - K_{i1}^0 K_{i3}^2 - K_{i1}^1 K_{i3}^1 \dfrac{\Gamma(2q+1)}{\Gamma^2(q+1)} - K_{i1}^2 K_{i3}^0 \\ \qquad + dK_{i2}^2 + \rho(K_{(i-1)2}^2 + K_{(i+1)2}^2 - 2K_{i2}^2) \\ K_{i3}^3 = K_{i1}^0 K_{i2}^2 + K_{i1}^1 K_{i2}^1 \dfrac{\Gamma(2q+1)}{\Gamma^2(q+1)} + K_{i1}^2 K_{i2}^0 - bK_{i3}^2 \\ \qquad + \rho(K_{(i-1)3}^2 + K_{(i+1)3}^2 - 2K_{i3}^2) \end{cases} \tag{9-63}$$

$$
\begin{cases}
K_{i1}^4 = a(K_{i2}^3 - K_{i1}^3) + \kappa K_{i1\tau}^3 + \rho(K_{(i-1)1}^3 + K_{(i+1)1}^3 - 2K_{i1}^3) \\[6pt]
K_{i2}^4 = cK_{i1}^3 - K_{i1}^0 K_{i3}^3 - (K_{i1}^2 K_{i3}^1 + K_{i1}^1 K_{i3}^2)\dfrac{\Gamma(3q+1)}{\Gamma(q+1)\Gamma(2q+1)} \\[6pt]
\qquad - K_{i1}^3 K_{i3}^0 + dK_{i2}^3 + \rho(K_{(i-1)2}^3 + K_{(i+1)2}^3 - 2K_{i2}^3) \\[6pt]
K_{i3}^4 = K_{i1}^0 K_{i2}^3 + (K_{i1}^2 K_{i2}^1 + K_{i1}^1 K_{i2}^2)\dfrac{\Gamma(3q+1)}{\Gamma(q+1)\Gamma(2q+1)} + K_{i1}^3 K_{i2}^0 \\[6pt]
\qquad - bK_{i3}^3 + \rho(K_{(i-1)3}^3 + K_{(i+1)3}^3 - 2K_{i3}^3)
\end{cases}
\tag{9-64}
$$

$$
\begin{cases}
K_{i1}^5 = a(K_{i2}^4 - K_{i1}^4) + \kappa K_{i1\tau}^4 + \rho(K_{(i-1)1}^4 + K_{(i+1)1}^4 - 2K_{i1}^4) \\[6pt]
K_{i2}^5 = cK_{i1}^4 - K_{i1}^0 K_{i3}^4 - (K_{i1}^3 K_{i3}^1 + K_{i1}^1 K_{i3}^3)\dfrac{\Gamma(4q+1)}{\Gamma(q+1)\Gamma(3q+1)} \\[6pt]
\qquad - K_{i1}^2 K_{i3}^2 \dfrac{\Gamma(4q+1)}{\Gamma^2(2q+1)} - K_{i1}^4 K_{i3}^0 + dK_{i2}^4 + \rho(K_{(i-1)2}^4 + K_{(i+1)2}^4 - 2K_{i2}^4) \\[6pt]
K_{i3}^5 = K_{i1}^0 K_{i2}^4 + (K_{i1}^3 K_{i2}^1 + K_{i1}^1 K_{i2}^3)\dfrac{\Gamma(4q+1)}{\Gamma(q+1)\Gamma(3q+1)} \\[6pt]
\qquad + K_{i1}^2 K_{i2}^2 \dfrac{\Gamma(4q+1)}{\Gamma^2(2q+1)} + K_{i1}^4 K_{i2}^0 - bK_{i3}^4 + \rho(K_{(i-1)3}^4 + K_{(i+1)3}^4 - 2K_{i3}^4)
\end{cases}
\tag{9-65}
$$

其中，$K_{i1\tau}^j = K_{i1}^j(t-\tau)$。显然，当 $t_n \leqslant mh$ 时，$t_n - \tau$ 位于 $(n-1-m)h$ 和 $(n-m)h$ 之间；当 $t_n > mh$ 时，$t_n - \tau$ 位于 $(n-m)h$ 和 $(n-m+1)h$ 之间。基于线性拟合技术，时延变量的中间变量 $K_{\tau1}^j$ 值的计算式为

$$
K_{\tau1}^j(t_n) = \begin{cases}
\left(1 - m + \dfrac{\tau}{h}\right)K_1^j(t_{n-1-m}) + \left(m - \dfrac{\tau}{h}\right)K_1^j(t_{n-m}), & t_n \leqslant mh \\[8pt]
\left(1 - m + \dfrac{\tau}{h}\right)K_1^j(t_{n-m}) + \left(m - \dfrac{\tau}{h}\right)K_1^j(t_{n-m+1}), & t_n > mh
\end{cases}
\tag{9-66}
$$

因此，分数阶时延网络的数值解可根据上式得到。由上述数值解表达式可知，采用时延 Adomian 算法求解时，当前值由上一时刻值以及 τ 时刻前的中间变量值与变量值决定。另外在实际求解时，需要设定 $[-\tau, 0]$ 时间段内状态变量与中间变量的历史值，以供后续计算使用。

3. 分数阶时延 Lorenz 混沌系统网络同步仿真

下面对分数阶时延 Lorenz 混沌系统网络同步进行数值仿真。设分数阶时延 Lorenz 系统参数为 $a=40$, $b=3$, $c=10$, $d=25$，时延控制器参数为 $\kappa=1$, $\tau=0.5$，耦合强度值为 $\rho=5$，分数阶阶数为 $q=0.98$，仿真时间步长值为 $h=0.01$。同步网络包含 5 个分数阶时延混沌系统，即网络状态矩阵为

$$G = \begin{bmatrix} -2 & 1 & 0 & 0 & 1 \\ 1 & -2 & 1 & 0 & 0 \\ 0 & 1 & -2 & 0 & 0 \\ 0 & 0 & 1 & -2 & 1 \\ 1 & 0 & 0 & 1 & -2 \end{bmatrix} \tag{9-67}$$

在 $[-\tau, 0]$ 时间段内，系统 1 到系统 5 各系统状态变量的初值分别为 $(1, 2, 3)$, $(4, 5, 6)$, $(7, 8, 9)$, $(10, 11, 12)$ 和 $(13, 14, 15)$，中间变量值初值设定为 $K_{\tau i}^j = i \times 10^{j-1}$。各系统之间的同步误差曲线如图 9-8 所示，其中 $e_{ij} = \boldsymbol{x}_i - \boldsymbol{x}_j$。由图 9-8 可见，环状网络中，系统两两之间相互同步。由此可见，整个网络各系统之间也实现了同步。

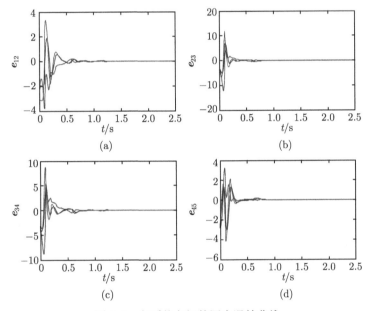

图 9-8　各系统之间的同步误差曲线

根据图 9-7 所示的网络同步方案，$\boldsymbol{S}_i\,(i = 1, 2, \cdots, N)$ 被发送至目标系统 $\boldsymbol{S}_{i-1}$ 和系统 $\boldsymbol{S}_{i+1}$。由时延系统的数值解可知，$\boldsymbol{S}_i$ 包括 K_{il}^k (k=0, 1, 2, 3, 4, 5, l=1, 2, 3, 4)。以系统 1 (图 9-7 SYS$_1$) 为例，其中间变量构成的吸引子相图如图 9-9 所示，可见信道中中间变量也为混沌信号。

定义分数阶时延网络同步误差为

$$E_k = \sum_{i=1}^{4} \sum_{j=1}^{3} \left| K_{ij}^k - K_{(i+1)j}^k \right| \tag{9-68}$$

其中，k=0, 1, $\cdots$, 5。显然，当 k=0 时，E_0 表示网络中各系统状态变量之间的同步误差的总和。分数阶时延 Lorenz 混沌系统同步网络中不同中间变量之间的同步误差如图 9-10 所示，可见，在实际仿真中，不同系统中间变量之间也存在同步现象，实际上，环状网络在达到同步后，信道中传输信号 S_i 中的 K_{il}^k ($k=0, 1, 2, 3, 4, 5$, $l=1, 2, 3, 4$) 是对应同步的。

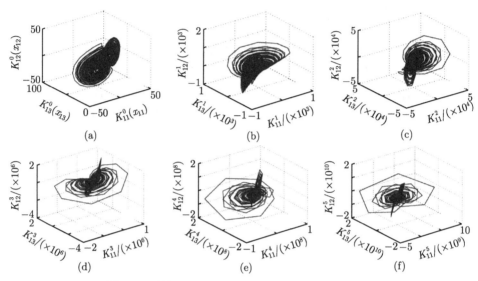

图 9-9　系统 1 (图 9-7 为 SYS₁) 的中间变量吸引子

(a) $K_{11}^0(x_{11})$-$K_{13}^0(x_{13})$-$K_{12}^0(x_{12})$; (b) K_{11}^1-K_{13}^1-K_{12}^1; (c) K_{11}^2-K_{13}^2-K_{12}^2;
(d) K_{11}^3-K_{13}^3-K_{12}^3; (e) K_{11}^4-K_{13}^4-K_{12}^4; (f) K_{11}^5-K_{13}^5-K_{12}^5

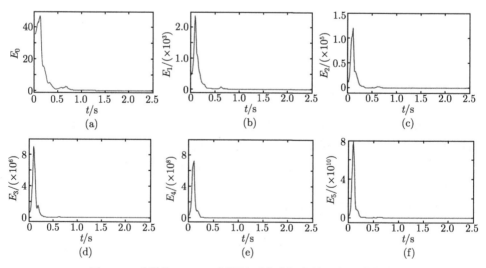

图 9-10　分数阶 Lorenz 超混沌系统中间变量同步误差曲线

(a) E_0; (b) E_1; (c) E_2; (d) E_3; (e) E_4; (f) E_5

分数阶时延 Lorenz 混沌系统同步网络随阶数 q、耦合强度 ρ 和时延 τ 变化的情况如图 9-11 所示。图 9-11(a) 中，随着分数阶阶数 q 的减小，同步建立时间呈减小的趋势，类似地，如图 9-11(b) 所示，同步建立时间随耦合强度 ρ 的增加也呈减小的趋势，而如图 9-11(c) 所示，同步建立时间随时延 τ 的增加呈增加的趋势。可见选用较小阶数的分数阶系统时，环状双向耦合分数阶时延 Lorenz 系统网络更容易建立同步关系，在实际应用中，应选取相对较强的耦合强度。另外，时延值越大，则初始值部分对刚开始同步建立时间的影响越大，即网络的同步越难建立，在实际保密通信中，应尽量减小混沌系统的时延。

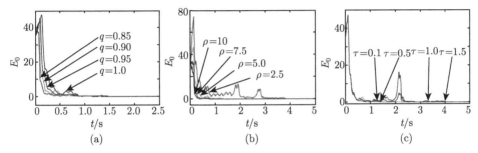

图 9-11 同步建立时间随参数变化情况

(a) 随阶数 q 变化的情况；(b) 随耦合强度 ρ 变化的情况；(c) 随时延 τ 变化的情况

9.2 分数阶混沌伪随机序列发生器设计

9.2.1 分数阶简化 Lorenz 系统混沌伪随机序列发生器设计

基于混沌系统设计伪随机序列发生器时，一般通过量化算法将混沌序列转换为二进制伪随机序列，量化算法在此过程中起到很关键的作用，直接决定着生成的伪随机序列的性能。人们采用整数阶混沌系统及离散混沌系统设计伪随机序列发生器，提出了很多种量化算法[3~5]，其中有简单的直接截取，也有复杂的移位并交叉异或运算等。量化算法的目的主要是从混沌序列中得到满足要求的高性能伪随机序列。当混沌序列复杂度不够时，通过复杂的量化算法才可以满足要求，所以能够使用简单量化算法得到高性能的伪随机序列的混沌序列，说明其本身具有较高的复杂度。另外，量化算法需要额外占用系统的资源，复杂的量化算法占用较多的系统资源并使程序复杂化，所以，应用系统在满足要求的前提下，应尽量使用简单的量化算法。基于 Adomian 分解算法求解分数阶简化 Lorenz 系统，将得到的混沌序列经过如图 9-12 所示的量化算法转换为二进制伪随机序列。首先，将每次迭代得到的混沌序列 x_{n+1}、y_{n+1}、z_{n+1} 乘以 10^{11}，并取其整数部分，得到三个 64 位二进制整数 (DB63~DB0)，分别定义为 x_I, y_I, z_I；然后选择 x_I 的后 8 位 (DB7~DB0)

作为伪随机二进制序列的 8 位, 随着迭代的进行, 得到一组足够长的二进制伪随机序列 BS1。同时, 计算 $x_I \oplus y_I \oplus z_I$, 取其最后 8 位作为另一个伪随机二进制序列 (BS2) 的 8 位。这样, 可同时产生两组伪随机二进制序列。显然, 上述产生两组伪随机序列的量化算法都是简单的, 如果 BS1 和 BS2 能满足伪随机序列的要求, 则说明原始的混沌序列复杂度高。

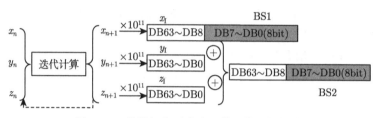

图 9-12　伪随机序列发生器的二值量化算法

当前大部分基于混沌系统的伪随机序列发生器都是在计算机上模拟实现的。而工程应用中一般使用微处理器代替计算机, 由于 DSP 在数字信号处理中的优越性能, 常被应用于工程实践。考虑到计算机与 DSP 的不同硬件结构、不同的数据类型和不同的编译系统等, 即使二者使用相同的算法和初始条件, 得到的混沌序列结果仍然存在差异。所以在 DSP 平台上实现基于分数阶混沌系统的伪随机序列发生器更有意义。

设分数阶简化 Lorenz 系统参数 $c=5$, 微分算子阶数 $q=0.65$, 以及初始值 $(x_0, y_0, z_0) = (0.1, 0.2, 0.3)$, 则系统为混沌状态, 此时的最大 Lyapunov 指数为 3.0679, 计算机仿真得到对应的吸引子相图如图 9-13(a) 所示。然后, 采用 DSP 平台实现

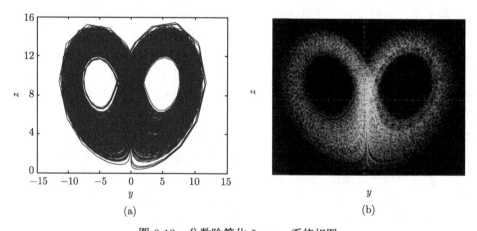

(a)　　　　　　　　　　　　　　　(b)

图 9-13　分数阶简化 Lorenz 系统相图

(a) 计算机仿真的吸引子; (b) DSP 实现的吸引子

分数阶简化 Lorenz 系统, 在示波器上显示的吸引子如图 9-13(b) 所示。最后, 再采用图 9-12 所示的量化算法将每次迭代得到的混沌序列进行二值量化, 得到两组伪随机二进制序列 BS1 和 BS2, 伪随机序列发生器的软件流程如图 9-14 所示, 其中, 需要生成的伪随机二进制序列转换为 ASCII 码再传送到计算机进行分析和测试, 在计算机端直接显示二进制数或使用 Matlab 进行分析。

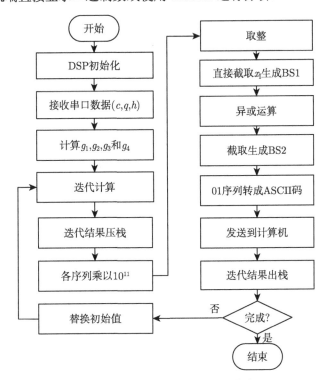

图 9-14　伪随机序列发生器的软件流程

9.2.2　混沌伪随机序列的性能测试

1. 统计性能测试

为了评估产生的伪随机序列的性能, 需要对其进行统计测试。在众多伪随机序列的标准测试工具中, NIST (national institute of science and technology) 的 STS (statistical test suite) 一直是比较权威的测试工具 [6]。NIST 发布的统计测试包 STS 2.1.2 版, 专门用来测试已获得的二进制序列的随机性能, 包括 15 项测试, 共 188 项检测。几乎包括了所有人们关注的常见测试项目, 如频率、累积和、复杂度等。

在 STS 的统计测试结果的报告中, 有两项指标表明被测的二进制伪随机序列是否合格。只有 188 个测试中每一个的 p 值都大于 0.0001, 且通过测试的序列的百

分比都在置信区间内，才能视为通过测试。对于已知的临界值 α (一般设定为 0.01)，置信区间定义为

$$\left[(1-\alpha)-3\sqrt{\frac{(1-\alpha)\alpha}{m}},\ (1-\alpha)+3\sqrt{\frac{(1-\alpha)\alpha}{m}}\right] \tag{9-69}$$

其中，m 为被测序列的大小。

对于 $c=5$、$q=0.65$ 的分数阶简化 Lorenz 系统得到的两组伪随机二进制序列 BS1 和 BS2。每组选择 100 个伪随机二进制序列，每个序列的长度为 10^6 位。定义 $\alpha=0.01$，根据式 (9-69) 求得的大部分测试项目的置信区间为 [96.015%，1]。但是，8 项 Random Excursions 测试和 18 项 Random Excursions Variant 测试例外，因为在进行这两类测试时，测试系统自动在 BS1 中选取 57 个序列进行测试，在 BS2 中选取 69 个序列进行测试。所以对于 BS1 和 BS2，在这 26 个测试中的置信区间分别变为 [95.050%，1] 和 [95.410%，1]。图 9-15 和图 9-16 显示了分别针对 BS1 和 BS2 的测试结果，对于 BS1 的 188 个测试，图 9-15(a) 表明 p 值均大于 0.0001，图 9-15(b) 表明序列的通过比例都在置信区间内。对于 BS2 的 188 个测试，图 9-16(a) 和 (b) 也得到同样的测试结果。

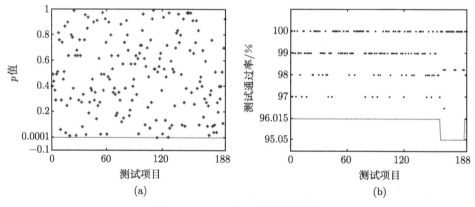

图 9-15　BS1 的 p 值和通过比例

(a) p 值；(b) 通过测试的序列比例

根据图 9-15 和图 9-16，得到对 BS1 和 BS2 进行 NIST 的 STS 最终测试结果，如表 9-1 和表 9-2 所示，其中有 5 个测试项目需要测试多次，则列出的对应 p 值和通过测试的比例为多次测试中的最小值。表 9-1 和表 9-2 说明基于分数阶简化 Lorenz 系统得到的两组伪随机二进制序列均通过了 NIST 的 STS 测试，具有良好的随机性能。

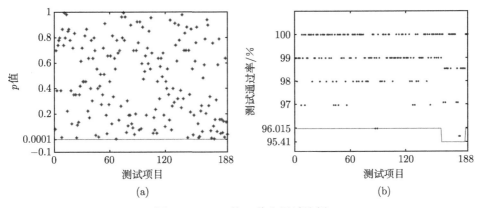

图 9-16 BS2 的 p 值和通过比例

(a) p 值；(b) 通过测试的序列比例

表 9-1 BS1 的 NIST 测试结果

编号	测试项目名称	测试次数	p 值	通过比例	测试结果
1	Frequency	1	0.401199	100/100	通过
2	Block Frequency	1	0.494392	97/100	通过
3	Cumulative Sums	2	0.366918	100/100	通过
4	Runs	1	0.289667	99/100	通过
5	Longest Run	1	0.494392	97/100	通过
6	Rank	1	0.514124	100/100	通过
7	FFT	1	0.816537	99/100	通过
8	Non Overlapping Template	148	0.001509	97/100	通过
9	Overlapping Template	1	0.911413	98/100	通过
10	Universal	1	0.383827	98/100	通过
11	Approximate Entropy	1	0.834308	97/100	通过
12	Random Excursions	8	0.102526	55/57	通过
13	Random Excursions Variant	18	0.019188	56/57	通过
14	Serial	2	0.115387	98/100	通过
15	Linear Complexity	1	0.924076	100/100	通过

表 9-2 BS2 的 NIST 测试结果

编号	测试项目名称	测试次数	p 值	通过比例	测试结果
1	Frequency	1	0.080519	99/100	通过
2	Block Frequency	1	0.699313	99/100	通过
3	Cumulative Sums	2	0.383827	98/100	通过
4	Runs	1	0.779188	99/100	通过
5	Longest Run	1	0.798139	99/100	通过
6	Rank	1	0.383827	97/100	通过
7	FFT	1	0.017912	100/100	通过

续表

编号	测试项目名称	测试次数	p 值	通过比例	测试结果
8	Non Overlapping Template	148	0.012650	96/100	通过
9	Overlapping Template	1	0.012650	100/100	通过
10	Universal	1	0.025193	100/100	通过
11	Approximate Entropy	1	0.224821	99/100	通过
12	Random Excursions	8	0.063482	67/69	通过
13	Random Excursions Variant	18	0.009422	66/69	通过
14	Serial	2	0.137282	100/100	通过
15	Linear Complexity	1	0.040108	100/100	通过

2. 两组序列的互相关性测试

上述产生的两组伪随机序列均通过了 NIST 测试, 说明每个序列都表现出良好的平衡性、自相关性、频谱特性等, 具有良好的随机性。下面测试二者的互相关性能。从 BS1 和 BS2 中分别随机选取等长度的二进制序列, 并将序列中的 "1" 和 "0" 分别映射为 "1" 和 "−1", 计算两个序列的周期互相关性。结果如图 9-17 所示, 相关系数都在 ± 0.1 之间, 说明 BS1 和 BS2 是互不相关的。

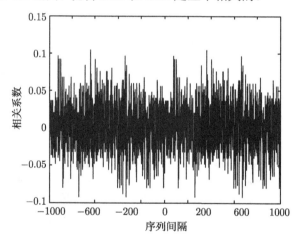

图 9-17　BS1 和 BS2 的互相关性

另外, 汉明距离是一个专门用于测试两个二进制序列间互相关性的有效工具 [7]。汉明距离表示两个序列中对应位置相同但数值不同的位置的数量, 假设两个被测二进制序列长度均为 M, 则两个二进制序列 S_1 和 S_2 的汉明距离定义为

$$d(S_1, S_2) = \sum_{j=1}^{M} (x_j \oplus y_j) \tag{9-70}$$

其中，x_j 和 y_j 分别为 S_1 和 S_2 中的元素。理论上，对于两个互不相关的伪随机二进制序列，其汉明距离约为 $M/2$，通常用百分比的形式表示，即 $d(S_1, S_2)/M$ 约为 50%。根据式 (9-70) 计算上述得到的两个伪随机二进制序列 BS1 和 BS2 的汉明距离来判断二者的互相关性，结果如表 9-3 所示。

表 9-3 不同长度的 BS1 与 BS2 的汉明距离

序列长度	d(BS1, BS2)$/M$
$M = 10^4$	50.07000%
$M = 10^5$	49.97500%
$M = 10^6$	49.95480%
$M = 10^7$	49.99899%

M 选取不同值，BS1 和 BS2 的汉明距离均约为 50%，进一步说明上述生成的两个伪随机二进制序列是互不相关的。

3. 产生伪随机序列的密钥空间分析

对基于混沌系统的伪随机序列发生器，系统对初始值及系统参数的敏感性决定了可以产生不同伪随机序列的数量。产生不同的伪随机序列对应的初始值和系统参数的取值范围，通常被称为伪随机序列发生器的 "密钥空间"。根据前面的分析，在分数阶混沌系统中，系统的微分阶数 q 也是分岔参数，q 是除了初始值和系统参数外，另一个影响系统特性的初始条件之一。也就是说，基于分数阶混沌系统的伪随机序列发生器，q 的取值也决定其密钥空间。对于上述设计的基于分数阶简化 Lorenz 系统的伪随机二进制序列发生器，这里重点研究 q 的影响。从 BS1 中获取长度为 10^7bit 的二进制序列 KS1；然后改变 $q = 0.9 + 10^{-7}$，再从新的 BS1 中的相同位置获取同样长度的二进制序列 KS2。根据式 (9-70)，计算针对不同 M 的KS1 和 KS2 的汉明距离，得到的结果如表 9-4 所示。结果表明，考虑了阶数 q 后，基于分数阶简化 Lorenz 系统的伪随机序列发生器的密钥空间至少增大了 10^7 倍。

表 9-4 不同长度的 KS1 与 KS2 的汉明距离

序列长度	d(KS1, KS2)
$M = 10^4$	49.47000%
$M = 10^5$	49.89200%
$M = 10^6$	49.97560%
$M = 10^7$	50.03064%

4. 产生伪随机序列的速度分析

评价伪随机序列发生器的性能优劣经常需要考虑产生序列的速度。在上述实验中，TMS320F28335 的时钟频率为 30MHz，编译环境为 CCS4.1。从软件设计中可发现产生伪随机序列的大部分时间花费在了分数阶混沌系统的迭代运算上，根据 Adomian 求解算法求解的分数阶简化 Lorenz 系统的迭代式，一次迭代包括 30 次加法和 35 次乘法，测得的产生伪随机二进制序列的速度为 1.84×10^6(位/秒)。为了比较，采用常用的四阶 Runge-Kutta 法求解整数阶简化 Lorenz 系统，得到其迭代式为

$$\begin{cases} x_{n+1} = x_n + h(K_{11} + 2K_{12} + 2K_{13} + K_{14})/6 \\ y_{n+1} = y_n + h(K_{21} + 2K_{22} + 2K_{23} + K_{24})/6 \\ z_{n+1} = z_n + h(K_{31} + 2K_{32} + 2K_{33} + K_{34})/6 \end{cases} \tag{9-71}$$

其中，

$$\begin{cases} K_{11} = 10(y_n - x_n) \\ K_{21} = (24 - 4c)x_n - x_n z_n + cy_n \\ K_{31} = x_n y_n - 8z_n/3 \end{cases} \tag{9-72}$$

$$\begin{cases} K_{12} = 10[(y_n + 0.5hK_{21}) - (x_n + 0.5hK_{11})] \\ K_{22} = (24 - 4c)(x_n + 0.5hK_{11}) - (x_n + 0.5hK_{11})(z_n + 0.5hK_{31}) \\ \qquad + c(y_n + 0.5hK_{21}) \\ K_{32} = (x_n + 0.5hK_{11})(y_n + 0.5hK_{21}) - 8(z_n + 0.5hK_{31})/3 \end{cases} \tag{9-73}$$

$$\begin{cases} K_{13} = 10[(y_n + 0.5hK_{22}) - (x_n + 0.5hK_{12})] \\ K_{23} = (24 - 4c)(x_n + 0.5hK_{12}) - (x_n + 0.5hK_{12})(z_n + 0.5hK_{32}) \\ \qquad + c(y_n + 0.5hK_{22}) \\ K_{33} = (x_n + 0.5hK_{12})(y_n + 0.5hK_{22}) - 8(z_n + 0.5hK_{32})/3 \end{cases} \tag{9-74}$$

$$\begin{cases} K_{14} = 10[(y_n + hK_{23}) - (x_n + hK_{13})] \\ K_{24} = (24 - 4c)(x_n + hK_{13}) - (x_n + hK_{13})(z_n + hK_{33}) \\ \qquad + c(y_n + hK_{23}) \\ K_{34} = (x_n + hK_{13})(y_n + hK_{23}) - 8(z_n + hK_{33})/3 \end{cases} \tag{9-75}$$

式 (9-71)~式 (9-75) 中包括 59 次加法和 57 次乘法，同样条件下，产生伪随机二进制序列的速度为 1.28×10^6(位/秒)。可见，基于分数阶简化 Lorenz 系统和基于整数阶简化 Lorenz 系统相比，前者产生伪随机二进制序列的速率快约 1.5 倍。

9.2.3　分数阶 Lorenz 超混沌伪随机序列发生器设计

相比于一般混沌系统，超混沌系统具有两个或两个以上正的 Lyapunov 指数谱，具有更高的系统复杂性，其有利于实际应用。基于分数阶 Lorenz 超混沌系统，在 DSP 开发板上设计伪随机序列发生器，为分数阶混沌系统的实际应用奠定基础。首先，在 DSP 开发板上实现分数阶 Lorenz 超混沌系统，其实现结果如图 9-18 所示。

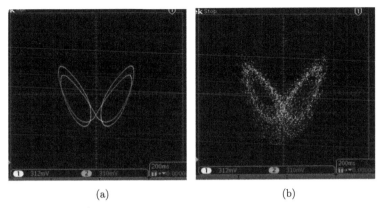

(a)   (b)

图 9-18   基于 DSP 数字电路的分数阶 Lorenz 超混沌系统吸引子相图

(a) q=0.65, R=0.26; (b) q=0.72, R=0.26

下面设计基于分数阶 Lorenz 超混沌系统的 DSP 混沌伪随机序列发生器, 其具体步骤如下所示。

第 1 步   令 n=1, $R = 0.26$, $q = 0.7$, 系统初值 $\boldsymbol{x}_0$ 为 $(1,2,3,4)$, $M = 0.125 \times 10^8 + 100$, 迭代分数阶 Lorenz 超混沌系统解 1000 次。令 $n = 1001$, $\boldsymbol{x}_0(n) = [x(n), y(n), z(n), u(n)]$。

第 2 步   迭代分数阶 Lorenz 超混沌系统解 1 次, 得到系统的数值解, 令 data $= x(n+1)$, 并进行如下运算:

$$\text{data} = \text{round}\left(|\text{data}| \times 10^{11}\right) \tag{9-76}$$

即 data 可以由一个 64 位的二进制数 DB63~DB0 进行表示。

第 3 步   令 data$_1 =$ DB7~DB0, 然后将数 data$_1$ 经串口 MAX3232(RS-232 transceiver) 输入计算机, 保存在 txt 文档中, 以供进一步测试使用。

第 4 步   设 $n = n + 1$, $\boldsymbol{x}_0(n) = [x(n), y(n), z(n), u(n)]$。

第 5 步   重复第 2~4 步, 直到 $n > M$。

算法结束后, 在计算机上得到一个 0 与 1 的伪随机序列 txt 文件。

这里每一组测试序列的长度为 10^6 位, 用 100 组数据进行测试。若 $\alpha = 0.01$, 对于大部分测试, 通过率的置信空间为 $[0.96015, 1]$。测试结果如表 9-5 所示, 其中对于测试多次的项, 只显示最低的结果。由表 9-5 可知, 所有的 p 值都大于 0.0001, 且通过率都位于置信区间内。所以本章设计的分数阶混沌伪随机序列具有很好的伪随机性。当前, 基于 DSP/FPGA 技术, 混沌系统被广泛应用于工程领域, 特别是图像加密 [8] 和保密通信 [9,10]。在这些应用中, 混沌伪随机序列通常扮演着重要的角色。另外, 研究结果表明, 分数阶混沌系统同样可以产生具有实际应用价值的伪随机序列, 为分数阶混沌系统的实际应用奠定基础。

表 9-5　NIST 伪随机测试结果

测试名称及次数	p 值	通过率	是否成功
Frequency (1)	0.366918	100%	√
B.Frequency (1)	0.002559	99%	√
C.Sums (2)	0.275709	99%	√
Runs (1)	0.048716	98%	√
Longest Run (1)	0.935716	99%	√
Rank (1)	0.883171	99%	√
FFT (1)	0.574903	100%	√
N.O.Temp (148)	0.002203	97%	√
O.Temp (1)	0.834308	100%	√
Universal (1)	0.759756	99%	√
App.Entropy (1)	0.758354	98%	√
R.Excur. (8)	0.005166	96.7%	√
R. Excur.V. (18)	0.105618	96.7%	√
Serial (2)	0.075719	99%	√
L.Complexity (1)	0.554420	99%	√

9.3　分数阶混沌图像加密算法研究

9.3.1　基于分数阶超混沌系统的图像加密算法

前文的分数阶混沌系统动力学特性研究以及分数阶混沌系统的复杂度分析结果为系统参数选择提供了依据，并表明了分数阶混沌系统的应用价值，而图像加密是分数阶混沌系统一个重要的应用方面。取系统参数为 $R = 0.26$，阶数 $q = 0.7$，此时分数阶 Lorenz 超混沌系统 Lyapunov 指数谱为 LE_i ($i = 1, 2, 3, 4$) $= [0.8768, 0.4697, 0, -52.6598]$，系统处于超混沌态，同时其复杂度值也相对较大，有利于实际应用。9.2 节中，在该参数下，设计了一个基于分数阶 Lorenz 超混沌系统的混沌伪随机序列发生器，并通过了 NIST 测试。下面将基于该混沌伪随机序列发生器产生的伪随机序列设计一种快速图像加密算法，并分析该算法的安全性。

考虑 $N \times N$ 大小的灰度图像，并用 P 表示像素矩阵，即位置 (i, j) 处的像素值为 P_{ij}。加密算法设计如下。

第 1 步　令 $n = 1$，$R = 0.26$，$q = 0.7$，系统初值 $\boldsymbol{x}_0$ 为 $[1, 2, 3, 4]$，迭代分数阶 Lorenz 超混沌系统解 1000 次。令 $n = 1001$，$\boldsymbol{x}_0(n) = [x(n), y(n), z(n), u(n)]$。

第 2 步　迭代分数阶 Lorenz 超混沌系统解 N 次，得到系统的数值解，并进行如下运算：

$$\begin{cases} x_k = \text{round}\left(|x_k| \times 10^{11}\right) \\ y_k = \text{round}\left(|y_k| \times 10^{11}\right) \\ z_k = \text{round}\left(|z_k| \times 10^{11}\right) \\ u_k = \text{round}\left(|u_k| \times 10^{11}\right) \end{cases} \tag{9-77}$$

其中, $k = 1, 2, \cdots, N$, 即每一个序列可以由一个 64 位的二进制数 DB63~DB0 表示。令 $\{X_k\}$, $\{Y_k\}$, $\{Z_k\}$ 和 $\{U_k\}$ 分别为 x_k, y_k, z_k 和 u_k 的前 8 个比特位 (DB7~DB0), 即得到 4 个长度为 N 且序列值范围在 0~255 的整数混沌序列。

第 3 步 对得到的分数阶混沌时间序列进行如下运算:

$$\begin{cases} X_n = (X_n + \varphi) \bmod 256 \\ Y_n = (Y_n + \varphi) \bmod 256 \\ Z_n = (Z_n + \varphi) \bmod 256 \\ U_n = (U_n + \varphi) \bmod 256 \end{cases} \tag{9-78}$$

其中,

$$\varphi = \sum_{i=1}^{N} \sum_{j=1}^{N} P_{i,j} \tag{9-79}$$

为明文图像所有像素值的和, 令 $i=1$ 和 $j=1$。

第 4 步 令

$$\eta = \left(\left\lfloor \sum_{j=1}^{N} P_{i,j} \right\rfloor + X_i \right) \bmod N \tag{9-80}$$

这一步首先对图像第 i 行像素位置进行置乱。考虑图像的第 i 行为一个环, 向右移动该环 η 步, 其具体操作为

$$\begin{cases} \beta = P_{i,1:N-\eta} \\ P_{i,1:\eta} = P_{i,N-\eta+1:N} \\ P_{i,\eta+1:N} = \beta \end{cases} \tag{9-81}$$

接下来对图像第 i 行的像素值进行置乱。如果 $i = 1$, 则执行式 (9-82); 如果 $i \neq 1$, 则执行式 (9-83)

$$P_{1,j} = P_{1,j} \oplus ((Z_1 + P_{N,j}) \bmod 256) \tag{9-82}$$

$$P_{i,j} = P_{i,j} \oplus ((Z_i + P_{i-1,j}) \bmod 256) \tag{9-83}$$

其中, $j = 1, 2, \cdots, N$。

第 5 步 令

$$\eta = \left(\left\lfloor \sum_{i=1}^{N} P_{i,j} \right\rfloor + Y_j \right) \bmod 256 \tag{9-84}$$

这一步首先对图像第 j 列像素位置进行置乱。考虑图像的第 j 列为一个环，向上移动该环 η 步，其具体操作如下所示：

$$\begin{cases} \beta = P_{1:N-\eta,j} \\ P_{1:\eta,j} = P_{N-\eta+1:N,j} \\ P_{\eta+1:N,j} = \beta \end{cases} \tag{9-85}$$

下面对图像第 j 列的像素值进行置乱。如果 $j = 1$，则执行式 (9-86)；如果 $j \neq 1$，则执行式 (9-87)

$$P_{i,1} = P_{i,1} \oplus ((U_1 + P_{i,N}) \bmod 256) \tag{9-86}$$

$$P_{i,j} = P_{i,j} \oplus ((U_j + P_{i,j-1}) \bmod 256) \tag{9-87}$$

其中，$i = 1, 2, \cdots, N$。

第 6 步　令 $i = i + 1$ 和 $j = j + 1$。

第 7 步　重复第 4~6 步，直到 $i > N$。

解密算法与加密算法类似，是加密算法的逆过程。具体执行过程描述如下。

第 1 步　令 $n = 1$，$R = 0.26$，$q = 0.7$，系统初值 $\boldsymbol{x}_0$ 与加密过程的一致，为 $[1, 2, 3, 4]$，迭代分数阶 Lorenz 超混沌系统解 1000 次，并令 $n = 1001$，$\boldsymbol{x}_0(n) = [x(n), y(n), z(n), u(n)]$。

第 2 步　迭代分数阶 Lorenz 超混沌系统解 N 次，得到系统的数值解，并进行如下运算：

$$\begin{cases} x_k = \text{round}\left(|x_k| \times 10^{11}\right) \\ y_k = \text{round}\left(|y_k| \times 10^{11}\right) \\ z_k = \text{round}\left(|z_k| \times 10^{11}\right) \\ u_k = \text{round}\left(|u_k| \times 10^{11}\right) \end{cases} \tag{9-88}$$

其中，$k = 1, 2, \cdots, N$，即每一个序列可以由一个 64 位的二进制数 DB63~DB0 表示。令 $\{X_k\}$，$\{Y_k\}$，$\{Z_k\}$ 和 $\{U_k\}$ 分别为 x_k，y_k，z_k 和 u_k 的前 8 个比特 (DB7~DB0)，即得到 4 个长度为 N 且序列值范围在 0~255 的整数混沌序列。

第 3 步　对得到的分数阶混沌时间序列进行如下运算：

$$\begin{cases} X_n = (X_n + \varphi) \bmod 256 \\ Y_n = (Y_n + \varphi) \bmod 256 \\ Z_n = (Z_n + \varphi) \bmod 256 \\ U_n = (U_n + \varphi) \bmod 256 \end{cases} \tag{9-89}$$

其中，φ 为明文图像所有像素值的和，计算式如式 (9-79) 所示。令 $i = N$ 和 $j = N$。

第 4 步　令

$$\eta = \left(\left\lfloor \sum_{i=1}^{N} P_{i,j} \right\rfloor + Y_j \right) \bmod 256 \qquad (9\text{-}90)$$

首先对第 j 列的像素值进行恢复, 具体过程为: 若 $j=1$, 则执行式 (9-91); 若 $j \neq 1$, 则执行式 (9-92)

$$P_{i,1} = P_{i,1} \oplus ((U_1 + P_{i,N}) \bmod 256) \qquad (9\text{-}91)$$

$$P_{i,j} = P_{i,j} \oplus ((U_j + P_{i,j-1}) \bmod 256) \qquad (9\text{-}92)$$

其中, $i = 1, 2, \cdots, N$。接下来对图像第 j 列像素位置进行恢复。考虑图像的第 j 列为一个环, 向下移动该环 η 步, 其具体操作如下所示:

$$\begin{cases} \beta = P_{1:N-\eta,j} \\ P_{1:\eta,j} = P_{N-\eta+1:N,j} \\ P_{\eta+1:N,j} = \beta \end{cases} \qquad (9\text{-}93)$$

第 5 步　令

$$\eta = \left(\left\lfloor \sum_{i=1}^{N} P_{i,j} \right\rfloor + Y_j \right) \bmod 256 \qquad (9\text{-}94)$$

首先对图像第 i 行的像素值进行恢复。若 $i=1$, 则执行式 (9-95); 若 $i \neq 1$, 则执行式 (9-96)

$$P_{1,j} = P_{1,j} \oplus ((Z_1 + P_{N,j}) \bmod 256) \qquad (9\text{-}95)$$

$$P_{i,j} = P_{i,j} \oplus ((Z_i + P_{i-1,j}) \bmod 256) \qquad (9\text{-}96)$$

其中, $j = 1, 2, \cdots, N$。接下来对图像第 i 行像素位置进行恢复, 考虑图像的第 i 行为一个环, 向左移动该环 η 步, 其具体操作如下所示:

$$\begin{cases} \beta = P_{i,1:N-\eta} \\ P_{i,1:\eta} = P_{i,N-\eta+1:N} \\ P_{i,\eta+1:N} = \beta \end{cases} \qquad (9\text{-}97)$$

第 6 步　令 $i = i - 1$ 和 $j = j - 1$。

第 7 步　重复第 4~6 步, 直到 $i < 1$。

这里采用如图 9-19(a) 中的 256×256 的 Lena 图像进行加解密运算, 并分析加密算法的安全性。采用上述算法, Lena 图像的加密图像如图 9-19(b) 所示, 可见加密后的图像已经完全隐藏了原始图像信息。对应的正确密钥解密图像如图 9-19(c) 所示, 可见得到了正确的明文图像。接下来将对算法的安全性进行分析。

(a)　　　　　　　　　(b)　　　　　　　　　(c)

图 9-19　加密仿真结果

(a) 原始图；(b) 加密图；(c) 正确解密图

9.3.2　图像加密算法安全性分析

1. 统计分析

统计分析是一种有效分析图像加密算法安全性的方法。通过统计分析结果，可知图像抵抗统计攻击的能力，一个好的图像加密算法得到的密文图像应当可抵抗任何统计攻击。目前，统计分析主要采用灰度直方图分布以及相邻像素之间的相关性方法。

加密前后图像的灰度直方图分布比较如图 9-20 所示。可见，加密前，图像呈现出非均匀分布，加密后，密文图像呈现均匀分布，可抵抗统计攻击，算法安全性较强。数字图像中的相邻像素之间不是互相独立的，相关性大，图像加密的目标之一便是减小图像相邻像素的相关性，主要包括水平像素、垂直像素和对角像素之间的相关性，相关性越小，图像加密效果越好，安全性越高。图 9-21 为水平方向、对角方向与垂直方向上原始图像和改进混合加密图像相邻像素的相关性。可见，原始图像像素间的相关性呈现明显的线性关系，而改进混合加密图像像素间的相关性呈现随机的对应关系。

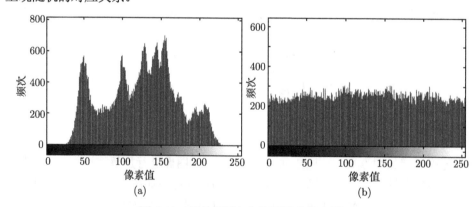

图 9-20　原始图像与加密图像的直方图

(a) 原始图像的直方图；(b) 加密图像的直方图

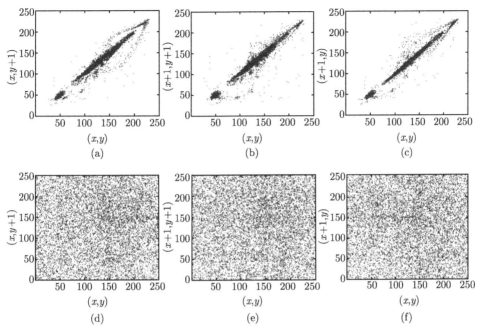

图 9-21 垂直、对角以及水平方向相邻像素相关性

(a) 原始图像垂直方向；(b) 原始图像对角方向；(c) 原始图像水平方向；(d) 加密图像垂直方向；

(e) 加密图像对角方向；(f) 加密图像水平方向

相邻像素 x 和 y 之间的相关系数 $\rho_{x,y}$ 定义为

$$\rho_{x,y} = \frac{\mathrm{cov}(x,y)}{\sqrt{D(x)D(y)}} \tag{9-98}$$

其中，

$$\begin{cases} E(x) = \dfrac{1}{N}\sum_{i=1}^{N} x_i, \quad D(x) = \dfrac{1}{N}\sum_{i=1}^{N}\left[x_i - E(x)\right]^2 \\ \mathrm{cov}(x,y) = E\left[(x - E(x))(y - E(y))\right] \end{cases} \tag{9-99}$$

这里取 $N = 10^4$，并基于随机选取的像素计算相邻像素间的相关系数。Lena 图像中，对角方向、水平方向以及垂直方向上的相关系数值分别为 0.972, 0.9318 和 0.9456，相关系数很大，表明像素之间存在较大的相关性，而加密图像对角方向、水平方向以及垂直方向上的相关系数值分别为 −0.0203, 0.0017 和 0.0302，系数值较小，说明加密后图像相邻像素之间几乎没有相关关系，即验证了算法的有效性。

2. 抗差分攻击

根据密码学原理, 好的图像加密算法应当对明文改变具有敏感性, 其敏感性越强, 算法抗差分攻击的能力就越好。算法抗差分攻击能力一般采用像素改变率 (number of pixels change rate, NPCR) 和统一平均变化强度 (unified average changing intensity, UACI) 表征。令 C_1 为原图像加密结果, C_2 为原图中某一个位置的像素值增加或减小 1 后的加密结果, NPCR 计算式为

$$\text{NPCR} = \frac{\sum_{i=1}^{N}\sum_{j=1}^{N} D(i,j)}{N \times N} \tag{9-100}$$

其中,

$$D(i,j) = \begin{cases} 1, & C_1(i,j) \neq C_2(i,j) \\ 0, & C_1(i,j) = C_2(i,j) \end{cases} \tag{9-101}$$

UACI 定义式为

$$\text{UACI} = \sum_{i,j} \frac{|C_1(i,j) - C_2(i,j)|}{255 \times M \times N} \times 100\% \tag{9-102}$$

这里, 随机对 Lena 图像某一位置像素值增加 1, 即每一次两原始图像像素值只相差 1, 实验进行 1000 次, 并计算得到每一次相应的 NPCR 以及 UACI 值。其结果如表 9-6 所示。其中 NPCR 的理想值为 99.6094%, 而 UACI 的理想值一般为 33%。由表 9-6 可知, 得到的 NPCR 和 UACI 的计算结果均接近理想值, 表明提出的图像加密算法具有很好的抗差分攻击能力。

表 9-6 **NPCR 和 UACI 计算结果**

	最小值	最大值	平均值
NPCR	0.9952	0.9968	0.9960
UACI	0.3188	0.3275	0.3241

3. 密钥敏感性分析

对密钥敏感是一个好的图像加密算法特征之一。图 9-22 显示的是当密钥值 (包括系统初值 x_0, y_0, z_0 以及 u_0, 系统阶数 q 和系统参数 R) 分别改变 10^{-10} 后的解密图像。可见, 通过改进混合加密算法能够正确解密加密图像, 而且若初始值有很微小的变化都会导致解密失败, 说明该算法对密钥具有高度的敏感性, 安全性高。以 10^{-10} 为精度算, 采用穷举攻击法需要计算次数的数量级至少为 $O(10^{60})$, 可见本算法能抵抗穷举攻击。

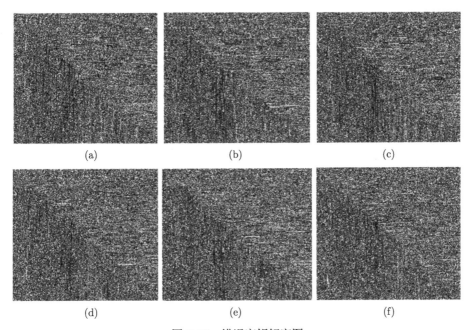

图 9-22 错误密钥解密图

(a) $x_0 = x_0 + 10^{-10}$; (b) $y_0 = y_0 + 10^{-10}$; (c) $z_0 = z_0 + 10^{-10}$; (d) $u_0 = u_0 + 10^{-10}$;

(e) $q_0 = q_0 + 10^{-10}$; (f) $R_0 = R_0 + 10^{-10}$

9.4 分数阶混沌扩频通信系统

9.4.1 扩频通信系统中的扩频码

直接序列扩频通信系统的原理如图 9-23 所示。在扩频通信系统中，扩频码的性能与系统的抗干扰、抗噪声、抗截获、信息数据隐蔽能力密切相关，同时也关系到系统的多径保护、抗衰落、多址能力、实现同步与捕捉的难度等。所以，作为扩频码的二元伪随机序列应该具备以下基本性能。

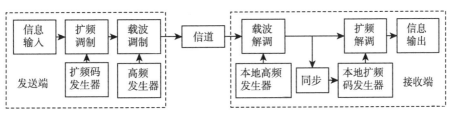

图 9-23 直接序列扩频通信系统原理框图

(1) 具有尖锐的自相关特性, 且互相关函数应接近于 0。在扩频通信中, 如果两个信道之间存在互相干扰, 那么它们的互相关值肯定不为 0。为了使信号在通信过程中很快实现同步, 并具有很好的多址能力, 扩频码需要具有尖锐的自相关特性, 这样可以降低接收端的误捕获率, 而扩频码之间的互相关函数接近于 0 可以减少不同用户间的干扰, 提升系统的多址能力。

(2) 有足够长的码周期和复杂度, 以确保抗截获和抗干扰的要求。扩频通信采用伪随机序列作为扩频码的主要目的之一就是提升系统的保密性能和抗干扰性能, 扩频码越长, 并且越复杂, 扩频信号的抗干扰和保密性能越好。

(3) 满足要求的序列数足够多, 以便提高系统的多址能力。扩频通信系统的多址能力是一个很重要的指标, 即直接反映了同一个信道能够容纳用户的个数, 能够具有互不相关的扩频码数量越多, 系统多址能力越强。相反, 则系统的多址能力受到限制, 容纳的用户数越少, 从而不能发挥扩频通信技术的优势。

(4) 序列易于产生和处理。扩频通信系统中易于产生和处理的扩频码会使系统资源更多地用于处理通信系统的其他重要环节, 使系统运行更稳定, 通信性能更好, 效率更高。

在实际中用得最多的满足扩频要求的扩频码序列有 m 序列、Gold 序列和混沌伪随机序列等。但 m 序列、Gold 序列的扩频码数量有限。传统的使用整数阶和离散混沌来生成扩频序列的局限性逐渐显现 [11-13]。下面基于分数阶简化 Lorenz 混沌系统设计扩频通信系统中的扩频码。

9.4.2　基于相关接收的单用户分数阶混沌扩频通信系统设计

根据图 9-23 的原理, 设计基于相关接收的点对点扩频通信系统。设计该扩频通信系统的主要目的是研究上述方法得到的伪随机序列作为扩频码的性能。所以, 对于发送端, 为了反映上述 DSP 产生的伪随机序列在扩频通信系统中的应用, 在 BS2 中随机截取一定长度的伪随机序列直接用作扩频码, 在接收端将同样的伪随机序列用作扩频解调, 并假设发送端与接收端已达到同步。为了测试不同噪声环境下通信系统的性能, 设置信道的噪声可调。

设计的基于相关接收的单用户扩频通信系统的 Simulink 仿真框图如图 9-24 所示。图中 Random Integer 模块产生待发送的数据, T Codes Generator 和其后面的 Buffer 单元负责将截取的伪随机序列按帧的格式生成扩频码。图中用到的极性转换模块 (Unipolar to Bipolar Conventer, "0" 转换为 "−1"; Bipolar to Unipolar Conventer, "−1" 转换为 "0"), 其作用是: 单极性二进制码元通过异或操作可以实现扩频和解扩, 但该过程中 "0" 比较特殊, 当噪声信号加入时, 信号不是二进制了, 此时异或运算无效。如果采用双极性二进制码元则可以避免这种情况, 并且同样可以用相乘的方式实现扩频和解扩。载波调制与解调方式使用二进制相移

键控 (BPSK)。接收的数据与发送的原始数据 (Transmit_Data) 在误码率计算单元 (Error Rate Calculation) 进行误码率分析。接收端的相关接收器 1NTEGER 的内部结构如图 9-25 所示,其工作原理如下:In1 为输入,其每一帧输入 $(N \times 1)$ 需要经过 Unbuffer 变换成 $(1 \times N)$ 的形式,在 Integrate and Dump 模块进行积分,经 Zero-Order Hold 模块后通过取样模块转换成帧格式。由于采用双极性二进制码元,所以判决模块由 Sign 模块完成,如果积分结果大于 0,则结果为 1,否则为 -1。

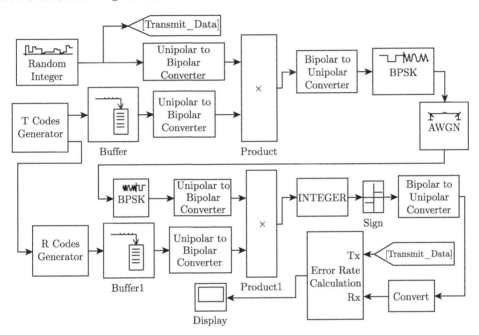

图 9-24 基于相关接收的点对点扩频通信系统 Simulink 仿真框图

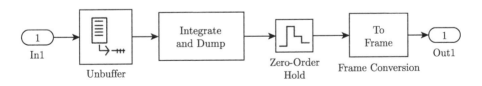

图 9-25 相关接收器仿真原理图

9.4.3 扩频通信系统的性能分析

基于图 9-24 仿真分析 BS2 作为扩频码的性能。从 BS2 中分别随机截取 8bit、16bit 和 32bit 的伪随机序列作为扩频码,测试中传输 10^6 位码元,得到误码率 (BER) 随信噪比 (SNR) 变化的情况如图 9-26 所示。选择 32bit 扩频码,SNR=−2dB 时,误码率接近 0,而选择 8bit 扩频码,SNR=4dB 时误码率才接近 0,当扩频通信系统的 SNR 不变时, 扩频码的位数越多, BER 越小。可见, 扩频码的位数对扩频通信系统的性能有很大的影响, 位数越长, 系统的性能越好。

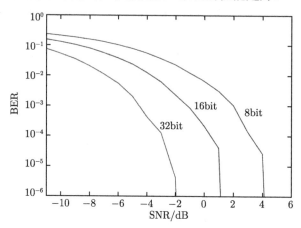

图 9-26　基于分数阶简化 Lorenz 系统的单用户扩频通信系统性能

同样条件下选择基于 Hénon 映射生成的伪随机序列作为扩频码。Hénon 映射的方程为 [14]

$$\begin{cases} x_{n+1} = -ax_n^2 + y_n + 1 \\ y_{n+1} = bx_n \end{cases} \tag{9-103}$$

取 $a = 1.4$, $b = 0.3$ 时, 系统为混沌状态, 随机选取初始值 $[x_0, y_0] = [0.7, 0.5]$, 得到混沌序列。将混沌序列 x_n 进行如下转化:

$$|x_n| = 0.b_1(x_n)b_2(x_n)\cdots b_i(x_n)\cdots \tag{9-104}$$

其中,

$$\begin{cases} b_i(x_n) = \mathrm{sgn}_{0.5}(2^{i-1}|x_n| - \lfloor 2^{i-1}|x_n| \rfloor) \\ \mathrm{sgn}_{0.5}(x) = \begin{cases} 0, & x < 0.5 \\ 1, & x \geqslant 0.5 \end{cases} \end{cases} \tag{9-105}$$

$\lfloor x \rfloor$ 表示向下取整, 则得到新的二进制数为

$$\begin{cases} |x_1| = 0.b_1(x_1)b_2(x_1)\cdots b_i(x_1)\cdots \\ |x_2| = 0.b_1(x_2)b_2(x_2)\cdots b_i(x_2)\cdots \\ \qquad\qquad\vdots \\ |x_n| = 0.b_1(x_n)b_2(x_n)\cdots b_i(x_n)\cdots \end{cases} \tag{9-106}$$

从上式中选取 $|x_n|$ 的第 i 位, 可构成二进制伪随机序列。$i = 1, 2, 3$, 得到基于 Hénon 映射的二进制伪随机序列 BH, 经分析, 该序列具有良好的统计特性 [14]。从

BH 中随机截取 8bit、16bit 和 32bit 的二进制序列作为扩频码进行仿真，得到的结果如图 9-27 所示。

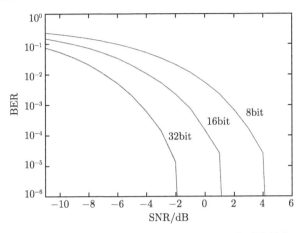

图 9-27 基于 Hénon 映射的单用户扩频通信系统性能

再选择基于 Chen 系统生成的伪随机序列作为扩频码。Chen 系统的方程为 [15]

$$\begin{cases} \dot{x} = a(y-x) \\ \dot{y} = (c-a)x - xz + cy \\ \dot{z} = xy - bz \end{cases} \tag{9-107}$$

当 $a = 35$，$b = 3$，$c = 28$ 时，系统为混沌状态，设初始值为 $x_0 = -3$，$y_0 = 2$，$z_0 = 20$。将得到的混沌序列 $x(i)$，$y(i)$，$z(i)$，$i = 0, 1, 2, \cdots, \infty$ 进行如下变换：

$$\begin{cases} v(3i) = 3000(x(i) + 45) \\ v(3i+1) = 3000(y(i) + 35) \\ v(3i+2) = 3000(z(i) + 45) \end{cases} \tag{9-108}$$

$$K_j = v(j) \bmod 256 \tag{9-109}$$

其中，$j = 0, 1, 2, \cdots, \infty$，则 K_j 为得到的伪随机二进制序列，该序列也通过了 NIST 测试，具有良好的统计特性和伪随机性。同样，从 K_j 中随机截取二进制序列作为扩频码，扩频码长分别取 8bit、16bit、32bit，仿真得到的结果如图 9-28 所示。

上述三种情况均说明，扩频码的位数越长通信效果越好。下面，对比三种情况都选择 32 位扩频码时，误码率随信噪比变化的情况如图 9-29 所示。在信噪比 SNR<−5dB 时，三种情况的误码率相近，都比较大，表明在非常恶劣的通信环境下，三种情况的性能均不佳。当 SNR≥−4dB 时，基于分数阶简化 Lorenz 系统的误码率略低于另外两种情况；当 SNR=−2dB 时，基于分数阶简化 Lorenz 系统的误

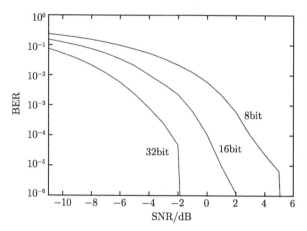

图 9-28　基于 Chen 系统的单用户扩频通信系统性能

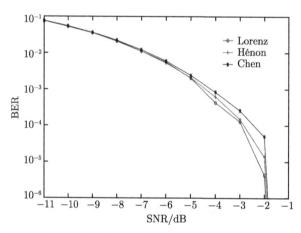

图 9-29　不同扩频码的性能比较 (Hénon 映射、Chen 系统)

码率接近 0, 但其他两种情况, 仍有较高的误码率; 当 SNR≥-1dB 时, 三种情况的误码率都接近 0。可以说明, 基于分数阶简化 Lorenz 系统的扩频通信系统性能好于其他两种情况。

　　Gold 序列和 m 序列作为扩频码, 得到了广泛的使用, 性能也得到认可。同等条件下, 都发送 10^6 位码元, 基于分数阶简化 Lorenz 系统的伪随机序列与 Glod 序列和 m 序列用于扩频通信系统的性能对比, 如图 9-30 所示。当 SNR=-1dB 时, 基于分数阶简化 Lorenz 系统的通信系统的误码率接近于 0, 明显小于 Gold 序列和 m 序列的误码率。可以说明基于分数阶混沌系统设计的伪随机序列性能好于 Gold 序列和 m 序列。

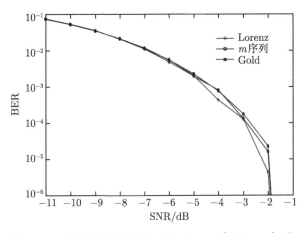

图 9-30 不同扩频码的性能对比 (Gold 序列、m 序列)

9.4.4 基于相关接收的多用户混沌扩频通信系统设计

扩频通信的一个优点就是多个用户可以在同一个信道通信,互不干扰。下面通信系统的用户数量为 4 个,系统的 Simulink 仿真图如图 9-31 所示,其中每个用户的发送端和接收端与图 9-24 相同,从 BS2 中随机截取 4 段 32 位伪随机序列分别作为 4 个用户的扩频码,将 4 个用户的发送信号混合在一起发送出去,每个用户发送 10^4 个码元。通过分别检测每个用户的误码率随信噪比变化的情况,得到如

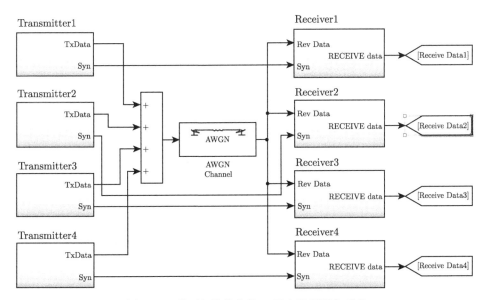

图 9-31 基于相关接收的 4 用户扩频通信系统

图 9-32 所示的结果。可见,4 个用户中每个用户的通信性能随信噪比变化的规律类似,在很低的信噪比环境下仍保持很低的误码率,说明 4 个用户虽然在同一信道,采用同样的载波频率,但由于扩频码的优良性能,相互干扰很小。

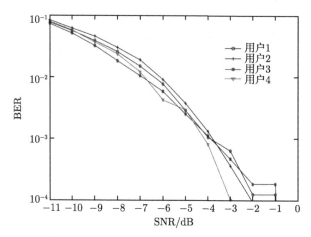

图 9-32　4 用户相关接收扩频通信系统性能

同样条件下,改变多用户系统中的用户数量分别为 2、4、6、8、10。为了比较用户数量对通信系统性能的影响,将每种情况下,所有用户误码率取平均值,得到的测试结果如图 9-33 所示。从图中可见,几种情况下的通信性能是很接近的,在 SNR≥−1dB 的情况下,误码率均约为 0。说明使用的扩频码具有良好的正交性,系统具有较好的多址能力。

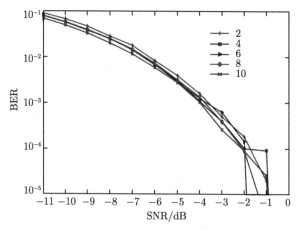

图 9-33　多用户扩频通信系统性能

9.4.5 基于 Rake 接收的多用户混沌扩频通信系统设计

在直接序列码分多址通信系统中，由于多径的作用，会产生多径干扰，在使用扩频码的情况下，同样会产生多径干扰。所以当存在多径时，传统的直接相关接收机的性能经常不能满足要求。Rake 接收技术则可克服上述缺点，它是一种基于多径分离的接收技术，可以利用多径来提高输出信噪比，这种接收技术针对时延扩展引起的多径干扰可以起到很好的抑制作用，对于抗衰落也十分有效。Rake 接收机本质上也是利用相关接收机，只是将它们组合使用，工作中将每个相关接收机的输出与被接收信号的一个延迟形式进行相关运算，每个相关接收机的输出需要根据它们的强度加权，加权后的所有输出合成一个输出。

图 9-34 为基于 Rake 接收机的多用户扩频通信系统 Simulink 仿真图，图中发送端与图 9-24 相同，扩频信号经多径传输通道 (Propagate through) 后发送，在接收端采用 Rake 接收机接收。将基于 Rake 接收机的扩频通信系统的用户数量设为 4 个，分别随机在 BS2 中选取 4 段 32 位伪随机序列作为扩频码，监测随信噪比变化的误码率，如图 9-35 所示。

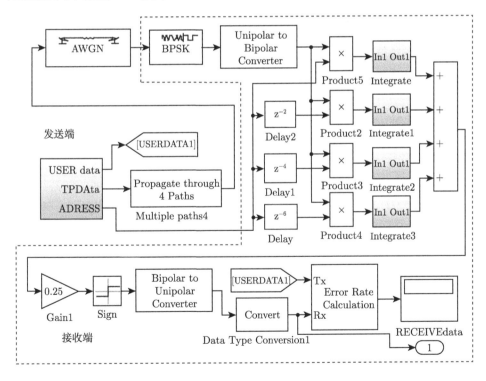

图 9-34 基于 Rake 接收机的多用户扩频通信系统 Simulink 仿真模型

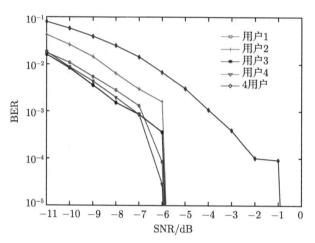

图 9-35　基于 Rake 接收机的扩频通信系统性能

当 SNR>−6dB 时，4 个用户的误码率均逐步趋近于 0，表现出非常好的性能。将基于相干接收的 4 用户通信系统的平均误码率也显示在图 9-35 中，很明显，在任何 SNR 下，其误码率均高于 Rake 接收机的误码率。可见，基于分数阶混沌系统得到的伪随机序列同样适用于 Rake 接收机的扩频通信系统，而且性能比相干接收通信系统的性能更优。

基于分数阶简化 Lorenz 系统，设计了一个能同时产生两个伪随机序列的伪随机序列发生器，并在 DSP 平台实现。两个序列互不相关，并且均通过了 NIST 测试，具有良好的随机性、较大的密钥空间和较快的生成伪随机序列速度。将产生的伪随机序列作为扩频码应用于扩频通信系统中，通过仿真测试，与 Chen 系统、Hénon映射及典型的 Gold 序列及 m 序列比较，通信系统性能更优，具有良好的多址能力，在基于 Rake 接收机的多用户系统中，同样表现出了良好的性能[16]，说明分数阶混沌系统具有广阔的应用前景。

参 考 文 献

[1] 贾贞, 邓光明. 超混沌 Lü系统的线性与非线性耦合同步 [J]. 动力学与控制学报, 2007, 5(3): 220-223.

[2] He S B, Sun K H, Wang H H. Synchronisation of fractional-order time delay chaotic systems with ring connection [J]. European Physical Journal Special Topics, 2016, 225(1): 97-106.

[3] Kanso A, Smaoui N. Logistic chaotic maps for binary numbers generation [J]. Chaos, Solitons and Fractals, 2009, 40: 2557-2568.

[4] Singla P, Sachdeva P, Ahmad M. A chaotic neural network based cryptographic pseudorandom sequence design [C]// IEEE 2014 Fourth International Conference on Advanced Computing and Communication Technologies (ACCT), 2014: 301-306.

[5] Liu N S. Pseudo-randomness and complexity of binary sequences generated by the chaotic system [J]. Communications in Nonlinear Science and Numerical Simulation, 2011, 16(2): 761-768.

[6] Rukhin A L, Soto J, Nechvatal J R, et al. A statistical test suite for random and pseudorandom number generators for cryptographic applications [J]. NIST Special Publication, 2010, 22(7): 1645.

[7] François M, Defour D, Berthomé P. A pseudo-random bit generator based on three chaotic Logistic maps and IEEE 754-2008 floating-point arithmetic [M]// Gopal T V, Agrawal M, Li A, et al. Theory and Applications of Models of Computation. New York: Springer, 2014: 229-247.

[8] Rhouma R, Belghith S. Cryptanalysis of a chaos-based cryptosystem on DSP [J]. Communications in Nonlinear Science and Numerical Simulation, 2011, 16(2): 876-884.

[9] Hidalgo R M, Fern Aacute J G, Rivera R R, et al. Versatile DSP-based chaotic communication system [J]. Electronics Letters, 2001, 37(19): 1204-1205.

[10] Tlelo-Cuautle E, Carbajal-Gomez V H, Obeso-Rodelo P J, et al. FPGA realization of a chaotic communication system applied to image processing [J]. Nonlinear Dynamics, 2015, 82(4): 1879-1892.

[11] Wang X Y, Liu L T. Cryptanalysis and improvement of a digital image encryption method with chaotic map lattices [J]. Chinese Physica B, 2013, 22(5): 198-202.

[12] Li C Q, Zhang L Y, Ou R, et al. Breaking a novel colour image encryption algorithm based on chaos [J]. Nonlinear Dynamics, 2012, 70(4): 2383-2388.

[13] Zhu C X, Xu S Y, Hu Y P. Breaking a novel image encryption scheme based on Brownian motion and PWLCM chaotic system[J]. Nonlinear Dynamics, 2015, 79(2): 1511-1518.

[14] 李家标, 曾以成, 陈仕必, 等. 改进型 Hénon 映射生成混沌伪随机序列及性能分析 [J]. 物理学报, 2011(6): 60508.

[15] Hu H P, Liu L F, Ding N D. Pseudorandom sequence generator based on the Chen chaotic system [J]. Computer Physics Communications, 2013, 184(3): 765-768.

[16] 王会海, 孙克辉, 贺少波. 分数阶混沌扩频通信系统的设计 [J]. 中南大学学报 (自然科学版), 2018, 49(4): 874-870.

第10章　分数阶离散混沌系统的求解与特性分析

10.1　分数阶离散混沌系统的研究进展

由于分数阶混沌系统具有丰富的动力学特性, 近年来, 其相关课题已经成为非线性混沌理论的一个新的研究热点。分数阶微积分理论的历史几乎与整数阶微积分理论一样, 距今已有 300 多年。尽管分数阶微积分在数学领域中具有许多非常有趣的特殊性质, 然而由于缺乏实际应用背景, 其理论研究在相当长的一段时间内处于停滞状态。直到 20 世纪中期, 人们发现许多物理系统中都会存在分数阶动力学行为, 如黏滞系统、有色噪声、电磁波等。相对于整数阶微分方程, 分数阶微分方程由于其特殊的记忆效应, 因而能够更为准确地描述自然现象 [1], 比如各种材料的记忆和力学特性描述、黏弹性阻尼器、电子电路、化学、分数电容理论和柔性构造物体的控制等。

在早期的混沌系统研究中, 主要是以整数阶混沌系统为研究基础的, 但是当人们把分数阶微分算子引入非线性动力学系统中时, 系统仍然能够表现出混沌行为。到目前为止, 关于分数阶混沌系统的研究已经开展了几十年, 如分数阶蔡氏电路 [2]、分数阶 Jerk 系统 [3]、分数阶 Rössler 系统 [4]、分数阶 Chen 系统 [5] 等。然而, 这些研究几乎都集中在分数阶连续混沌系统, 关于分数阶离散混沌系统的研究却非常少。

事实上, 早在 1989 年, Miller 和 Ross 就开始了关于离散分数阶差分的研究, 并给出了初步的定义 [6], 不过这一成果在当时并没有引起人们的注意。直到最近, 由于离散动力系统在工程领域内的重要应用, 人们才重新开始重视离散分数阶定义的研究, 并进行了一些开创性的讨论, 如离散分数阶差分定义中的初值问题 [7], 离散变分计算问题 [8], 离散分数微积分中的拉普拉斯变换问题 [9] 以及 Caputo 分数阶差分定义和 Riemann-Liouville 分数阶差分定义的特征讨论 [10] 等。在这些基础上, 美国纽约大学教授 Edelman 将基于 Caputo 算子的分数阶差分定义引入离散混沌映射中 [11,12], 提出了分数阶 Standard 映射和分数阶 Logistic 映射, 这是首次将离散分数阶概念引入离散混沌系统中。自此之后, 基于分数阶差分定义的分数阶离散混沌系统的研究激起了人们广泛的兴趣, 并陆续报道了许多关于新的分数阶离散混沌系统的性质研究 [13-16] 及其在诸如混沌同步与控制 [17,18]、图像加密 [19]、参数识别 [20] 等中的实际工程应用, 使之成为近年来非线性动力学中的一个研究热点。然而, 尽管已经出现了不少分数阶离散混沌系统的研究成果, 但是其中的系统动力学特性分析仍然不够全面, 存在着许多需要深入探索的课题。例如, 在多维的分数阶离散混沌系统中, 系统在非同量阶次 (每一维度的分数阶阶数不完全一致) 情况下的动力学行为是什么样的, 系统能否展现出超混沌行为? 如何快速有效地计算高维分数阶离散混沌系统的 Lyapunov 指数? 分数阶离散混沌系统的复杂度随着阶数是怎么变化的? 怎样找到具有实际背景的分数阶离散混沌系统? 等等。当前的分数阶离散混沌系统的研究尚处于起步阶段, 因此, 还需要人们不断地探索与研究。只有解决了这些显著存在的问题, 才能为分数阶离散混沌系统在实际工程中的应用奠定基础。

10.2 离散分数阶差分的定义

目前, 对于分数阶离散混沌系统的定义主要基于三种定义: Riemann-Liouville 定义 [10]、Caputo 定义 [11−20] 和 Grunwald-Letnokov 定义 [21,22]。其中, 由于 Riemann-Liouville 的差分方程需要对初始条件进行定义, 所以其在应用中较难找到实际背景, 而 Caputo 定义则没有初值设定的问题。因此, 一般人们研究分数阶离散混沌系统都是基于 Caputo 定义的。此外, 关于 Grunwald-Letnokov 定义下分数阶离散混沌系统的研究比较少, 许多特性分析还远远不够。所以本章将着重介绍基于 Caputo 分数阶差分定义的分数阶离散混沌系统及其特性分析。

首先, 定义一个独立的时间标量 $\mathbb{N}_a = \{a, a+1, a+2, \cdots\}, a \in \mathbf{R}$, 并定义一个函数 $x(n)$, 该函数的前项差分算子为 $\Delta x(n) = x(n+1) - x(n)$。

定义 10.1 存在一个关系 $f: \mathbb{N}_a \to \mathbf{R}$, 则阶数 ν ($\nu > 0$ 为分数阶和分, $\nu < 0$ 为分数阶差分) 的分数和定义为

$$\Delta_a^{-\nu} x(t) = \frac{1}{\Gamma(\nu)} \sum_{s=a}^{t-\nu} (t - \sigma(s))^{(\nu-1)} x(s) \tag{10-1}$$

其中, $t \in \mathbb{N}_{a+\nu}$; a 为初始点; $\sigma(s) = s+1$。$\Gamma(\cdot)$ 是 Gamma 函数, 且 $\Gamma(n) = \int_0^\infty t^{n-1} \mathrm{e}^{-t} \mathrm{d}t$。$t^{(\nu)}$ 是递降阶乘因子, 其定义为

$$t^{(\nu)} = \frac{\Gamma(t+1)}{\Gamma(t+1-\nu)} \tag{10-2}$$

定义 10.2 当分数阶阶数 $\nu > 0$ 时, Caputo 差分算子被定义为

$$^C\Delta_a^\nu x(t) = \Delta_a^{-(m-\nu)} \Delta^m x(t) = \frac{1}{\Gamma(m-\nu)} \sum_{s=a}^{t-(m-\nu)} (t - \sigma(s))^{(m-\nu-1)} \Delta_s^m x(s) \tag{10-3}$$

其中, $t \in \mathbb{N}_{a+m-\nu}$, 且 $m = \lceil \nu \rceil$。

由上面的定义，可得到以下的定理。

定理 10.1　Caputo 分数阶差分方程定义为

$$^{C}\Delta_a^{\nu}x(t) = f(t+\nu-1, x(t+\nu-1)) \tag{10-4}$$

其中，$\Delta^k x(a) = c_k$，$k = 0, 1, \cdots, m-1$。式 (10-4) 可以继续等效为方程

$$x(t) = x_0(t) + \frac{1}{\Gamma(\nu)} \sum_{s=a+m-\nu}^{t-\nu} (t-\sigma(s))^{(\nu-1)} f(s+\nu-1, x(s+\nu-1)) \tag{10-5}$$

其中，$t \in \mathbb{N}_{a+m}$，初始值 $x_0(t)$ 被定义为

$$x_0(t) = \sum_{k=0}^{m-1} \frac{(t-a)^{(k)}}{k!} \Delta^k x(a) \tag{10-6}$$

通过式 (10-5) 可观察到，当分数阶阶数 $\nu = 1$ 时，该系统方程将退化到一般的常差分方程。此外，由于方程中存在一个累加项，处在分数阶情况下的差分方程当前的迭代值会与之前每一次迭代产生的值相关，这体现了分数阶差分方程的特殊记忆效应。

10.3　分数阶离散混沌系统特性分析

通过 10.2 节分数阶差分方程的定义，理论上可以在任意维度下对任意一种离散混沌系统进行分数阶形式的变换。因此，本节将以一维的分数阶 Logistic 映射和二维的分数阶 Hénon 映射为例，对它们进行求解和动力学特性分析。

10.3.1　分数阶 Logistic 映射

根据分数阶差分定义和 Logistic 映射的方程，可推导出分数阶 Logistic 映射的方程为

$$^{C}\Delta_a^{\nu}x(t) = \mu x(t+\nu-1)(1-x(t+\nu-1)) \tag{10-7}$$

其中，$t \in \mathbb{N}_{a+1-\nu}$；$\mu$ 是系统参数。将其转化为 Caputo 定义的分数阶差分方程为

$$x(t) = x(0) + \frac{1}{\Gamma(\nu)} \sum_{s=1-\nu}^{t-\nu} (t-s-1)^{(\nu-1)}$$
$$\times [\mu x(s+\nu-1)(1-x(s+\nu-1)-x(s+\nu-1))] \tag{10-8}$$

设 $s+\nu = j$，再根据式 (10-2)，可推导出分数阶 Logistic 映射的数值公式为

$$x(t) = x(0) + \frac{1}{\Gamma(\nu)} \sum_{j=1}^{t} \frac{\Gamma(t-j+\nu)}{\Gamma(t-j+1)} \times [\mu x(j-1)(1-x(j-1)-x(j-1))] \tag{10-9}$$

由式 (10-9) 可知，当 $\nu = 1$ 时，分数阶 Logistic 映射退化为经典的 Logistic 映射，且第 t 次迭代值 $x(t)$ 会与之前每一次迭代产生的值 $x(0), x(1), \cdots, x(t-1)$ 相关。分数阶 Logistic 映射在不同阶数情况下的分岔图如图 10-1 和图 10-2 所示，并画出与之对应的 Lyapunov 指数。目前，对于刻画分数阶离散混沌系统的 Lyapunov 指数的方法只有两种：一种是 Jacobian 矩阵法 [23]，另一种是 Wolf 算法 [24]。由于 Wolf 算法的计算速度较慢，因此在这里采用 Jacobian 矩阵法。仿真实验是在 Matlab 软件中实现的，其中初值设定为 $x(0) = 0.24$，最大迭代次数为 $t = 1700$，舍弃前面 1500 个状态作为过渡过程。

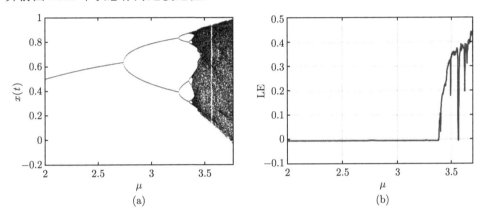

图 10-1   分数阶 Logistic 映射，阶数 $\nu = 0.8$ 时的分岔图和 Lyapunov 指数

(a) 分岔图；(b) Lyapunov 指数

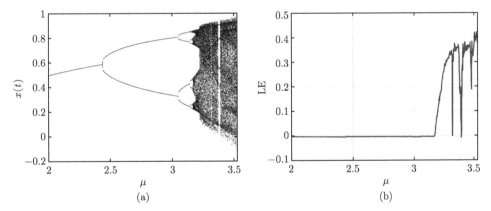

图 10-2   分数阶 Logistic 映射，阶数 $\nu = 0.5$ 时的分岔图和 Lyapunov 指数

(a) 分岔图；(b) Lyapunov 指数

如图 10-1 和图 10-2 所示，分数阶 Logistic 映射随着阶数 ν 的变化产生了不同的动力学行为。阶数 ν 越小，系统进入混沌状态时的系统参数 μ 的数值越小。

　　图 10-3 显示了阶数 $\nu = 0.5$ 时的分数阶 Logistic 映射产生的序列的情况。图 10-3(a) 是系统参数 $\mu = 3.1$ 时产生的序列,它显示了此时的系统出现的 4 周期状态。图 10-3(b) 显示系统在参数 $\mu = 3.3$ 时是处于混沌状态的,该结果与图 10-2 中分岔图所展现的动力学行为相符。

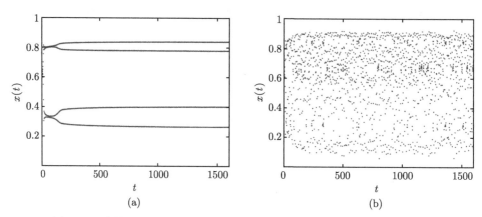

图 10-3　阶数 $\nu = 0.5$ 时不同系统参数下分数阶 Logistic 映射产生的序列

(a) $\mu = 3.1$; (b) $\mu = 3.3$

　　利用谱熵复杂度算法,计算了系统复杂度随分数阶阶数 ν 和系统参数 μ 变化的混沌图,如图 10-4 所示。从图中可得出结论,处在分数阶情况下的 Logistic 映射的复杂度随系统参数 μ 的变化趋势与经典的整数阶 Logistic 映射的变化趋势大体一致。复杂度随着参数 μ 的增大而增大。

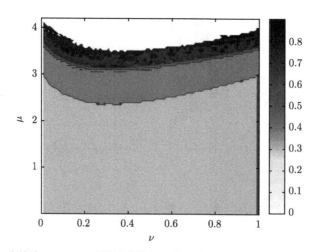

图 10-4　分数阶 Logistic 映射的谱熵复杂度混沌图 (扫描封底二维码可看彩图)

10.3.2 分数阶 Hénon 映射

与推导出分数阶 Logistic 映射方程的过程类似, 在这里略掉推导步骤, 直接写出分数阶 Hénon 映射的数值公式为

$$
\begin{cases}
x(t) = x(0) + \dfrac{1}{\Gamma(\nu_1)} \displaystyle\sum_{j=1}^{t} \dfrac{\Gamma(t-j+\nu_1)}{\Gamma(t-j+1)} \times \left[1 + y(j-1) - ax(j-1)^2 - x(j-1)\right] \\[3mm]
y(t) = y(0) + \dfrac{1}{\Gamma(\nu_2)} \displaystyle\sum_{j=1}^{t} \dfrac{\Gamma(t-j+\nu_2)}{\Gamma(t-j+1)} \times \left[bx(j-1) - y(j-1)\right]
\end{cases}
\tag{10-10}
$$

其中, a 和 b 是系统参数; ν_1 和 ν_2 是系统中两个维度的分数阶阶数。

不同阶数下的分数阶 Hénon 映射随参数 a 改变 (参数 $b = 0.2$) 的分岔图及其所对应的 Lyapunov 指数如图 10-5～图 10-7 所示。初始值设为 $x(0) = -0.3$, $y(0) = 0.2$, 最大迭代次数为 $t = 1700$, 舍弃前面 1500 个状态作为过渡过程。

图 10-5 和图 10-6 显示了分数阶 Hénon 映射在同量阶次 $(\nu_1 = \nu_2)$ 情况下的分岔图和最大 Lyapunov 指数。系统进入混沌状态时参数 a 的值也随着 ν 的下降而变小。

图 10-7 显示了分数阶 Hénon 映射在非同量阶次 $(\nu_1 \neq \nu_2)$ 情况下的分岔图和最大 Lyapunov 指数。它展现了系统所表现出来的动力学行为与同量阶次情况下的不同, 似乎是分岔图在 $\nu_1 = \nu_2 = 0.9$ 和 $\nu_1 = \nu_2 = 0.6$ 之间的一个过渡过程。

图 10-8 显示了分数阶 Hénon 映射在不同系统参数情况下产生的 x 序列, 序列表现出的行为与图 10-6 中分岔图所展现的动力学行为相符。

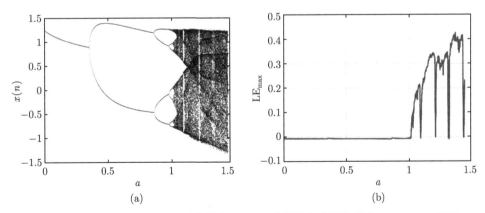

图 10-5 阶数 $\nu_1 = \nu_2 = 0.9$ 时分数阶 Hénon 映射的分岔图和最大 Lyapunov 指数

(a) 分岔图; (b) 最大 Lyapunov 指数

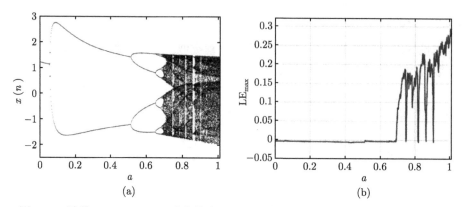

图 10-6　阶数 $\nu_1 = \nu_2 = 0.6$ 时分数阶 Hénon 映射的分岔图和最大 Lyapunov 指数

(a) 分岔图；(b) 最大 Lyapunov 指数

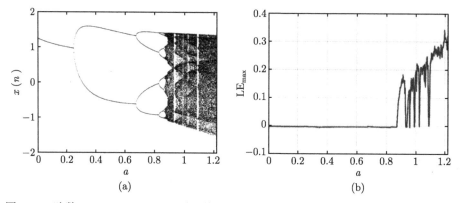

图 10-7　阶数 $\nu_1 = 0.9$，$\nu_2 = 0.6$ 时分数阶 Hénon 映射的分岔图和最大 Lyapunov 指数

(a) 分岔图；(b) 最大 Lyapunov 指数

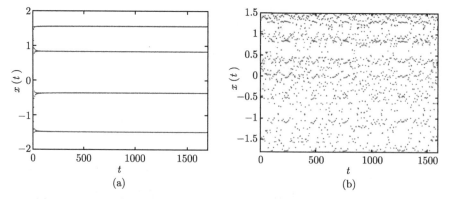

图 10-8　不同参数下分数阶 Hénon 映射产生的序列，阶数 $\nu_1 = \nu_2 = 0.6$

(a) $a = 0.65$, $b = 0.2$; (b) $a = 0.9$, $b = 0.2$

同样，利用 SE 算法画出了分数阶 Hénon 映射的复杂度对应于分数阶阶数 ν 和系统参数 a、b 的混沌图，如图 10-9 所示。从图中的横坐标看，随着阶数 ν 的下降，混沌系统的有效值范围逐渐减少。从纵坐标来看，系统的复杂度会随着系统参数值的增大而增大。

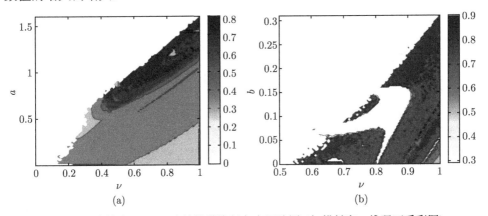

(a)   (b)

图 10-9 分数阶 Hénon 映射的谱熵复杂度混沌图 (扫描封底二维码可看彩图)

(a) $b = 0.2$，参数 ν 和 a 变化时的复杂度；(b) $a = 1.4$，参数 ν 和 b 变化时的复杂度

10.3.3 分数阶高维混沌映射

把分数差分的概念引入具有高复杂行为的混沌映射中，即具有网格正弦腔的高维超混沌映射 (sine iterative chaotic map with infinite collapse modulation map, SI-CMCM)[25]，并分析其动力学行为。分数阶 SI-CMCM 的系统方程为

$$
\begin{cases}
x_1(n) = x_1(0) + \dfrac{1}{\Gamma(\nu_1)} \sum_{j=1}^{n} \dfrac{\Gamma(n-j+\nu_1)}{\Gamma(n-j+1)} \\
\qquad \times \left\{ a\sin[\omega x_m(j-1)]\sin\left[\dfrac{c}{x_1(j-1)}\right] - x_1(j-1) \right\} \\
x_2(n) = x_2(0) + \dfrac{1}{\Gamma(\nu_2)} \sum_{j=1}^{n} \dfrac{\Gamma(n-j+\nu_2)}{\Gamma(n-j+1)} \\
\qquad \times \left\{ a\sin[\omega x_1(j)]\sin\left[\dfrac{c}{x_2(j-1)}\right] - x_2(j-1) \right\} \\
\qquad\qquad\qquad \vdots \\
x_m(n) = x_m(0) + \dfrac{1}{\Gamma(\nu_m)} \sum_{j=1}^{n} \dfrac{\Gamma(n-j+\nu_m)}{\Gamma(n-j+1)} \\
\qquad \times \left\{ a\sin[\omega x_{m-1}(j)]\sin\left[\dfrac{c}{x_m(j-1)}\right] + h[x_1(j-1)] - x_m(j-1) \right\}
\end{cases}
$$

$$(10\text{-}11)$$

其中, a, c 和 ω 是系统参数。阶梯函数 $h(x)$ 是一个可以产生多行正弦腔体的控制参数, 定义如下:

$$h\left(x\right)=a\sum_{k=1}^{N}\left(\operatorname{sgn}\left(\frac{N}{a}x-(2k-1)\right)+\operatorname{sgn}\left(\frac{N}{a}x+(2k-1)\right)\right), \quad N=奇数 \quad (10\text{-}12)$$

$$h\left(x\right)=a\sum_{k=1}^{N}\left(\operatorname{sgn}\left(\frac{N}{a}x-2k\right)+\operatorname{sgn}\left(\frac{N}{a}x+2k\right)\right)+a\times\operatorname{sgn}\left(\frac{N}{a}x\right), \quad N=偶数$$

$$(10\text{-}13)$$

其中, k 是非负常数; $\operatorname{sgn}(\cdot)$ 是符号函数; N 为网格正弦腔混沌映射的行数。行数 N 为奇数时对应于式 (10-12), 为偶数时对应于式 (10-13)。

为了便于分析分数阶 SI-CMCM 的动力学特性, 在本章中以维数 $m=2$ 的系统为例, 在此给出了二维的分数阶 SI-CMCM 系统方程为

$$\begin{cases} x\left(n\right)=x\left(0\right)+\dfrac{1}{\Gamma\left(\nu_1\right)}\sum_{j=1}^{n}\dfrac{\Gamma\left(n-j+\nu_1\right)}{\Gamma\left(n-j+1\right)} \\[2mm] \qquad\times\left\{a\sin\left[\omega y\left(j-1\right)\right]\sin\left[\dfrac{c}{x\left(j-1\right)}\right]-x\left(j-1\right)\right\} \\[4mm] y\left(n\right)=y\left(0\right)+\dfrac{1}{\Gamma\left(\nu_2\right)}\sum_{j=1}^{n}\dfrac{\Gamma\left(n-j+\nu_2\right)}{\Gamma\left(n-j+1\right)} \\[2mm] \qquad\times\left\{a\sin\left[\omega x\left(j\right)\right]\sin\left[\dfrac{c}{y\left(j-1\right)}\right]+h\left(x\left(j-1\right)\right)-y\left(j-1\right)\right\} \end{cases} \quad (10\text{-}14)$$

对于二维的分数阶 SI-CMCM, 正弦腔体的数量是 $\dfrac{2\pi}{a\omega}\times N$。当系统参数 a, ω 和 N 是不同的取值时, 生成不同行数量的网格正弦腔。

设置当 $x(0)=0.3$, $y(0)=0.5$, $a=2$, $c=50$, $\omega=\pi$, $n=30000$, $\nu_1=\nu_2=1$ 时, 分数阶 SI-CMCM 系统在不同行数 N 时的吸引子相图, 如图 10-10 所示。

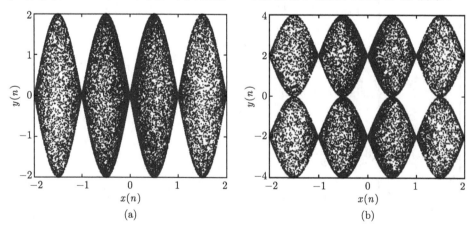

(a)　　　　　　　　　　　　　　　(b)

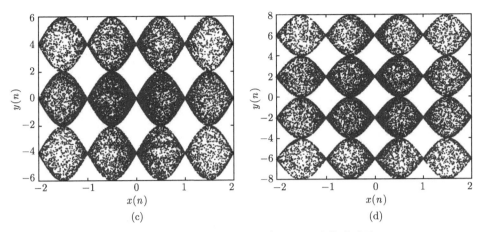

图 10-10   分数阶 SI-CMCM 在 $\nu = 1$ 时的吸引子

(a) $N = 1$; (b) $N = 2$; (c) $N = 3$; (d) $N = 4$

这里，首先分析 $N = 3$ 时的分数阶 SI-CMCM 系统的特性，改变 ν_1 和 ν_2 $(0 < \nu_1 < 1, 0 < \nu_2 < 1$, 且 $\nu = \nu_1 = \nu_2)$，吸引子相图如图 10-11 所示。随着分数阶 ν 的减小，混沌吸引子的边界范围在不断增加。此外，可以注意到混沌吸引子的形状由规则正弦腔变为椭圆发散混沌吸引子。有趣的是，当分数阶 ν 下降至 0.01 时，吸引子变得稀疏无序。

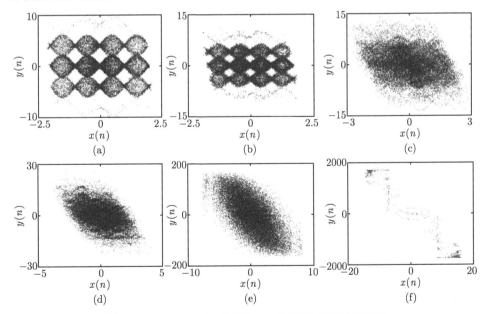

图 10-11 $N = 3$ 时，分数阶 SI-CMCM 的混沌吸引子

(a) $\nu = 0.95$; (b) $\nu = 0.9$; (c) $\nu = 0.7$; (d) $\nu = 0.5$; (e) $\nu = 0.1$; (f) $\nu = 0.01$

其次，分析它随着不同参数变化的分岔图，如图 10-12 所示。在以下仿真实验中，分别分析 a, c 和 ω 作为变量时的分叉图。

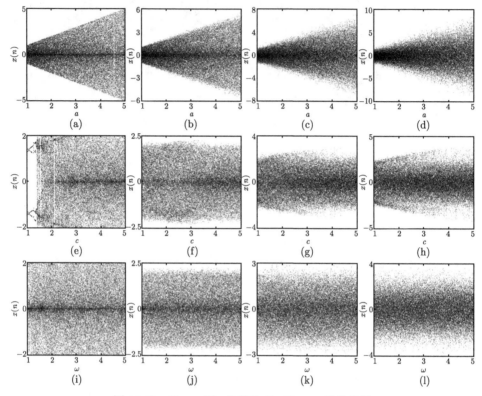

图 10-12　$N = 3$ 时，分数阶 SI-CMCM 的分岔图

(a) $c = 50,\ \omega = \pi,\ \nu = 1$; (b) $c = 50,\ \omega = \pi,\ \nu = 0.9$; (c) $c = 50,\ \omega = \pi,\ \nu = 0.7$; (d) $c = 50,\ \omega = \pi$, $\nu = 0.5$; (e) $a = 2,\ \omega = \pi,\ \nu = 1$; (f) $a = 2,\ \omega = \pi,\ \nu = 0.9$; (g) $a = 2,\ \omega = \pi,\ \nu = 0.7$; (h) $a = 2$, $\omega = \pi,\ \nu = 0.5$; (i) $a = 2,\ c = 50,\ \nu = 1$; (j) $a = 2,\ c = 50,\ \nu = 0.9$; (k) $a = 2,\ c = 50,\ \nu = 0.7$; (l) $a = 2,\ c = 50,\ \nu = 0.5$

(1) 幅度 a 变化。

当 $c = 50$ 和 $\omega = \pi$ 时，图 10-12(a)~(d) 分别显示在不同 ν 时的分岔图。当 ν 从整数阶变为分数阶时，在 $a \in (4.550, 4.571)$ 处的周期窗口变为混沌状态，且没有任何其他周期窗口。从图 10-12 可见，系统阶数越小，$x(n)$ 的范围越大。结果表明，分数阶混沌系统具有较大的密钥空间和较好的遍历性，在信息加密方面比整数阶 SI-CMCM 更具有优势。

(2) 内部扰动频率 c 变化。

当 $a = 2$ 和 $\omega = \pi$ 时，图 10-12 分别显示不同 ν 时的分岔图。如图 10-12(e)~(h) 所示，$c \in [1, 1.381]$ 处存在明显的周期窗口。可以观察到随着分数阶 ν 的减小，周期窗口消失，混沌的范围逐渐扩大。

(3) 参数 ω 变化。

当 $a = 2$ 和 $c = 50$ 时，图 10-12(i)~(l) 分别显示不同 ν 时的分岔图。与整数阶系统一样，分数阶系统在整个范围内也是混沌的，并且没有周期窗口。显然，分数阶系统比起整数阶系统具有更广泛的混沌空间。

再考虑 $N = 4$ 时的情况。改变 ν_1 和 ν_2 $(0 < \nu_1 < 1, 0 < \nu_2 < 1,$ 且 $\nu = \nu_1 = \nu_2)$，吸引子如图 10-13 所示。在图 10-13 中，子图 (a)~(e) 的情况与图 10-11 相似。从图中可以看出，吸引子的形状与图 10-11(f) 中绘制的有很大的不同。随着分数阶 ν 下降至 0.01，吸引子具有稠密有序的形状。由此可见，随着 ν 的变化，具有不同 N 的分数阶 SI-CMCM 系统的吸引子变化规律是不同的。

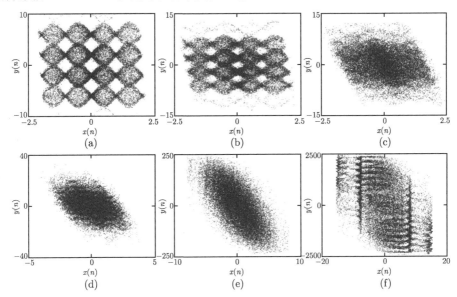

图 10-13 $N = 4$ 时，分数阶 SI-CMCM 的吸引子

(a) $\nu = 0.95$; (b) $\nu = 0.9$; (c) $\nu = 0.7$; (d) $\nu = 0.5$; (e) $\nu = 0.1$; (f) $\nu = 0.01$

(1) 幅度 a 变化。

当 $c = 50$ 和 $\omega = \pi$ 时，不同 ν 的分岔图如图 10-14(a)~(d) 所示。与图 10-12(a) 中的奇数 N 时的系统不同，图 10-14(a) 中的参数范围内没有周期窗口。类似于图 10-12 的情况，随着 ν 的减小，分数阶系统处于全域混沌，并且分数阶系统混沌范围随之扩大。

(2) 内部扰动频率 c 变化。

当 $a = 2$ 和 $\omega = \pi$ 时，不同 ν 的分岔图如图 10-14(e)~(h) 所示。当系统的阶数为整数时，整数阶系统在 $c \in (1.170, 1.411) \cup (1.622, 1.962)$ 处有两个明显的周期

窗口，并且还有几个较窄的周期窗口。当系统的阶数变为分数阶时，周期窗口彻底消失。

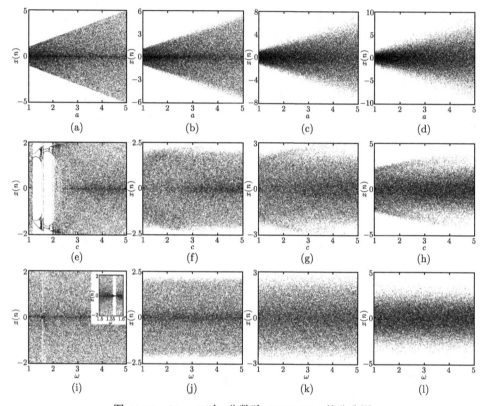

图 10-14　$N = 4$ 时，分数阶 SI-CMCM 的分岔图

(a) $c = 50, \omega = \pi, \nu = 1$; (b) $c = 50, \omega = \pi, \nu = 0.9$; (c) $c = 50, \omega = \pi, \nu = 0.7$; (d) $c = 50, \omega = \pi$, $\nu = 0.5$; (e) $a = 2, \omega = \pi, \nu = 1$; (f) $a = 2, \omega = \pi, \nu = 0.9$; (g) $a = 2, \omega = \pi, \nu = 0.7$; (h) $a = 2$, $\omega = \pi, \nu = 0.5$; (i) $a = 2, c = 50, \nu = 1$; (j) $a = 2, c = 50, \nu = 0.9$; (k) $a = 2, c = 50, \nu = 0.7$; (l) $a = 2, c = 50, \nu = 0.5$

(3) 参数 ω 变化。

当 $a = 2$ 和 $c = 50$ 时，不同 ν 的分岔图如图 10-14(i)~(l) 所示。在图 10-14 (i) 中，似乎有一个极小的周期窗口在 $\omega \in (1.551, 1.581)$ 处。但是从图 10-14(i) 右上角放大图可以看出，系统仍然在极小范围内是混沌状态。此外，系统的混沌状态的范围继续随着 ν 的减小而扩大。

图 10-15 描述了分数阶 SI-CMCM 系统在参数 $a = 2$，$c = 3$ 和 $\omega = \pi$ 时排列熵 (PE) 复杂度随着分数阶数 ν [26] 变化的情况。红线代表了 $N = 4$ 时的系统，蓝线指的是 $N = 3$ 时的系统。可以看出，当 $\nu \in (0, 0.8)$ 时，PE 复杂度逐渐增加。当 ν 大于 0.8 时，曲线趋于稳定并保持一个较高的值。这表明在 $\nu \in (0.8, 1)$ 时，分

数阶 SI-CMCM 具有极高的复杂度。复杂度越高越适合保密通信，所以在实际应用时，我们最好选择位于 $\nu \in (0.8, 1)$ 范围内的阶数。

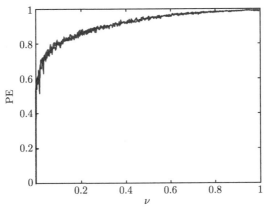

图 10-15　$a = 2$, $c = 3$, $\omega = \pi$ 时，随着系统阶数 ν 变化的 PE 复杂度

(扫描封底二维码可看彩图)

图 10-16 展示了选择不同参数平面 a-ν，c-ν，ω-ν 和 N-ν 的 PE 复杂度混

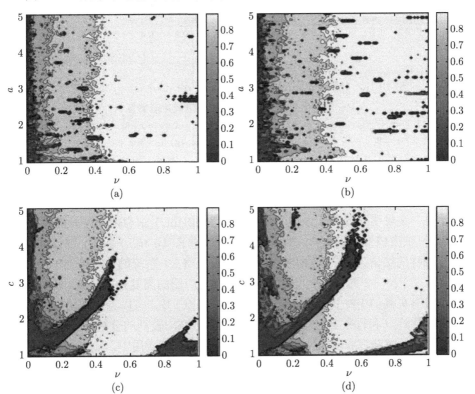

(a)　　　　　　　　　　　　　　(b)

(c)　　　　　　　　　　　　　　(d)

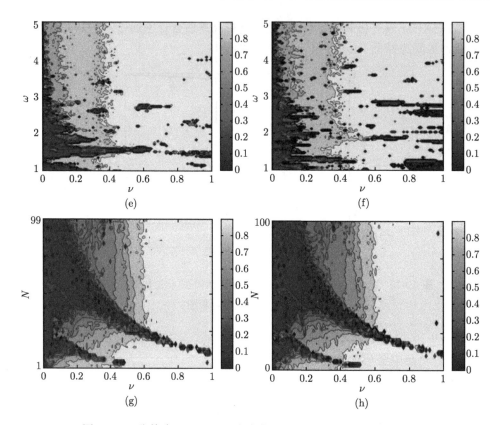

图 10-16　分数阶 SI-CMCM 在参数平面 a-ν, c-ν, ω-ν, N-ν 上的
PE 复杂度混沌图 (扫描封底二维码可看彩图)

(a) $c = 3$, $\omega = \pi$, $N = 3$; (b) $c = 3$, $\omega = \pi$, $N = 4$; (c) $a = 2$, $\omega = \pi$, $N = 3$; (d) $a = 2$, $\omega = \pi$,
$N = 4$; (e) $a = 2$, $c = 3$, $N = 3$; (f) $a = 2$, $c = 3$, $N = 4$; (g) $a = 2$, $c = 3$, $\omega = \pi$, $N =$ 奇数;
(h) $a = 2$, $c = 3$, $\omega = \pi$, $N =$ 偶数

沌图，图中颜色越黄则代表复杂度越高。在图 10-16(a) 和 (b) 中，有许多小的深颜色区域，这表明那里的 PE 复杂度较低。图 10-16(c) 中有两个明显的深颜色区域，PE 复杂度较低，图 10-16(d) 中同样如此。将图 10-16(e) 和 (f) 进行对比，也得到了同样的结论。随着分数阶数和系统参数的增大，系统的 PE 复杂度也随之增加。此外，当 $N = 3$ 时，系统具有比 $N = 4$ 时更广泛的高复杂度区域，说明 $N = 3$ 时系统具有更高的 PE 复杂度。在图 10-16(g) 和 (h) 中，可以看到系统的 PE 复杂度随着分数阶 ν 和行数 N 的变化趋势是完全相似的。较高的分数阶 ν 和系统参数意味着更高的复杂度和随机性，因此在保密通信的实际应用中，我们选择参数时应避免深蓝色区域的值，图 10-16 展示了一个合理参数的选择范围。

事实上，根据本章所述的 Caputo 分数阶差分方程，我们可以针对任意的离散混沌系统进行分数阶形式的转化。分数阶混沌映射的出现不仅可以作为分数阶微积分理论的良好补充，而且可以促进离散混沌领域更为深入的研究，成为混沌保密通信进一步发展的潜在应用。

参 考 文 献

[1] Hilfer R. Applications of Fractional Calculus in Physics [M]. New Jersey: World Scientific, 2000.

[2] Hartley T T, Lorenzo C F, Qammer H K. Chaos in a fractional order Chua's system [J]. IEEE Transaction on Circuits and Systems-I, 1995, 42(8): 485-490.

[3] Ahmad W M, Sprott J C. Chaos in fractional-order autonomous nonlinear system [J]. Chaos, Solitons and Fractals, 2003, 16: 338-351.

[4] Li C G, Chen G R. Chaos and hyperchaos in the fractional-order Rössler equations [J]. Physica A: Statistical Mechanics and its Applications, 2004, 341: 55-61.

[5] Lu J G, Chen G R. A note on the fractional-order Chen system [J]. Chaos, Solitons and Fractals, 2006, 27(3): 685-688.

[6] Miller K S, Ross B. Fractional difference calculus [C]// Proceedings of the International Symposium on Univalent Functions, Fractional Calculus and Their Applications, 1989: 139-152.

[7] Atici F M, Eloe P W. Initial value problems in discrete fractional calculus [J]. Proceedings of the American Mathematical Society, 2008, 137(3): 981-989.

[8] Atici F M, Senguel S. Modeling with fractional difference equations [J]. Journal of Mathematical Analysis and Applications, 2010, 369(1): 1-9.

[9] Holm M T. The Laplace transform in discrete fractional calculus [J]. Computers and Mathematics with Applications, 2011, 62(3): 1591-1601.

[10] Abdeljawad T. On Riemann and Caputo fractional differences [J]. Computers and Mathematics with Applications, 2011, 62: 1602-1611.

[11] Edelman M. Fractional maps and fractional attractors part I: α-families of maps [J]. Discontinuity, Nonlinearity and Complexity, 2013, 1: 305-324.

[12] Edelman M. Fractional maps and fractional attractors part II: fractional difference α-families of maps [J]. Discontinuity, Nonlinearity and Complexity, 2015, 4: 391-402.

[13] Deshpande A, Daftardar-Gejji V. Chaos in discrete fractional difference equations [J]. Pramana, 2016, 87(4): 49.

[14] Shukla M K, Sharma B B. Investigation of chaos in fractional order generalized hyperchaotic Hénon map [J]. AEU-International Journal of Electronics and Communications, 2017, 78: 265-273.

[15] Ouannas A, Wang X, Khennaoui A A, et al. Fractional form of a chaotic map without fixed points: chaos, entropy and control [J]. Entropy, 2018, 20(10): 720.

[16] Edelman M. On stability of fixed points and chaos in fractional systems [J]. Chaos: An Interdisciplinary Journal of Nonlinear Science, 2018, 28: 023112.

[17] Liu Y. Chaotic synchronization between linearly coupled discrete fractional Hénon maps [J]. Indian Journal of Physics, 2016, 90(3): 313-317.

[18] Khennaoui A A, Quannas, A, Bendoukha, S, et al. On chaos in the fractional-order discrete-time unified system and its control synchronization [J]. Entropy, 2018, 20(7): 530.

[19] Liu Z Y, Xia T C, Wang J B. Image encryption technique based on new two-dimensional fractional-order discrete chaotic map and Menezes-Vanstone elliptic curve cryptosystem [J]. Chinese Physics B, 2018, 27(3): 030502.

[20] Peng Y X, Sun K H, He S B, et al. Parameter identification of fractional-order discrete chaotic systems [J]. Entropy, 2019, 21(1): 27.

[21] Nosrati K, Shafiee M. Fractional-order singular logistic map: stability, bifurcation and chaos [J]. Chaos, Solitons and Fractals, 2018, 115: 224-238.

[22] Ji Y D, Lai L, Zhong S C. Bifurcation and chaos of a new discrete fractional-order logistic map [J]. Communications in Nonlinear Science and Numerical Simulation, 2017, 57: 352-358.

[23] Wu G C, Baleanu D. Jacobian matrix algorithm for Lyapunov exponents of the discrete fractional maps [J]. Communications in Nonlinear Science and Numerical Simulation, 2015, 22(1-3): 95-100.

[24] Wolf A, Swift J B, Swinney H L, et al. Determining Lyapounov exponents from a time series [J]. Physica D: Nonlinear Phenomena, 1985, 16(3): 285-317.

[25] Yu M Y, Sun K H, Liu W H, et al. A hyperchaotic map with grid sinusoidal cavity [J]. Chaos, Solitons and Fractals, 2018, 106(1): 107-117.

[26] Bandt C, Pompe B. Permutation entropy: a natural complexity measure for time series [J]. Physical Review Letters, 2002, 88: 174102-0.

附录　程序代码

以分数阶简化 Lorenz 系统为例，给出该系统预估–校正算法和 Adomian 分解算法 Matlab 代码。

(1) 预估–校正算法。

```
function [x y z]=jianhua(c,q)
if  nargin==0
    c=5;
    q=1;
    q1=q;q2=q;q3=q;
end
%c=5;
h=0.01;N=5000;
q1=q;q2=q;q3=q;
x0=-6.7781;y0=-8.3059;z0=9.2133;
%x0=7.7053;y0=8.7546;z0=10.6567;
M1=0;M2=0;M3=0;
x(N+1)=[0];y(N+1)=[0];z(N+1)=[0];
x1(N+1)=[0];y1(N+1)=[0];z1(N+1)=[0];
x1(1)=x0+h^q1*10*(y0-x0)/(gamma(q1)*q1);
y1(1)=y0+h^q2*((24-4*c)*x0-x0*z0+c*y0)/(gamma(q2)*q2);
z1(1)=z0+h^q3*(x0*y0-8*z0/3)/(gamma(q3)*q3);
x(1)=x0+10*h^q1*(y1(1)-x1(1)+q1*(y0-x0))/gamma(q1+2);
y(1)=y0+h^q2*((24-4*c)*x1(1)-x1(1)*z1(1)+c*y1(1)+q2*((24-4*c)*x0-x0*
    z0+c*y0))/gamma(q2+2);
z(1)=z0+h^q3*(x1(1)*y1(1)-8*z1(1)/3+q3*(x0*y0-8*z0/3))/gamma(q3+2);
for n=1:N
        M1=(n^(q1+1)-(n-q1)*(n+1)^q1)*10*(y0-x0);
        M2=(n^(q2+1)-(n-q2)*(n+1)^q2)*((24-4*c)*x0-x0*z0+c*y0);
        M3=(n^(q3+1)-(n-q3)*(n+1)^q3)*(x0*y0-8*z0/3);
        N1=((n+1)^q1-n^q1)*10*(y0-x0);
        N2=((n+1)^q2-n^q2)*((24-4*c)*x0-x0*z0+c*y0);
        N3=((n+1)^q3-n^q3)*(x0*y0-8*z0/3);
    for j=1:n
```

```
      M1=M1+((n-j+2)^(q1+1)+(n-j)^(q1+1)-2*(n-j+1)^(q1+1))*10*(y(j)-
         x(j));

      M2=M2+((n-j+2)^(q2+1)+(n-j)^(q2+1)-2*(n-j+1)^(q2+1))*((24-4*
         c)*x(j)-x(j)*z(j)+c*y(j));

      M3=M3+((n-j+2)^(q3+1)+(n-j)^(q3+1)-2*(n-j+1)^(q3+1))*(x(j)*
         y(j)-8*z(j)/3);
      N1=N1+((n-j+1)^q1-(n-j)^q1)*10*(y(j)-x(j));
      N2=N2+((n-j+1)^q2-(n-j)^q2)*((24-4*c)*x(j)-x(j)*z(j)+c*y(j));
      N3=N3+((n-j+1)^q3-(n-j)^q3)*(x(j)*y(j)-8*z(j)/3);
   end
   x1(n+1)=x0+h^q1*N1/(gamma(q1)*q1);
   y1(n+1)=y0+h^q2*N2/(gamma(q2)*q2);
   z1(n+1)=z0+h^q3*N3/(gamma(q3)*q3);
   x(n+1)=x0+h^q1*(10*(y1(n+1)-x1(n+1))+M1)/gamma(q1+2);

   y(n+1)=y0+h^q2*((24-4*c)*x1(n+1)-x1(n+1)*z1(n+1)+c*y1(n+1)+M2)/
         gamma(q2+2);
   z(n+1)=z0+h^q3*(x1(n+1)*y1(n+1)-8*z1(n+1)/3+M3)/gamma(q3+2);
end
```

(2) Adomian 分解算法。

```
function dy=SimpleFratral(x0,h,q,c)
dy=zeros(1,3);
b=8/3;
a=10;
if  q<=1 && q>0
    c10=x0(1);
    c20=x0(2);
    c30=x0(3);
end
if  q>1&& q<2
    c10=x0(1)+x0(1)*h;
```

```
        c20=x0(2)+x0(2)*h;
        c30=x0(3)+x0(3)*h;
end
c11=a*(c20-c10);
c21=(24-4*c)*c10+c*c20-c10*c30;
c31=-b*c30+c10*c20;

c12=a*(c21-c11);
c22=(24-4*c)*c11+c*c21-c11*c30-c10*c31;
c32=-b*c31+c11*c20+c10*c21;

c13=a*(c22-c12);
c23=(24-4*c)*c12+c*c22-c12*c30-c11*c31*(gamma(2*q+1)/gamma(q+1)^2)-
    c10*c32;
c33=-b*c32+c12*c20+c11*c21*(gamma(2*q+1)/gamma(q+1)^2)+c10*c22;

c14=a*(c23-c13);
c24=(24-4*c)*c13+c*c23-c13*c30-(c12*c31+c11*c32)*(gamma(3*q+1)/
    (gamma(q+1)*gamma(2*q+1)))-c10*c33;
c34=-b*c33+c13*c20+(c12*c21+c11*c22)*(gamma(3*q+1)/(gamma(q+1)*
    gamma(2*q+1)))+c10*c23;

c15=a*(c24-c14);
c25=(24-4*c)*c14+c*c24-c14*c30-(c13*c31+c11*c33)*(gamma(4*q+1)/
    (gamma(q+1)*gamma(3*q+1)))-c12*c32*(gamma(4*q+1)/gamma(2*q+1)^2)
    -c10*c34;
c35=-b*c34+c14*c20+(c13*c21+c11*c23)*(gamma(4*q+1)/(gamma(q+1)*
    gamma(3*q+1)))+c12*c22*(gamma(4*q+1)/gamma(2*q+1)^2)+c10*c24;

c16=a*(c25-c15);
c26=(24-4*c)*c15+c*c25-c15*c30-(c14*c31+c11*c34)*(gamma(5*q+1)/
    (gamma(q+1)*gamma(4*q+1)))-(c13*c32+c12*c33)*(gamma(5*q+1)/
    gamma(2*q+1)*gamma(3*q+1))-c10*c35;
c36=-b*c35+c15*c20+(c14*c21+c11*c24)*(gamma(5*q+1)/(gamma(q+1)*
    gamma(4*q+1)))+(c13*c22+c12*c23)*(gamma(5*q+1)/gamma(2*q+1)*
```

```
        gamma(3*q+1))+c10*c25;

dy(1)=c10+c11*(h^q/gamma(q+1))+c12*h^(2*q)/gamma(2*q+1)+c13*h^(3*q)/
    gamma(3*q+1)+c14*h^(4*q)/gamma(4*q+1)+c15*h^(5*q)/gamma(5*q+1)+
    c16*h^(6*q)/gamma(6*q+1);
dy(2)=c20+c21*(h^q/gamma(q+1))+c22*h^(2*q)/gamma(2*q+1)+c23*h^(3*q)/
    gamma(3*q+1)+c24*h^(4*q)/gamma(4*q+1)+c25*h^(5*q)/gamma(5*q+1)+
    c26*h^(6*q)/gamma(6*q+1);
dy(3)=c30+c31*(h^q/gamma(q+1))+c32*h^(2*q)/gamma(2*q+1)+c33*h^(3*q)/
    gamma(3*q+1)+c34*h^(4*q)/gamma(4*q+1)+c35*h^(5*q)/gamma(5*q+1)+
    c36*h^(6*q)/gamma(6*q+1);
function [t,y]=FratalSim(h,N,x0,q,c)
y=zeros(3,N);
t=zeros(1,N);
tt=0;
for  i=1:N
    t(i)=tt;
    dy=SimpleFratral(x0,h,q,c);
    y(:,i)=dy;
    x0=dy;
    tt=tt+h;
end
```

(3) 计算迭代式的 Jacobian 矩阵。

```
clc
clear
syms h q a b c x y z c10 c20 c30 c11 c21 c31 c12 c22 c32 c
c10=x;
c20=y;
c30=z;
c11=a*(c20-c10);
c21=(24-4*c)*c10+c*c20-c10*c30;
c31=-b*c30+c10*c20;
c12=a*(c21-c11);
c22=(24-4*c)*c11+c*c21-c11*c30-c10*c31;
```

```
c32=-b*c31+c11*c20+c10*c21;
c13=a*(c22-c12);
c23=(24-4*c)*c12+c*c22-c12*c30-c11*c31*(gamma(2*q+1)/gamma(q+1)^2)-
    c10*c32;
c33=-b*c32+c12*c20+c11*c21*(gamma(2*q+1)/gamma(q+1)^2)+c10*c22;
c14=a*(c23-c13);
c24=(24-4*c)*c13+c*c23-c13*c30-(c12*c31+c11*c32)*(gamma(3*q+1)/
    (gamma(q+1)*gamma(2*q+1)))-c10*c33;
c34=-b*c33+c13*c20+(c12*c21+c11*c22)*(gamma(3*q+1)/(gamma(q+1)*
    gamma(2*q+1)))+c10*c23;
c15=a*(c24-c14);
c25=(24-4*c)*c14+c*c24-c14*c30-(c13*c31+c11*c33)*(gamma(4*q+1)/
    (gamma(q+1)*gamma(3*q+1)))-c12*c32*(gamma(4*q+1)/gamma(2*q+1)^2)-
    c10*c34;
c35=-b*c34+c14*c20+(c13*c21+c11*c23)*(gamma(4*q+1)/(gamma(q+1)*
    gamma(3*q+1)))+c12*c22*(gamma(4*q+1)/gamma(2*q+1)^2)+c10*c24;
c16=a*(c25-c15);
c26=(24-4*c)*c15+c*c25-c15*c30-(c14*c31+c11*c34)*(gamma(5*q+1)/
    (gamma(q+1)*gamma(4*q+1)))-(c13*c32+c12*c33)*(gamma(5*q+1)/
    gamma(2*q+1)*gamma(3*q+1))-c10*c35;
c36=-b*c35+c15*c20+(c14*c21+c11*c24)*(gamma(5*q+1)/(gamma(q+1)*
    gamma(4*q+1)))+(c13*c22+c12*c23)*(gamma(5*q+1)/gamma(2*q+1)*
    gamma(3*q+1))+c10*c25;
f=[c10+c11*(h^q/gamma(q+1))+c12*h^(2*q)/gamma(2*q+1)+c13*h^(3*q)/
  gamma(3*q+1)+c14*h^(4*q)/gamma(4*q+1)+c15*h^(5*q)/gamma(5*q+1)+
  c16*h^(6*q)/gamma(6*q+1);
c20+c21*(h^q/gamma(q+1))+c22*h^(2*q)/gamma(2*q+1)+c23*h^(3*q)/
  gamma(3*q+1)+c24*h^(4*q)/gamma(4*q+1)+c25*h^(5*q)/
  gamma(5*q+1)+c26*h^(6*q)/gamma(6*q+1);
c30+c31*(h^q/gamma(q+1))+c32*h^(2*q)/gamma(2*q+1)+c33*h^(3*q)/
  gamma(3*q+1)+c34*h^(4*q)/gamma(4*q+1)+c35*h^(5*q)/
  gamma(5*q+1)+c36*h^(6*q)/gamma(6*q+1)];
v=[x,y,z];
R=jacobian(f,v);
```

(4) Lyapunov 指数谱计算算法。

R 为计算得到的 Jacobian 符号矩阵，在实际应用中需要将 R 里面的内容复制出来，单独作为一个函数，以供后续调用。其中 $R(1,1)$ 为 Jacobian 矩阵的 $J(1,1)$，以此类推。下面是 Lyapunov 指数谱计算代码

```
J=AdoJcabin(dy(1),dy(2),dy(3),h,q,10,8/3,c);
```

中的函数 AdoJcabin 即为系统的 Jacobian 矩阵，根据 R 里面的内容得到，由于代码过长，中间的细节就不在这里展示了。

```
%Lyapunov指数谱算法
function ly=FratalSimLy(h,q,c,N)
Q=[1 0 0;0 1 0; 0 0 1];
ly1=0;ly2=0;ly3=0;
x0=[rand rand rand];
ly=zeros(3,N);
for i=1:N
    dy=SimpleFratral(x0,h,q,c);
    x0=dy;
    J=AdoJcabin(dy(1),dy(2),dy(3),h,q,10,8/3,c);
    B=J*Q;
    [Q,R]=qr(B);
    ly1=ly1+log(abs(R(1,1)));
    ly2=ly2+log(abs(R(2,2)));
    ly3=ly3+log(abs(R(3,3)));
    ly(:,i)=[ly1/(i*h) ly2/(i*h) ly3/(i*h)];
end

%测试代码，可以得到给定参数下的吸引子以及Lyapunov指数谱
clc
clear
h=0.01;
c=5;
N=10000;
q=0.95;
x0=[0.1 0.2 0.3];
[t,y]=FratalSim(h,N,x0,q,c);
```

```
figure
plot(y(1,:),y(3,:))
xlim([-12 12])
xlabel('\itx')
ylabel('\itz')
ly=FratalSimLy(h,q,c,N);
figure
plot(t,ly)
```